中国水泥行业节能环保知识问答丛书

本书为北京科技新星计划（Z121110002512106）支持项目

绿 色 耐 火 材 料

袁 林　陈雪峰　刘锡俊　主编

中国建材工业出版社

图书在版编目（CIP）数据

绿色耐火材料/袁林，陈雪峰，刘锡俊主编. —北
京：中国建材工业出版社，2015. 1
（中国水泥行业节能环保知识问答丛书）
ISBN 978-7-5160-1054-9

Ⅰ. ①绿…　Ⅱ. ①袁…②陈…③刘…　Ⅲ. ①耐火材
料-无污染技术-问题解答　Ⅳ. ①TQ175-44

中国版本图书馆 CIP 数据核字（2014）第 287440 号

内　容　简　介

　　本书全面介绍了我国水泥工业用耐火材料的相关知识，主要内容包括新型干法
水泥窑系统，耐火材料基本知识，水泥窑用耐火材料配置、施工与维护，耐火材料
的发展现状与趋势等。采用问答的形式编写，实用性强。本书可供水泥企业工程技
术人员、耐火材料企业工程技术人员以及大专院校材料科学与工程专业师生阅读
参考。

绿色耐火材料

袁　林　陈雪峰　刘锡俊　主编

出版发行：中国建材工业出版社

地　　址：北京市海淀区三里河路 1 号
邮　　编：100044
经　　销：全国各地新华书店
印　　刷：北京雁林吉兆印刷有限公司
开　　本：787mm×1092mm　1/16
印　　张：14.75
字　　数：360 千字
版　　次：2015 年 1 月第 1 版
印　　次：2015 年 1 月第 1 次
定　　价：**48. 80 元**

本社网址：www. jccbs. com. cn　　微信公众号：zgjcgycbs
广告经营许可证号：京海工商广字第 8293 号
本书如出现印装质量问题，由我社发行部负责调换。联系电话：(010) 88386906

职业阅读之于产业升级的价值
——为《中国水泥行业节能环保知识问答丛书》出版而作

"千秋邈矣独留我，百战归来再读书"。百余年前曾国藩写下的名联，除了告诫之意，一个"再"字更体现了一代伟人的情怀：保持一颗冷静的心去读书，修身养性，报效社会。

李克强总理认为，"在快速变革的时代仍需一种内在的定力和沉静的品格。阅读能使人常思常新。好读书，读好书，既可提升个人能力、眼界及综合素质，也会潜移默化影响一个人的文明素养，使人保持宁静致远的心境、砥砺奋发有为的情怀"。李克强总理倡导读书，其语言沉静而质朴。现实生活中的成功人士，好读书正是他们的共同特征。

不管是电子阅读，还是手机阅读，亦或是纸质阅读，阅读是获取知识与力量的有效捷径。说是捷径，是因为图书，尤其是专业读物，本身就是经过作者千转百回、反复打磨过的，是一种精神、知识、见解、经验的聚集和结晶。阅读这些好的读物，就好比是站在了他人的肩膀上，你可以看得更远，从中吸取到营养和力量。作为职业人，除了要阅读社会生活类读物外，还要多读职业图书。职业阅读的价值，不仅仅在于具有功利需求的职称考试、职业资格考试等，更重要的价值在于系统、全面地研究你所从事职业的专业知识、技术、技能等。通过职业阅读，结合自身的工作实践，去吸取营养，发现和思考问题，从而更好地应用于职业工作中去。

如果把职业阅读放大到企业层面，其意义对于企业的发展就更为重要而长远了。企业竞争力的关键在于是否具有高素质、高素养的职业工作者，尤其是在新型工业化和信息化日趋强化的未来，是否具备一支少而精的高素质人才队伍，成为许多行业企业能否应对挑战和谋求发展的关键因素。

新常态下的中国经济有着太多与过去不同的地方，新常态对于绝大多数产业经济而言，去浮躁、求稳健、重质量、可持续、抓效益等应当成为一种新的常态追求。国内房地产和基建投资的辉煌时期已经成为过去，我国水泥需求市场的天花板数量已经有了答案，国内水泥产业的今后之路一是沉下去推动自身的转型升级，二是走出去寻求外面的世界和市场。

所谓水泥产业的转型升级，其中的重要内容即是如何解决节约资源、能源，控制人力成本和制造成本，提高运转效率和质量，减少排放和保护环境，与社会协同发展等问题。解决这些问题，都离不开职业阅读，离不开知识、智力和技术的支撑。从这个角度而言，中国建材工业出版社水泥建材图书编辑部的同志组织出版的"中国水泥行业节能环保知识问答丛书"，是为我国水泥产业的转型升级做了一份贡献，出了一份力量。

这套丛书的作者都是相关领域里的权威和专家，我们感谢他们为推动和服务水泥产业的节能环保事业所付出的无私的智力劳动。更多高质量的专业读物的出版，对于产业和企业的进步而言，无疑是一个福音。关注、参与、支持专业读物的出版和职业阅读，既是个人的社会责任，也是重要的企业社会责任。

中国建材工业出版社作为建设工程、建筑材料、园林古建和教材教辅领域的专业出版机构，长期以来致力于服务产业经济发展，这些专业读物突出了实用性、专业性、权威性和前瞻性，受到了广大专业读者的普遍欢迎和喜爱。秉承"以出版为平台，以图书为抓手，建设综合文化服务机构"的追求和理念，相信凝聚诸多智慧和心血的专业读物，一定会为我们的经济、社会发展做出更多贡献。

中国建材工业出版社社长

2015 年 1 月

序

　　水泥是国家基本建设的最大宗的基础原材料。近十多年来，我国水泥工业发展迅速，产量持续增长，已占到世界水泥产量的 60% 以上。水泥工业依靠科技创新的结构调整、转型升级加快，装备的国产化、配套材料性能的提高促进了吨投资大大降低，使新型干法水泥的产能从 10% 提高到 90%。然而，水泥工业也面临资源、能源和环境压力的巨大挑战，水泥工业节能减排装备和技术的研发及推广对行业的可持续发展极为重要。

　　耐火材料是所有高温工业发展的基础，水泥工业的健康发展离不开耐火材料的技术进步与创新。中国建筑材料科学研究总院是我国水泥工业用耐火材料的技术发源地与引领者。"六五"期间，中国建材总院根据当时水泥工业的急需，开发了以直接结合镁铬砖为代表的一系列新型耐火材料，成功实现了新型干法水泥窑用耐火材料的国产化配套，为我国新型干法水泥的快速发展做出了突出贡献。近年来，中国建材总院又先后主持进行了多项以国家"863"计划课题"水泥窑用环境友好碱性耐火材料的研究"为代表的科研项目的研究工作，研究成果经瑞泰科技产业化，广泛应用于各类窑炉，引领了建材耐火材料的绿色发展。

　　水泥工业未来的方向仍是以节能减排、提升质量为主题。发展以悬浮预热和预分解技术为核心，进一步强化热交换和熟料煅烧过程，大幅度提高窑炉热效率和容积率；利用新型节能粉磨技术实现高效粉磨；同时采用网络信息化、功能化、智能化、高效利用废弃物和污染物防治等先进技术，进行水泥工业生产的现代化综合技术。其中，水泥烧成设备及工艺的提升是重要内容，耐火材料作为重要的辅助材料不可缺少，通过科技创新能大大提升我国技术水平，引领世界水泥工业的发展。

　　袁林教授从事水泥工业用耐火材料的研发与生产工作几十年，他领导的研发团队紧扣我国工业企业以"资源节约、环境友好"为要求的两型企业建设的主题，着力开展了水泥工业耐火材料的"无害化"、"长寿化"和"节能化"等方面的研究工作，取得了大量的科研成果并应用于水泥工业耐火材料的生产。《绿色耐火材料》一书是作者团队多年的研究成果和实践的积累，主要介绍了我国水泥工业及水泥工业耐火材料方面的知识，提出了我国水泥工业用耐火材料品种质量优良化、资源能源节约化、生产过程环保化、使用过程无害化为标志的绿色耐火材料发展方向。本书的出版对于水泥企业、耐火材料企业及大学、研究机构的相关人员了解耐火材料绿色研究和发展方向都大有裨益。期望大家能够达成共识，为我国水泥工业耐火材料的技术进步多做贡献！

中国建筑材料科学研究总院院长

2014 年 12 月

前　言

　　水泥是当今世界上最重要的建筑材料之一，在工业、建筑业、住宅、道路和基础设施建设中有着不可替代的作用。新中国建立以来，我国水泥工业快速发展，产量由解放初期的62万吨发展到2013年的24.1亿吨。从1985年起连续29年产量及消费量稳居世界第一位。目前，新型干法是我国主要的水泥生产方式，经过几代科技工作者的努力，我国新型干法水泥生产技术和装备水平已与国际先进水平相接近，国产化装备目前已经完全可以满足水泥工业的需求。

　　水泥工业属于资源密集型产业，其特点是能源及矿石资源消耗很大，使得资源不足和环境污染问题日趋严重，已经严重地制约了我国经济的可持续发展。因此，我国水泥工业必须走新型工业化道路，提高能源利用效率，大力推进节能减排降耗，实现水泥工业的绿色制造，这是水泥工业可持续发展的必由之路。

　　耐火材料是高温技术工业不可缺少的重要基础材料，钢铁、建材、有色、化工等国民经济重要支柱产业的发展都与耐火材料的技术进步与发展息息相关。为了适应水泥工业的可持续发展，实现水泥工业的绿色制造，耐火材料行业必须为水泥工业的发展提供保障，实现水泥工业用耐火材料以"品种质量优良化；资源、能源节约化；生产过程环保化；使用过程无害化"为标志的绿色化。

　　本书通过对目前新型干法水泥工业中耐火材料选择、使用过程中出现的问题进行梳理与总结，全面介绍我国水泥工业用耐火材料的现状与发展方向。

　　本书主要由袁林、陈雪峰、刘锡俊负责撰稿，王杰曾、毛利民两位教授进行了审核修改。参与本书编写的还有翟耀杰、李全有、赵洪亮、叶亚红、王俊涛、胡建辉、徐如林等几位同志。

　　本书虽然经过反复讨论和修改，但限于编者水平，在内容和编排上可能有不妥之处，敬请广大读者批评指正。

本书编写组

2014年7月

目　　录

第一章　新型干法水泥窑系统 ·· 1

　第一节　新型干法水泥窑系统设备 ·· 3

　　1. 水泥的定义是什么？ ·· 3

　　2. 水泥生产工艺是怎样的？ ·· 3

　　3. 水泥熟料形成过程是怎样的？ ·· 3

　　4. 水泥烧成设备经历了怎样的发展历程？ ······························ 4

　　5. 中国水泥工业的发展情况如何？ ·· 5

　　6. 各种水泥生产方法有什么特点？ ·· 5

　　7. 窑外预分解窑有什么特点？ ·· 6

　　8. 新型干法水泥窑烧成系统包括哪些部分？ ···························· 7

　　9. 预热器的工作原理是怎样的？ ··· 7

　　10. 影响旋风预热器效率的因素有哪些？ ································· 8

　　11. 分解炉的工作原理是什么？操作时有哪些注意事项？ ············ 8

　　12. 三次风管的工作原理是什么？ ··· 9

　　13. 回转窑的工作原理是什么？有什么特点？ ·························· 9

　　14. 水泥生料在回转窑内的运动情况如何？ ···························· 10

　　15. 回转窑热工带是如何划分的？ ··· 10

　　16. 窑门罩的工作原理是什么？ ·· 11

　　17. 燃烧器的工作原理是什么？ ·· 11

　　18. 熟料冷却机的工作原理是什么？有什么作用？ ···················· 12

　　19. 熟料快速冷却的目的是什么？ ··· 12

　　20. 余热发电系统有什么特点？ ·· 13

　　21. 水泥窑处置废弃物系统有什么特点？ ································· 13

　第二节　新型干法水泥窑系统对耐火材料性能的要求 ················· 13

　　1. 新型干法水泥窑有哪些特点？ ··· 13

　　2. 窑温增高对耐火材料有什么影响？ ····································· 13

　　3. 窑速加快对耐火材料有什么影响？ ····································· 14

　　4. 窑径增大对耐火材料有什么影响？ ····································· 14

　　5. 回转窑挥发性组分对耐火材料有什么影响？ ························ 15

　　6. 水泥窑系统复杂性对耐火材料有什么影响？ ························ 15

　　7. 水泥窑节能要求高对耐火材料有什么影响？ ························ 16

　　8. 水泥窑窑衬的主要损毁机理有哪些？ ································· 16

9. 水泥窑用耐火材料磨损机理是什么? 17

10. 水泥窑内耐火材料所承受的应力有哪些? 18

11. 回转窑内耐火材料所承受的机械应力有哪些? 18

12. 水泥回转窑内耐火砖的侵蚀机理是什么? 18

13. 水泥窑系统装备衬体结构是怎样的? 19

14. 预热器系统用耐火材料有哪些性能要求? 19

15. 预热器旋风筒内筒耐火材料有哪些种类? 20

16. 什么是水泥窑系统碱循环? 20

17. 分解炉用耐火材料有哪些性能要求? 20

18. 水泥窑系统结皮堵塞的因素有哪些? 21

19. 预防水泥窑系统结皮堵塞有哪些措施? 21

20. 三次风管用耐火材料性能要求有哪些? 22

21. 回转窑各带耐火材料性能要求有哪些? 22

22. 烧成带和过渡带用碱性砖性能要求有哪些? 22

23. 窑门罩用耐火材料性能要求有哪些? 24

24. 熟料冷却机用耐火材料性能要求有哪些? 24

25. 燃烧器用耐火材料性能要求有哪些? 24

26. 余热发电系统用耐火材料性能要求有哪些? 25

27. 水泥窑处置废弃物系统用耐火材料性能要求有哪些? 25

28. 新型干法水泥窑耐火材料的选材原则是什么? 25

第二章　耐火材料基本知识 27

第一节　耐火材料基本知识 29

1. 什么是耐火材料? 29

2. 什么是绿色耐火材料? 29

3. 耐火材料的化学组成是怎样的? 29

4. 什么是酸性耐火材料? 29

5. 什么是中性耐火材料? 30

6. 什么是碱性耐火材料? 30

7. 耐火材料的矿物组成是怎样的? 30

8. 耐火材料的结构是如何划分的? 31

9. 耐火材料的显微结构有哪几种? 31

10. 耐火材料的结构性能有哪些? 31

11. 什么是气孔率? 31

12. 什么是吸水率? 32

13. 什么是体积密度? 32

14. 什么是真密度? 32

15. 什么是透气度? 32

16. 什么是气孔孔径分布？ ……………………………………………… 33

17. 耐火材料热学性能和电学性能是什么？ ………………………… 33

18. 什么是热容？ ……………………………………………………… 33

19. 什么是热膨胀性？ ………………………………………………… 33

20. 什么是导热系数？ ………………………………………………… 33

21. 什么是温度传导性？ ……………………………………………… 34

22. 什么是导电性？ …………………………………………………… 34

23. 耐火材料力学性能有哪些？ ……………………………………… 34

24. 什么是耐压强度？ ………………………………………………… 34

25. 什么是抗折强度？ ………………………………………………… 34

26. 什么是粘结强度？ ………………………………………………… 35

27. 什么是耐磨性？ …………………………………………………… 35

28. 什么是耐火材料的使用性能？ …………………………………… 35

29. 什么是耐火度？如何测定耐火度？ ……………………………… 35

30. 什么是荷重软化温度？ …………………………………………… 36

31. 什么是抗热震性？ ………………………………………………… 36

32. 什么是高温体积稳定性？ ………………………………………… 36

33. 什么是高温蠕变性？ ……………………………………………… 37

34. 什么是抗侵蚀性？ ………………………………………………… 37

35. 什么是抗渣性？ …………………………………………………… 37

36. 什么是抗酸性？ …………………………………………………… 38

37. 什么是抗碱性？ …………………………………………………… 38

38. 什么是抗玻璃熔液侵蚀？ ………………………………………… 38

39. 什么是抗 CO 侵蚀性？ …………………………………………… 38

40. 什么是抗氧化性？ ………………………………………………… 38

41. 什么是抗水化性？ ………………………………………………… 38

42. 什么是耐真空性？ ………………………………………………… 38

43. 什么是耐火材料化学分析？ ……………………………………… 38

44. 什么是岩相鉴定？ ………………………………………………… 39

45. 什么是差热分析？ ………………………………………………… 39

46. 什么是耐碱性？ …………………………………………………… 39

47. 耐火材料如何分类？ ……………………………………………… 39

48. 常用的耐火材料有哪几种？ ……………………………………… 41

49. 什么是硅酸铝质耐火材料？ ……………………………………… 41

50. 什么是熔铸耐火材料？ …………………………………………… 41

51. 什么是不定形耐火材料？ ………………………………………… 41

52. 什么是自流耐火浇注料？ ………………………………………… 42

53. 什么是耐火喷射料? ···································· 42

54. 什么是耐火捣打料? ···································· 43

55. 什么是耐火涂抹料? ···································· 43

56. 什么是耐火可塑料? ···································· 43

57. 什么是轻质耐火浇注料? ································ 43

58. 什么是耐火泥? ······································ 43

59. 耐火泥浆的粘结时间及稠度如何测定? ················· 44

60. 耐火泥浆冷态抗折粘结强度及冷态抗剪粘结强度如何测定? ··· 44

61. 热力学在耐火材料工业生产中有哪些应用? ············· 44

62. 什么是硅酸盐的生成热、溶解热、熔化热、晶型转变热、水化热? ··· 44

63. 什么是相图、相平衡与相律? ························· 44

64. 什么是单元、二元、三元与四元系统相图? ············· 45

65. 耐火材料中常用的相图有哪些? 有什么作用? ··········· 45

66. 什么是相变? ·· 46

67. 什么是液相-固相转变? ······························ 46

68. 什么是固相-固相转变? ······························ 46

69. 什么是固相反应? ···································· 46

70. 固溶体中的扩散类型有哪几种? ······················· 46

71. 分散体系理论在耐火材料生产中有什么作用? ··········· 46

72. 什么是陶瓷结合、化学结合与直接结合? ··············· 47

73. 晶体化学在耐火材料中有哪些应用? ··················· 47

74. 决定离子晶体结构的基本因素有哪些? ················· 47

75. 晶体结构缺陷如何分类? ····························· 47

76. 什么是同质多晶? ···································· 48

77. 什么是类质同象与固溶体? ··························· 48

78. 熔融态和玻璃态有什么区别? ························· 48

79. 什么叫烧结? ·· 48

80. 添加物对制品烧结有什么影响? ······················· 48

81. 矿化剂的作用机理是什么? ··························· 49

82. 助烧结剂有什么作用? ······························· 49

83. 固相反应动力学在耐火材料中有哪些应用? ············· 50

84. 什么是固相烧结动力学? ····························· 50

85. 什么是初次再结晶、二次再结晶与晶粒长大? ··········· 50

86. 什么是耐火材料用结合剂? ··························· 50

87. 耐火材料结合剂硬化方式有哪几种? ··················· 51

88. 耐火材料结合剂的结合机理有哪些? ··················· 51

89. 耐火材料结合剂选用原则有哪些? ····················· 53

90. 什么是硅酸盐水泥? ……………………………………………… 53

91. 铝酸盐水泥发展历程是怎样的? ………………………………… 53

92. 铝酸钙水泥中的主要矿物是什么? ……………………………… 54

93. 铝酸钙水泥的水化过程是怎样的? ……………………………… 54

94. 温度不同对铝酸钙水泥水化物有什么影响? …………………… 54

95. 铝酸盐结合相在受热后有什么变化? …………………………… 55

96. 什么是化学结合耐火浇注料? …………………………………… 55

97. 什么是磷酸? ……………………………………………………… 55

98. 磷酸的制取方法有哪几种? ……………………………………… 55

99. 什么是磷酸二氢铝? ……………………………………………… 55

100. 磷酸二氢铝的制取方式如何? ………………………………… 56

101. 磷酸盐结合相受热后的转变过程是怎样的? ………………… 56

102. 什么是水玻璃? ………………………………………………… 56

103. 水玻璃的制造方法有哪几种? ………………………………… 57

104. 水玻璃成分调整如何进行? …………………………………… 57

105. 什么是水玻璃的老化? ………………………………………… 58

106. 水玻璃的凝结与硬化机理有哪些? …………………………… 58

107. 什么是硅溶胶? ………………………………………………… 59

108. 硅溶胶如何制备? ……………………………………………… 59

109. 如何调节硅溶胶硬化时间? …………………………………… 59

110. 什么是聚合磷酸盐结合剂? …………………………………… 60

111. 什么是亚硫酸纸浆废液结合剂? ……………………………… 60

112. 什么是酚醛树脂结合剂? 有什么特点? 如何分类? ………… 61

113. 什么是沥青结合剂? …………………………………………… 62

114. 什么是纤维素结合剂? ………………………………………… 62

115. 什么是 $\rho\text{-}Al_2O_3$ 结合剂? ………………………………………… 63

116. 什么是耐火材料用外加剂? 如何分类? ……………………… 63

117. 什么是木质素磺酸钙? ………………………………………… 64

118. 什么是抗氧化剂? ……………………………………………… 64

119. 什么是减水剂? ………………………………………………… 65

120. 什么是分散剂? ………………………………………………… 65

121. 什么是增塑剂? ………………………………………………… 65

122. 什么是促凝剂? ………………………………………………… 66

123. 什么是缓凝剂? ………………………………………………… 66

124. 什么是保存剂? ………………………………………………… 66

125. 什么是防缩剂? ………………………………………………… 67

126. 什么是起泡剂? ………………………………………………… 67

127. 什么是消泡剂? ·· 68

128. 常用膨胀剂有哪些? ··· 68

129. 什么是防爆剂? ·· 68

第二节　耐火材料原料 ·· 69

1. 什么是硅灰? ·· 69

2. 什么是叶蜡石? ·· 69

3. 叶蜡石在耐火材料工业中有哪些用途? ································· 70

4. 耐火黏土如何分类? ·· 70

5. 耐火黏土的工艺性能有哪些? ··· 70

6. 什么是耐火黏土的铝硅比? ··· 72

7. 什么是黏土的烧结? ·· 72

8. 什么是黏土熟料? ·· 72

9. 什么是焦宝石? ·· 73

10. 煅烧设备和煅烧工艺对焦宝石的性能有什么影响? ············· 73

11. 什么是三石矿物? ·· 73

12. 三石矿物的膨胀特性是怎样的? ··· 75

13. 三石与高铝矾土熟料有什么不同? ··· 77

14. 三石矿物制砖工艺是怎样的? ··· 77

15. 什么是莫来石? ·· 77

16. 莫来石的常见形态有哪几种? ··· 78

17. 莫来石的合成方法有哪几种? ··· 78

18. 高铝矾土原料如何分类? ·· 79

19. 高铝矾土如何分级? ·· 79

20. 高铝矾土加热后的变化过程是怎样的? ································· 80

21. 不同等级的矾土生料有什么烧结特性? ································· 81

22. 什么是工业氧化铝? ·· 81

23. 工业氧化铝有哪几类? ·· 81

24. 氧化铝的制备方法有哪几种? ··· 82

25. 什么是刚玉? ·· 82

26. 刚玉如何分类? ·· 82

27. 什么是棕刚玉? ·· 83

28. 什么是白刚玉? ·· 84

29. 什么是致密电熔刚玉? ·· 84

30. 什么是板状刚玉? ·· 84

31. 电熔刚玉的生产过程是怎样的? ··· 84

32. 什么是锆刚玉? ·· 85

33. 什么是碳化硅? ·· 85

34. 什么是镁砂？ ……………………………………………………… 85

35. 镁砂如何分类？生产方式有哪几种？ ………………………… 86

36. 什么是烧结镁砂？ ……………………………………………… 86

37. 什么是电熔镁砂？ ……………………………………………… 86

38. 电熔镁砂与烧结镁砂有什么不同？ …………………………… 86

39. 什么是再生镁砂？ ……………………………………………… 86

40. 什么是轻烧氧化镁粉？ ………………………………………… 87

41. 衡量镁砂性能有哪几种方式？ ………………………………… 87

42. 镁砂性能对耐火材料有什么影响？ …………………………… 87

43. 生产镁砂的原料有哪些？ ……………………………………… 88

44. 什么是菱镁矿？ ………………………………………………… 88

45. 菱镁矿如何分类？ ……………………………………………… 88

46. 菱镁矿如何提纯？ ……………………………………………… 89

47. 菱镁矿煅烧过程是怎样的？ …………………………………… 89

48. 海水镁砂的生产原理是怎样的？ ……………………………… 89

49. 什么是水镁石？ ………………………………………………… 90

50. 稳定剂在生产镁质耐火制品时有什么作用？ ………………… 91

51. 什么是镁质材料中的硅酸盐相？ ……………………………… 91

52. 什么是尖晶石？ ………………………………………………… 92

53. 什么是镁铝尖晶石？ …………………………………………… 92

54. 镁铝尖晶石的生产方法有哪几种？ …………………………… 92

55. 合成镁铝尖晶石的主要途径是什么？ ………………………… 93

56. 什么是铁铝尖晶石？ …………………………………………… 93

57. 什么是镁铁尖晶石？ …………………………………………… 94

58. 什么是白云石？ ………………………………………………… 94

59. 白云石的烧结过程是怎样的？ ………………………………… 95

60. 白云石砂的制造工艺有哪几种？ ……………………………… 95

61. 白云石烧结的影响因素有哪些？ ……………………………… 95

62. 白云石砂有什么性质？ ………………………………………… 96

63. 什么是轻烧？ …………………………………………………… 96

64. 什么是二步煅烧？ ……………………………………………… 96

65. 什么是活化烧结？ ……………………………………………… 96

66. 什么是轻烧白云石和死烧白云石？ …………………………… 97

67. 死烧白云石如何制备？ ………………………………………… 97

68. 什么是合成镁白云石砂？ ……………………………………… 97

69. 影响镁白云石砂显微结构的因素有哪些？ …………………… 97

70. 合成镁白云石砂的性能是什么？ ……………………………… 98

71. 什么是铬铁矿？ ·· 98

72. 什么是镁铬砂？ ·· 98

73. 铬矿中的铁离子对制品性能有什么影响？ ·············· 99

74. 铬矿的化学矿物组成对制品性能有什么影响？ ·········· 99

75. 烧结法合成镁铬砂有什么要求？ ························· 99

76. 电熔法如何合成镁铬砂？ ································· 99

77. 什么是铬铁矿尖晶石？ ································· 99

78. 什么是耐热钢纤维？ ···································· 100

79. 什么是446♯钢纤维？ ································· 100

80. 什么是玻化微珠？ ······································ 101

81. 什么是珍珠岩？ ·· 101

82. 什么是球形闭孔珍珠岩？ ······························ 102

83. 什么是陶粒？ ·· 102

84. 陶粒的主要性质有哪些？ ······························ 104

85. 如何制造陶粒？ ·· 104

86. 什么是漂珠？ ·· 105

87. 漂珠的形成和回收 ····································· 106

88. 漂珠与沉珠有什么区别？ ······························ 106

89. 如何制取漂珠？ ·· 107

90. 什么是膨胀玻化微珠？ ································· 107

91. 什么是多孔熟料？ ······································ 107

92. 多孔熟料的生产方法有哪几种？ ························ 108

93. 气孔对耐火材料导热有什么影响？ ······················ 108

94. 多孔熟料中成孔方式有哪几种？ ························ 108

95. 什么是耐火空心球？ ···································· 109

第三节　新型干法水泥窑用耐火材料主要品种 ················· 109

1. 传统水泥窑耐火材料有哪几种类型？ ···················· 109

2. 新型干法水泥窑用耐火材料有哪几种类型？ ·············· 110

3. 水泥窑铝硅系耐火材料的主要品种有哪些？ ·············· 111

4. 什么是耐碱砖？ ·· 111

5. 各类耐碱砖的适用部位是什么？ ························ 111

6. 耐碱砖耐碱机理是什么？ ······························ 111

7. 耐碱砖用主要原料是什么？ ···························· 111

8. 什么是磷酸盐结合高铝砖？ ···························· 112

9. 什么是抗剥落高铝砖？ ································· 112

10. 什么是硅莫砖？ ·· 113

11. 什么是硅莫红砖？ ······································ 113

12. 新型干法水泥回转窑高温带烧结碱性耐火材料主要有哪些品种? ·············· 114

13. 什么是镁铬砖? ·· 114

14. 直接结合镁铬砖有什么特点? ·· 115

15. 什么是白云石砖? ·· 116

16. 什么是镁铝尖晶石砖? ·· 117

17. 什么是镁铁尖晶石砖? ·· 117

18. 什么是铁铝尖晶石砖? ·· 118

19. 什么是方镁石锆酸镧砖? ·· 118

20. 水泥窑用不定形耐火材料主要有哪些品种? ···························· 119

21. 什么是耐碱浇注料? ·· 119

22. 耐碱浇注料耐碱机理是怎样的? ·· 120

23. 耐碱浇注料所用主要原料有哪些? ······································ 120

24. 什么是抗结皮浇注料? ·· 121

25. 什么是高铝质耐火浇注料? ·· 121

26. 什么是莫来石质耐火浇注料? ·· 122

27. 什么是刚玉质浇注料? ·· 123

28. 什么是耐磨浇注料? ·· 123

29. 新型干法水泥回转窑定型隔热耐火材料主要有哪些品种? ················ 124

30. 隔热耐火材料如何分类? ·· 124

31. 隔热耐火材料的生产工艺有哪几种? ···································· 124

32. 什么是硅酸钙板? ·· 125

33. 硅酸钙板的生产工艺是怎样的? ·· 125

34. 硅酸钙绝热保温材料制品如何分类? ···································· 125

35. 什么是耐火纤维? ·· 126

36. 耐火纤维如何分类? ·· 127

37. 耐火纤维有什么特性? ·· 128

38. 耐火纤维制品有哪些优缺点? ·· 129

39. 什么是硅酸铝纤维? ·· 129

40. 什么是多晶纤维? ·· 129

41. 陶瓷纤维有哪些性能? 应用情况如何? ·································· 130

42. 什么是纤维毡? ·· 131

43. 什么是绝热保温材料耐火材料? ·· 131

44. 绝热保温材料耐火材料如何分类? ······································ 132

45. 什么是轻质隔热耐火砖? ·· 133

第四节 水泥窑用绿色耐火材料 ·· 133

1. 水泥窑用绿色耐火材料的发展情况如何? ································ 133

2. 铬公害有哪些表现? ·· 135

3. 我国环境标准对六价铬是如何限定的? ······ 136

4. 六价铬的转化条件是什么? ······ 137

5. 水泥回转窑中的镁铬残砖中六价铬的含量有多少? ······ 137

6. 水泥工业排放的镁铬残砖对环境有什么影响? ······ 138

7. 镁铬残砖湿法解毒如何操作? 效果怎样? ······ 138

8. 镁铬残砖火法解毒如何操作? 效果怎样? ······ 139

9. 镁质耐火材料中氧化铬有什么作用? ······ 139

10. 镁质耐火材料的结合相有哪几种? ······ 140

11. 什么是无铬碱性砖? ······ 140

12. 镁钙质耐火材料有什么特点? ······ 140

13. 白云石砂如何制备? ······ 141

14. 白云石砖如何制备? ······ 141

15. 提高白云石砖抗水化能力有哪几种方式? ······ 142

16. 白云石砖有什么特点? ······ 143

17. 白云石砖如何应用? ······ 143

18. 镁铝尖晶石砖有什么特点? ······ 144

19. 镁铝尖晶石砖如何应用? ······ 144

20. 铁铝尖晶石砖有什么特点? ······ 145

21. 铁铝尖晶石砖如何应用? ······ 145

22. 镁铁尖晶石砖有什么特点? ······ 145

23. 镁铁尖晶石砖如何应用? ······ 146

24. 如何提升镁质制品质量? ······ 146

25. 什么是多层复合低导热莫来石砖? ······ 147

第三章　水泥窑用耐火材料配置、施工与维护 ······ 149

第一节　水泥窑用耐火材料配置 ······ 151

1. 三次风管常用耐火材料有哪几种? ······ 151

2. 窑门罩常用耐火材料有哪几种? ······ 151

3. 篦式冷却机常用耐火材料有哪几种? ······ 151

4. 冷却机矮墙常用耐火材料有哪几种? ······ 151

5. 回转窑用耐磨砖有哪几种? ······ 151

6. 前窑口用耐火材料有哪几种? ······ 152

7. 水泥窑余热发电系统用耐火材料有哪几种? ······ 152

8. 水泥窑处置废弃物系统所使用的耐火材料有哪几种? ······ 152

9. 水泥回转窑衬里用标准砖型尺寸是如何规定的? ······ 152

10. 回转窑 ISO 型砖特点及配砖比例是什么? ······ 153

11. 回转窑 VDZ 型砖特点及配砖比例是什么? ······ 155

12. 2500t/d 熟料生产线耐火材料典型配置情况是怎样的? ······ 157

13. 5000t/d 熟料生产线耐火材料典型配置情况是怎样的？ …………………… 158

14. 8000t/d 熟料生产线耐火材料典型配置情况是怎样的？ …………………… 159

15. 10000t/d 熟料生产线耐火材料典型配置情况是怎样的？ ………………… 159

第二节 水泥窑用耐火材料施工 …………………………………………… 160

1. 水泥窑窑衬如何施工？ ……………………………………………………… 160

2. 如何砌筑耐火砖？ …………………………………………………………… 161

3. 回转窑砌砖时要求的"两个百分之百接触"指的是什么？ ……………… 163

4. 窑筒体内耐火砖的顶杠砌筑和砌砖机砌筑有什么不同？ ……………… 163

5. 锚固件焊接工艺有哪些要求？ …………………………………………… 163

6. 陶瓷锚固件吊挂采用何种施工方式？ …………………………………… 164

7. 浇注料施工对锚固件的使用有什么要求？ ……………………………… 165

8. 浇注料对施工机具有什么要求？ ………………………………………… 165

9. 浇注料施工有哪些注意事项？ …………………………………………… 165

10. 浇注料施工后易出现哪些问题？ ……………………………………… 166

11. 冬天、雨天及暑天施工有哪些注意事项？ …………………………… 166

12. 耐火材料施工的检查和验收如何操作？ ……………………………… 167

13. 预热器系统、窑门罩及冷却机耐火衬里如何砌筑？ ………………… 168

14. 窑口浇注料施工技术方案是怎样的？ ………………………………… 168

15. 回转窑筒体砖衬如何砌筑？ …………………………………………… 171

16. 筒体变形及跨焊缝部位砌筑方案是怎样的？ ………………………… 171

17. 回转窑筒体缩口变径部位砌筑方式及要求是什么？ ………………… 174

18. 水泥回转窑内耐火砖挖补有哪些注意事项？ ………………………… 175

19. 窑内耐火砖砌筑后有哪些注意事项？ ………………………………… 175

20. 冷却机耐火材料施工方式有哪几种？ ………………………………… 175

21. 窑头罩耐火材料施工方式有哪几种？ ………………………………… 177

22. 预热器系统施工方式有哪几种？ ……………………………………… 179

23. 三次风管直管如何砌筑？ ……………………………………………… 180

24. 三次风弯管如何施工？ ………………………………………………… 182

25. 喷煤管如何施工？ ……………………………………………………… 183

26. 新型干法水泥窑烘烤要求有哪些？ …………………………………… 184

27. 新型干法窑新建生产线烘烤要求有哪些？ …………………………… 184

28. 新型干法窑生产线检修烘烤要求有哪些？ …………………………… 185

29. 新型干法窑生产线临停烘烤要求有哪些？ …………………………… 187

第三节 水泥窑用耐火材料维护 …………………………………………… 188

1. 水泥窑安全运转周期和衬料使用周期指的是什么？如何计算？ ……… 188

2. 回转窑窑内耐火砖更换标准是什么？ …………………………………… 188

3. 正常生产时水泥回转窑筒体温度是多少？ ……………………………… 189

4. 水泥窑系统回转窑外其他部位耐火砖更换标准是什么？ •••••••••••••••••• 189

5. 耐火浇注料更换标准是什么？ ••••••••••••••••••••••••••••••••••••••• 189

6. 影响水泥窑耐火材料使用寿命的因素有哪几个？ •••••••••••••••••••• 189

7. 水泥窑内的耐火砖的保护措施有哪些？ •••••••••••••••••••••••••••••• 190

8. 烧成带耐火材料损毁的主要因素有哪几个？ •••••••••••••••••••••••• 190

9. 提高碱性耐火材料使用寿命的措施有哪些？ •••••••••••••••••••••••• 191

10. 什么是窑皮？ ••• 192

11. 影响挂窑皮的因素有哪几个？ ••••••••••••••••••••••••••••••••••••• 193

12. 窑皮平整的判断方法有哪几种？ ••••••••••••••••••••••••••••••••••• 193

13. 如何保护窑皮？ ••• 194

14. 降低水泥窑耐火材料消耗的基本措施有哪些？ •••••••••••••••••••••• 194

第四章　耐火材料的发展现状与趋势 ••••••••••••••••••••••••••••••••••• 197

1. 中国耐火材料工业的发展现状如何？ •••••••••••••••••••••••••••••• 199

2. 中国耐火材料工业存在哪些问题？ •••••••••••••••••••••••••••••••• 199

3. 中国耐火材料发展方向是怎样的？ •••••••••••••••••••••••••••••••• 201

4. 绿色耐火材料发展方向是怎样的？ •••••••••••••••••••••••••••••••• 201

5. 绝热保温材料耐火材料的发展趋势如何？ •••••••••••••••••••••••••• 205

6. 耐火材料工业装备的现状与发展趋势如何？ •••••••••••••••••••••••• 205

7. 中国水泥工业的发展现状与趋势如何？ •••••••••••••••••••••••••••• 210

8. 新型干法水泥回转窑发展的技术方向有哪些？ •••••••••••••••••••••• 211

9. 水泥工业窑用耐火材料的发展趋势如何？ •••••••••••••••••••••••••• 212

参考文献 ••• 214

第一章
新型干法水泥窑系统

第一节　新型干法水泥窑系统设备

 1. 水泥的定义是什么？

细磨成粉末状，加入适量水后，可成为塑性浆体，既能在空气中硬化，又能在水中硬化，并能将砂、石等材料牢固地胶结在一起的水硬性胶凝材料，通称为水泥。

英文名 cement 一词由拉丁文 caementum 发展而来，是碎石及片石的意思。早期石灰与火山灰的混合物与现代的石灰火山灰水泥很相似，用它胶结碎石制成的混凝土，硬化后不但强度较高，而且还能抵抗淡水或含盐水的侵蚀。长期以来，它作为一种重要的胶凝材料，广泛应用于土木建筑、水利、国防等工程。

水泥的种类很多，按其用途和性能，可分为：通用水泥，专用水泥以及特性水泥三大类。

通用水泥为用于大量土木建筑工程一般用途的水泥，如硅酸盐水泥、普通硅酸盐水泥、矿渣硅酸盐水泥、火山灰质硅酸盐水泥和粉煤灰硅酸盐水泥等。

专用水泥则指有专门用途的水泥，如油井水泥、大坝水泥、砌筑水泥等。

特性水泥是某种性能较突出的一类水泥，如快硬硅酸盐水泥、低热矿渣硅酸盐水泥、抗硫酸盐硅酸盐水泥、膨胀硫铝酸盐水泥、自应力铝酸盐水泥等。

按照主要的水硬性矿物，水泥可分为硅酸盐水泥、铝酸盐水泥、硫铝酸盐水泥、氟铝酸盐水泥以及少熟料和无熟料水泥等几种。

 2. 水泥生产工艺是怎样的？

硅酸盐类水泥的生产工艺在水泥生产中具有代表性，是以石灰石和黏土为主要原料，经破碎、配料、磨细制成生料，然后喂入水泥窑中煅烧成熟料，再将熟料加适量石膏（有时还掺加混合材料或外加剂）磨细而成。水泥生产过程可以简要地概括为"两磨一烧"。

"两磨一烧"是指生料粉磨、熟料煅烧和水泥粉磨（熟料粉磨）。

生料粉磨：即石灰质原料、黏土质原料以及少量的校正原料，经破碎或烘干后，按一定比例配合、磨细，并制备为成分合适、质量均匀的生料。

熟料煅烧：配合好的生料加入水泥窑中煅烧得到以硅酸钙为主要成分的水泥熟料的过程。

水泥粉磨（熟料粉磨）：水泥熟料加入适量的石膏，有时还加入一些混合材料，共同磨细为水泥。

 3. 水泥熟料形成过程是怎样的？

水泥熟料的主要矿物成分是 C_3S、C_2S、C_3A、C_4AF。C_3S 主要起提供早期强度的作用；C_2S 起提供后期强度的作用；C_3A 对凝结有很大的影响，又和 C_4AF 一起作为熔剂矿物，起降低烧成温度的作用。

水泥熟料的形成主要分为以下几步：

（1）水分蒸发

入窑生料带有一定数量的自由水。当温度升高后，水分开始蒸发，于 $100\sim150℃$，自由水分全部排出。

（2）黏土脱水

当温度上升至 $450℃$ 时，黏土中的高岭石（$Al_2O_3 \cdot 2SiO_2 \cdot 2H_2O$）发生脱水反应，脱出其中的结晶水。

（3）碳酸盐分解

当温度升至 $600℃$ 时，碳酸镁开始分解；至 $750℃$ 时，碳酸镁的分解速率达到最大。当温度升至 $800℃$ 时，碳酸钙开始分解；至 $900℃$ 时，碳酸钙的分解速率达到最大。

（4）固相反应

$800\sim900℃$ 时，石灰石分解出来的 CaO 和黏土中的 Al_2O_3、铁粉中的 Fe_2O_3 反应形成 CA、CF。$900\sim1100℃$ 时，石灰石分解出来的 CaO 和黏土中的 SiO_2 反应形成 C_2S。$1100\sim1300℃$ 时，形成 C_3A、C_4AF。

（5）烧成反应

从 $1300℃$ 到 $1450℃$，再从 $1450℃$ 降至 $1300℃$，C_2S 和剩余的 CaO 反应形成 C_3S。C_3S 的形成是水泥烧成的关键步骤。这一过程的好坏直接影响水泥的质量。

（6）冷却过程

温度降至 $1300℃$ 以下，C_3A、C_4AF 开始析晶。熟料开始变得硬起来，对耐火材料产生强烈磨损。同时，C_2S 也有可能从水化的 β-C_2S 转化为不水化的 γ-C_2S。为防止 C_2S 的转化，需要快速冷却熟料。

4. 水泥烧成设备经历了怎样的发展历程？

水泥生产自 1824 年诞生以来，烧制水泥生料的生产设备和技术手段也得到了不断的发展。开始是间歇作业的土立窑，世界上第一台回转窑约诞生于 1877 年，规格为 $\Phi0.46m\times4.57m$，尽管它的规格很小，结构也很简单，但仍然是水泥设备发展史上的一次重要突破。

水泥回转窑诞生以来，伴随着水泥生产技术的不断发展，自身也经历了发展、完善和逐步解体异化的过程。如逐步增大窑筒体的尺寸，以降低窑尾废气温度，提高窑的生产能力。局部扩大窑筒体的尺寸，包括烧成带扩大、分解带扩大、窑尾扩大或两端同时扩大，以增强燃烧能力、碳酸盐分解能力和预热能力。在窑的后部增设各种热交换装置，如链条、格子板等，以增强气体与物料之间的热交换。

1930 年，德国伯力鸠斯公司研制了立波尔窑，用于干法生产。1951 年，在德国出现并于 1953 年正常运行的第一台悬浮预热器窑（简称 SP 窑）和继之 1971 年在日本从 SP 窑的基础上发展成的第一台预分解窑（简称 PC 窑）是水泥窑发展的里程碑。

20 世纪 60～80 年代，世界水泥工业发生了一系列重大革命。其标志是 20 世纪 70 年代完成的干法替代湿法、生产规模大型化、生产过程综合化及自动化为特征的技术现代化，适于规模化生产的带预分解炉、旋风预热器系统的回转窑烧成工艺和与之相配套的原燃料及水泥成品制备工艺（即所谓的新型干法水泥生产技术）。新型干法水泥生产新技术的出现、应用和发展，极大地提高了劳动生产率和产品质量，扩大了生产规模，降低了产品热耗，有效控制了烟尘、粉尘、有害气体的排放。世界水泥工业的快速发展，满足了全球对水泥产品的大量需求。新型干法水泥生产工艺代表了当今水泥生产工艺最高技术的发展，其主要经济指标为：熟料烧成热耗降至 2500kJ/kg，单位容积熟料产量为 160～270kg/（m^2·h）；吨水泥单位电耗 90kW·h，并继续下降，运转率普遍超过了 90%，年运转周期普遍超过 330d；人均劳动生产率达 5000t/a，同时可利用窑系统和篦式冷却机 320～420℃废气进行余热发电。在新型干法水泥生产工艺全过程进行优化和完善提高中也取得了很多技术成果，新型干法技术历经 40 余年的不断改进已臻于完善。

5. 中国水泥工业的发展情况如何？

中国水泥工业的发展到目前也经过了一百余年，但新中国成立前我国的水泥工业相当薄弱。新中国建立以来，我国水泥工业快速发展，产量由新中国成立初期的 62 万 t 发展到 2013 年的 24.1 亿 t。从 1985 年起连续 29 年产量及消费量稳居世界第一位。

我国的水泥生产量虽然已经连续 29 年处于世界首位，但是我国的水泥生产结构仍存在问题，仍有大量水泥是通过以立窑为主的落后生产方式的中小型水泥企业生产的。传统的立窑水泥生产过程要消耗大量的资源和能源，同时还产生大量的粉尘和有害气体，对环境有很大的破坏作用，这些制约水泥工业发展的因素若不能较好地解决，将影响到我国水泥工业的进一步发展；另一方面，工业生产排放的大量废弃物与城市垃圾也对环境造成了很大损坏，需要水泥工业予以消纳。目前，我国水泥工业正面临着国际竞争、产业结构调整、资源与环境的严重挑战，为了使水泥工业实现可持续发展，我国必须大力推广新型干法水泥生产技术，同时要加大力度进行集成科技创新，使水泥工业进一步纳入节能型、环保型和资源型的运行轨道，沿着绿色水泥工业的发展道路前进。

新型干法水泥生产工艺具有高效、优质、低耗、大型化、自动化水平高、符合环保要求的特点，代表了世界水泥工艺的发展方向。大力发展新型干法水泥生产工艺，不仅是加快水泥工业结构调整的需要，更是实现水泥工业可持续发展的必经之路。

通过 20 世纪 70 年代的起步阶段，经过 20 世纪 80 年代设备成套引进和 20 项设备制造技术引进，我国新型干法水泥生产技术和装备水平有了很大提高。到 20 世纪 90 年代之后又加大力度进行技术创新和优化设计，我国新型干法水泥生产技术已达到成熟阶段，出现了项目投资水平大幅度下降，建设工期短、达标达产快的好成绩，曾长期困扰我国水泥工业的"新型干法水泥投资高、效益不理想"的局面已得到彻底解决，主要技术经济指标已经接近或达到先进水平，新型干法水泥进入了更快速的发展时期；同时我国水泥工业在科研、设计、设备制造等各个环节的技术水平都有了很大提高，促进了全行业的技术进步，以国产化装备为主的新型干法水泥生产技术已成为 20 世纪我国工程科技的最大成就之一。经过几代科技工作者的努力，我国新型干法水泥生产技术和装备水平已与国际先进水平相接近。但是我国新型干法水泥生产线的技术水平参差不齐，从日产 700t 到日产 12000t 不等。因此，我国新型干法水泥还有巨大的发展空间，今后必须继续加强技术开发，努力提高新型干法水泥在我国水泥工业中所占的比例，并逐步淘汰水泥落后产能。

6. 各种水泥生产方法有什么特点？

（1）立窑生产的特点

立窑生产工艺简单，投资少，建设比较容易，收效快，占地不多，技术要求低，适用于

交通不便的地区，而且热耗也较低。普通立窑热耗为 1000～1200kcal/kg 熟料，机械立窑热耗为 800～1100kcal/kg 熟料，最低可达 800kcal/kg 熟料，相当于湿法窑热耗的 1/3～1/2（1kcal≈4.18kJ）。但该类型窑一般产量较低，质量有时不稳定。

（2）湿法窑生产的特点

湿法窑生产时，生料是含有 32%～40% 水分的料浆，生料易混合、均化好、质量高、成分稳定、环境污染少，并可省去原料干燥设备，但热耗高，一般为 1500kcal/kg 熟料左右。据统计，20 世纪 50 年代，小型湿法回转窑烧制每千克熟料只需要 1200kcal 热量，而一台 Φ7.5m×231m 的大型湿法窑，虽然台时产量高达 150t，但热耗却上升到 1390kcal/kg 熟料。就是在内装了总长 37km 的链条，废气温度仍不低于 210℃，因而世界上湿法生产已逐渐被淘汰。

（3）半干法窑的特点

将入窑生料加水成球，入窑前先通过炉箅子加热进行热交换，使高达 1000～1100℃ 的高温废气对物料进行干燥预热并部分分解，分解率可达 30% 左右，入窑物料平均温度可达 700℃ 左右，故热耗较低、产量较高。

（4）干法生产的特点

干法回转窑是 18 世纪末、19 世纪初的窑型，由于它所用生料是干粉，含水量<1%，比湿法生产减少了用于蒸发水分的大部分热量，而且也比湿法生产短。但干法中空窑无余热利用装置，窑尾温度一般都为 700～950℃，有些厂可看到烟囱冒火现象，热能浪费严重，每千克熟料热耗高达 1713～1828kcal，而且灰尘大、污染严重、生料均化差、质量低、产量也不高（均与湿法生产相比），曾一度被湿法生产所取代。20 世纪 30 年代初，出现了立波尔窑，在窑尾加装了炉箅子加热机，对含水分 12%～14% 的生料球进行加热，使余热得到较好利用，窑尾温度从 700℃ 下降到 100～150℃，热耗大幅度下降，产质量都得到很大提高。20 世纪 50 年代又出现了带旋风预热器窑，窑尾余热得到更好的利用，尤其是 20 世纪 70 年代初出现的带窑外分解炉的新型干法窑生产线，将干法水泥生产推向了一个新阶段。这种能耗低、产量高、质量好、技术新的窑型已经成为世界各国水泥生产的发展方向。

带旋风预热器的窑及带窑外分解炉的窑，不但弥补了旧干法生产不能很好利用余热的缺陷，而且使熟料热耗由 1800kcal/kg 熟料降至 720～850kcal/kg 熟料。这种窑型筒体短、产量高，加之使用压缩空气搅拌均化生料，使用各种类型收尘器消除污染，使之在产量、质量、节能、环境效益等各个方面都具有明显优势。

7. 窑外预分解窑有什么特点？

在分解炉内喷入相当数量的燃料，以弥补窑尾废气中含热量（热焓值）的不足，使得分解炉内燃料燃烧的放热过程与生料中 $CaCO_3$ 分解的吸热过程在同一空间内高效而迅速地进行，这不仅大大提高了传热速率，而且也大大加快了分解产物 CO_2 向主气流的扩散速度，从而使 $CaCO_3$ 分解速度大大加快，入窑生料的表观分解率则可以提高到 85%～95%（为了避免过分追求入窑生料分解率而使窑尾温度过高以及为了适应生产过程中一些不可避免的波动，生产中入窑生料的表观分解率一般控制在 100% 以下）。这从根本上解决了"传统水泥回转窑的预烧能力低，回转窑的产量受制于生料预烧效果"的问题，其结果是：回转窑的单机产量大幅度提高，这就是所谓的"窑外预分解窑"，简称"窑外分解窑"或"预分解窑"，国外称之为"NSP（New SP）窑或 PC（Precalcining）窑"。

与其他类型水泥回转窑相比，窑外预分解窑的优点主要体现在以下三个方面：

（1）流程结构方面，它在 SP 窑的悬浮预热器与回转窑之间，增设了一个分解炉。

（2）热工过程方面，分解炉是预分解窑系统的"第二热源"，将传统上燃料全部加入窑头的做法，改为小部分燃料加入窑头、大部分燃料加入分解炉。

（3）工艺过程方面，将熟料煅烧过程中消耗量最大的 $CaCO_3$ 分解过程移至分解炉内进行后，由于燃料与生料粉处于同一空间且高度分散，所以燃料燃烧所产生的热量能够及时高效地传递给预热后的生料，于是燃烧、换热及 $CaCO_3$ 分解过程都得到优化，水泥熟料煅烧工艺更加完善，熟料质量、回转窑的单位容积产量、单机产量因而得到大幅度提高，烧成热耗也因此有所降低，也能够利用一些低质燃料。

8. 新型干法水泥窑烧成系统包括哪些部分？

现代新型干法水泥回转窑系统主要包括预热器系统、分解炉、回转窑、窑门罩、熟料冷却机、燃料燃烧器等部分。

9. 预热器的工作原理是怎样的？

设置悬浮预热器是为了实现气（废气）、固（生料粉）之间的高效换热，从而达到提高生料温度，降低排出废气温度的目的。充分利用窑尾排出废气中大量热能将生料粉预热后送入窑内以降低系统煅烧热耗是预热器的唯一任务。

旋风预热器由若干换热单元所组成（早期的旋风预热器为 4 级，现在一般为 5 级，个别窑型为 6 级）。每一级换热单元都是由旋风筒及其连接管道所组成。旋风预热器既是一个热气流交换装置，又是收尘器，物料以悬浮状与热气流相遇，再加热，物料受离心力作用与筒体壁直撞后，靠自身的质量进入下一级预热器。

实际生产中，生料粉进入连接管道后，随即被上升气流所冲散，使其均匀地悬浮于气流中。由于悬浮态时气、固之间的接触面积极大（是回转窑内的几千倍），对流换热系数也较高（是回转窑内的几十倍），因此换热速度极快，完成有效换热的时间只需要 0.02～0.04s。这样，当气料流到达旋风筒时，气、固之间的温度差已经很小，所以气、固之间的换热主要是在连接各个旋风筒的管道中进行。根据国内外的有关研究成果，每个换热单元可传递热量的 80% 以上是在连接管道中完成的，只有小于 20% 的传热量是在旋风筒内完成。由此可见，各个旋风筒之间的连接管道在换热方面起着主要作用，所以有人干脆将其称为"换热管道"。而旋风筒的主要功能则是完成气、固相的分离和固相生料粉的收集。

总之，水泥生料在预热器中的整个过程是：物料自上而下，高温气体自下而上运动，水泥生料在此过程中加热和分解。

预热器的温度（主要指设置在设备壁面的热偶测试出的温度），从第一级预热器到第五级预热器依次为：不高于 450℃、650℃、750℃、900℃、1100℃。

在这样的煅烧温度下，煅烧物料基本没有液相出现，基本上不存在结块和烧结。加之系统的热工状态比较稳定，因而预热器中的耐火材料的配置不需过高的耐火度，无需太高的强度；由于预热器位于整个热气流的尾端，温度变化的频度和幅度较小，因此无需过高的热震稳定性。

由于预热器为静止设备，可用较大的设备外壳，容纳较多的耐火材料，因此可选用导热系数较低的保温材料，降低设备外壳温度，达到节能的目的。由于部分预热器和分解炉形状较复杂，可选用在成型功能上较灵活的现场成型的耐火浇注料。

在 800～1200℃ 范围内是碱金属氧化物发生冷凝沉积的温度带，因此在碱含量较高的原、燃材料下，预热器内耐火材料在受到热侵蚀的同时，也要经受得住碱金属氧化物的化学侵蚀。

10. 影响旋风预热器效率的因素有哪些？

研究旋风预热器的换热效率，应主要考虑以下三个因素：

（1）粉料在管道内的悬浮状况。生料粉一般都是成股地从加料口加入，向下有个冲力，当遇到向上的气流时，部分粉料会被气流带起，折向向上而悬浮于高温气流之中，部分料股中间的料粉将继续向下冲，又被气流冲散、被上升气流带起，也悬浮于高温气流当中。这时，如果有部分粉料未被气流冲散，这部分粉料则不能够悬浮于高温气流之中而会短路直接落入下级旋风筒内，从而失去了到上级换热单元进一步受热的机会，这必将会大幅度地降低预热器的换热效率。

（2）气、固之间的换热效果。旋风预热器内气、固相之间的悬浮态传热，由于废气温度不是太高，相对来说，辐射换热量不是太大，因此，以对流换热为主。

（3）气、固之间的分离程度。气、固相的分离效率如果不高，不仅会增加最上一级旋风筒出口废气中的含尘浓度，因而增加后面收尘器的负担，而且也会降低各级换热单元的传热效率，从而大幅度地降低整个旋风预热器系统的换热效率。

11. 分解炉的工作原理是什么？操作时有哪些注意事项？

分解炉属于高温气固多相反应器，主要用来保持物料顺利地分解并使之输送到窑内煅烧，现代新型干法水泥窑在分解炉出口处碳酸钙分解率一般可达到 90%～95%。其工作原理是在分解炉中同时通入预热后的生料、一定量的燃料及适量的热空气，在 900℃（有的分解炉最高温度可达 1000℃ 左右）以下的温度，使生料、燃料处于悬浮或沸腾状态下，进行无焰燃烧，同时高速完成传热与碳酸钙的分解过程；在几秒内，生料的碳酸钙分解率就可达 85%～95%（无极预热器与分解炉一般均超过 90%）。生料预热后的温度约为 820～860℃，一般不超过 860℃。分解炉内可以使用液体或气体燃料，也可用煤粉作燃料。

目前投产使用的分解炉类型达 30 种以上，虽然各具特色，但其特点和所具有的功能则是共同的。按照分解炉内主气流的运动形式来分，分解炉有四种基本形式：旋流式、喷腾式、悬浮式及流化床式。

分解炉操作注意事项：

（1）及时正确调整燃料的加入量和通风量，保持炉中及出口气温稳定。

（2）观察和检查炉内燃烧及排灰阀下料情况，发现结皮、堵塞或掉砖等及时处理。

（3）及时检查或清理预热器与分解炉连接管道，保证系统工作正常。

（4）操作中严格掌控系统内各点的温度和压力的变化，防止温度过高、过低现象的发生，保证分解炉的安全稳定运行。

12. 三次风管的工作原理是什么?

三次风是指由熟料冷却机的风机鼓入,与高温熟料热交换后经三次风管进入分解炉及预热器的热风。三次风的风温在800℃以上。

新型干法水泥窑90%以上的碳酸钙都是在分解炉内进行的,若所有的碳酸钙分解用热完全通过窑内热风供给,那窑尾风速将过大。当窑尾风速超过14m/s,则入窑料粉会被大量二次飞扬吹回分解炉,所以必须控制窑尾风速不超过12m/s(有的国外公司为保险起见,窑尾设计风速甚至不允许超过8m/s)。窑尾风速的限制,也就限制了窑头燃煤加入量,从而影响窑内温度并影响熟料的产量、质量。因此,为提高入窑物料的碳酸钙分解率,新型干法水泥窑系统将篦冷机一室或窑门罩的热空气通过三次风管引到窑尾,并在分解炉内加入燃料总量为50%~60%的煤粉,在炉内产生无焰燃烧,使炉内温度达到850~1100℃,从而确保碳酸钙的充分分解。

13. 回转窑的工作原理是什么? 有什么特点?

回转窑是水泥生料高温煅烧为水泥熟料的主体设备,是水泥生产中的"主机",俗称水泥工厂的"心脏"。

回转窑的筒体由钢板卷制而成,筒体内镶砌耐火衬,且与水平线成规定的斜度,由2~3个轮带支承在各档支承装置上,在入料端轮带附近的跨内筒体上用切向弹簧板固定一个大齿圈,其下有一个小齿轮与其啮合。正常运转时,由主传动电动机经主减速器向该开式齿轮装置传递动力,驱动回转窑。

物料从窑尾(筒体的高端)进入窑内煅烧。由于筒体的倾斜和缓慢的回转作用,物料既沿圆周方向翻滚又沿轴向(从高端向低端)移动,继续完成其工艺过程,最后,生成熟料经窑门罩进入冷却机冷却。

燃料由窑头喷入窑内,燃烧产生的废气与物料进行交换后,由窑尾导出。

水泥回转窑筒体的规格主要用筒体内径和有效长度(前窑口到后窑口)来表示。如窑筒体内径4.8m,长为76m,则写成:Φ4.8m×76m。

从工作原理上看,回转窑至少具备以下几个功能:

(1)回转窑是一个燃料燃烧设备。它具有较大的燃烧空间和热力场,可以供应足够的助燃空气,是一个装备优良的燃烧装置,能够保证燃料充分燃烧,可以为水泥熟料的煅烧提供必要的热量。

(2)回转窑是一个输送设备。用来输送物料和让气流通过。从输送角度来看,回转窑还具有更大的潜力,因为物料在窑内的填充率、回转窑的斜度与转速都是很低的。

(3)回转窑是一个高温化学反应设备。熟料矿物形成的不同阶段有不同要求,回转窑既可以满足不同阶段、不同矿物对热量、温度的要求,又可以满足它们对停留时间的要求。

(4)回转窑是一个热交换设备。它具有比较均匀的温度场,可以满足熟料生产过程中各个阶段的换热要求,特别是A矿(Alite)生成的要求。

此外,回转窑还具有降解和利用一些可燃废弃物的作用,回转窑具有的高温、稳定热力场已成为降解各种有毒、有害、危险废弃物的最好装置,对保护环境具有积极意义。

回转窑存在的主要不足有:

（1）作为热交换装置，窑内炽热气流与物料之间主要是"堆积态"换热，换热效率低，从而影响其应有的生产效率的充分发挥和能源消耗的降低。

（2）熟料煅烧过程中所需要的燃料全部从窑热端供给，燃料在窑内煅烧带的高温、富氧条件燃烧，NO_x 等有害成分大量形成，造成大气污染。此外，高温熟料出窑后，没有高效冷却机的配合，熟料热量难以回收，且慢速冷却也影响熟料品质等。

因此，回转窑诞生以来的技术革新，都是围绕着克服和改进它的缺点进行的，以达到扬长避短、不断提高生产效率的目的。

14. 水泥生料在回转窑内的运动情况如何？

（1）回转窑一方面是燃烧设备，煤粉在其中燃烧产生热量；同时也是传热设备，原料吸收气体的热量进行煅烧；另外也是输送设备，将原料从进料端输送到出料端。而燃料燃烧、传热及原料运动三者间必须合理配合，才能使燃料燃烧所产生的热量在原料通过回转窑的时间内及时传给原料，以达到高产、优质、低消耗的目的。

（2）原料颗粒在回转窑内运动情况是比较复杂的。如果假定原料颗粒在窑壁上及原料层内部没有滑动现象时，通常认为原料运动是这样：原料在摩擦力的作用下与窑壁一起像一个整体一样慢慢升起，当转到一定的高度时，即原料层表面与水平面形成的角度等于原料的堆积角时，则原料颗粒在重力的作用下，沿料层滑落下来。由于回转窑有一定倾斜度，而原料颗粒滚动时，沿着斜度的最大方向下降，因此向前移动了一定的距离。

当原料在窑内运动时，原料颗粒的运动方式有周期性的变化，或埋在料层里面与窑一起向上运动，或到料层表面上而降落下来。但只有在原料颗粒沿表面层降落的过程中，它才能沿着窑长方向前进。

原料在窑内运动的情况将影响到原料在窑内的停留时间（即原料受热时间），原料在窑内的填充系数（即原料受热面积）；原料粒度翻动情况，也影响到原料的均匀性（即影响到燃烧产物与原料的表面温度）。

各种运动条件对中心角的影响，也就是对原料颗粒填充系数的影响，必须加以注意。如果要在窑内保持一定的填充系数，就需使窑的转速和喂料速度互相配合，并保持一定比例，这也是提高产量、质量，稳定热力制度，克服结团等的工艺条件。

15. 回转窑热工带是如何划分的？

沿轴向分布的回砖窑的各个热工带是后窑口、分解带、上过渡带、烧成带、下过渡带和前窑口。

回转窑内烟气最高温度可达 1800℃以上，窑料、熟料温度波动在从 900～1400℃之间。

后窑口连接预热器系统（含分解炉），受预热器下落的生料冲刷，同时承受烟气中高碱含量及碱硫化合物结皮侵蚀，要求耐火材料具有良好的机械强度和耐碱性。

分解带主要承担碳酸镁与碳酸钙的分解任务，该部位烟气温度低于 1300℃，熟料温度低于 1000℃，衬体承受烟气中高碱含量及碱硫化合物结皮侵蚀。

上过渡带烟气温度大致在 1700℃以内，受燃料燃烧影响，烟气温度变化频繁，窑皮时挂时落，衬体直接接触烟气和熟料，承受的热应力变化频繁，且易受熟料磨蚀，高温烟气和熟料内碱硫化合物的侵蚀，以及轮带部位筒体椭圆度应力。

烧成带处在窑的最高温度部位，火焰温度最高可达 1800～2000℃，窑料温度达 1350～1400℃，水泥熟料大量形成，该部位必须形成稳定窑皮以保护衬砖。此外窑料中大量的碱硫化合物挥发，带内衬砖必须具有挂窑皮性能，承受窑皮内熔体成分及碱硫化合物的热化学侵蚀，还需承受窑皮塌落时引起的热震应力。

下过渡带和前窑口衬体承受高温空气及 1400℃ 以上熟料热应力，更多地承受高温含尘气流和固化熟料的磨蚀，以及熟料中的熔体及硫碱化合物熔体和气体的侵蚀、高温筒体变形及轮带部位的椭圆度应力。

16. 窑门罩的工作原理是什么？

窑门罩是联结窑头端与流程中下道工序设备（如冷却机）的中间体。燃烧器及燃烧所需空气经过窑头罩入窑。

新型干法水泥工艺中，三次风一般都从窑门罩抽取，因此现代窑门罩的尺寸明显增大。

窑门罩与回转窑、冷却机、三次风管、燃烧器相连接，是入窑风和三次风入口处，风压极为不稳，在整个窑系统中极易产生正压的地方，同时气体温度波动在 800～1300℃ 之间，温差较大，而且熟料颗粒的冲刷比较强烈。

受燃烧火焰辐射部位的衬墙，工况温度可超过 1200℃，其余衬体承受 1400℃ 熟料的辐射传热和 1000℃ 以上的入窑二次空气的对流传热，工况温度一般低于 1100℃。

表面含有熔体的高温粉尘熟料，易在窑下后部衬墙粘结成块（俗称"雪人"），形成热化学应力。其余部位的衬墙，均受含有碱硫化合物的高温空气和粉尘的化学腐蚀和磨蚀作用。

窑门罩顶部衬体自重下沉，易造成内部产生缝隙，含尘热气流透过缝隙与金属壳体接触使其变形，对衬体产生机械应力。

高温含尘空气在三次风管入口部位产生涡流，对衬体产生严重磨蚀。

窑门罩衬体高度超过 10m，承受的温度较高，热膨胀量大。

17. 燃烧器的工作原理是什么？

回转窑的燃烧器大多通过窑头罩，伸入窑头筒体内，通过火焰与辐射，将物料加热到需要的温度。燃烧器有喷煤管、油喷枪、煤气喷嘴等多种形式，因燃烧品种而异。当反应温度较低时，在窑头罩旁另设燃烧室，将热烟气通入窑内来供给热量。早期的回转窑内燃烧器多采用单风道结构，一次风量约占燃烧总风量的 20%～30%，一次风速为 40～70m/s，其功能主要是输送煤粉，对煤风混合、二次风抽吸作用甚小，火焰亦不便调节，难于满足生产要求。随着预分解技术的发展及对利用低活性燃料和环境保护日益苛刻的要求，燃烧器技术也有了新的进展。各厂家纷纷采用多风道燃烧器，多风道燃烧器有如下几个功能：

（1）增加煤粉与燃烧空气的混合，提高燃烧速率，燃料完全稳定燃烧。

（2）增加对各通道风量、风速的调节手段，使火焰形状及温度调整灵活方便，适宜熟料煅烧。

（3）燃烧器使用寿命长。

（4）保护窑内衬料，延长内衬使用寿命。

（5）稳定熟料质量，提高系统产量。

（6）结构简单，维护更换方便，减少由于燃烧器故障影响系统运行时间。

（7）尽量低的一次风用量，增加对高温二次风的利用，提高熟料回收热的利用率。

（8）系统阻力尽量低，降低一次风机电能消耗。

（9）能降低有害物（尤其 NO_x）的排放量。

（10）可利用低品位燃料，加强燃料的综合利用，较低的设备价格及维护费用。

燃烧器部位火焰温度在 1800℃以上，受燃料燃烧影响，温度变化频繁，温差较大。燃烧器衬体受 1400℃以上高温熟料的辐射及熟料粉尘严重冲刷和侵蚀，以及粘挂细颗粒熟料和高温烟气内含碱硫化合物的化学侵蚀。

18. 熟料冷却机的工作原理是什么？有什么作用？

熟料冷却机是使出窑高温熟料从 1400℃逐步冷却到 100℃以下的风冷设备，因此前后温差较大。工作层最热端耐火材料工况温度一般不超过 1200℃，低温部位不超过 1000℃。

冷却机内热端后墙衬体易挂"雪人"，两侧衬墙易受高温熟料下落时反弹冲击。热端衬体还受高温空气中含碱硫化合物成分的化学侵蚀。

顶部衬体自重下沉，易产生内部缝隙，高温含细颗粒熟料易通过缝隙，接触金属壳体造成热变形，对衬体产生机械应力而使其损坏。

冷却机两侧矮墙承受高温熟料（包括红河熟料）的长期磨蚀，容易造成衬料的磨蚀损坏。

冷却机低温部位衬墙，经过冷却的熟料及含尘气流磨蚀严重。

从使用功能方面来看，熟料冷却机的作用如下：

（1）冷却机作为一个工艺设备，它承担对高温熟料的快速冷却任务，尤其是篦式冷却机，还可对熟料实施骤冷。

（2）冷却机作为一个热工设备，在对熟料实施冷却的同时还承担着对入窑二次风、入窑三次风的加热升温任务，这对燃料（特别是对中低质燃料）的着火和预燃、提高燃料的燃烬率、提高燃烧效率，从而保证全窑系统有一个优化的热力分布，具有重要的促进作用。

（3）冷却机作为一个热回收设备，它承担着对出窑燃料携带出去的大量热熔回收的任务。

（4）冷却机对高温熟料进行有效冷却，不仅有利于改善水泥的某些性能，而且也有利于熟料的输送、储存与粉磨。

为了实现上述功能，要求熟料冷却机具备的性能有：

（1）尽可能多的回收熟料的热量，以提高入窑二次空气的温度，降低熟料的热耗。

（2）缩短熟料的冷却时间，以提高熟料质量，改善易磨性。

（3）冷却单位质量熟料的空气消耗量要少，以便提高二次空气温度，减少粉尘飞扬，降低电耗。

（4）结构简单，操作方便，维修容易，运转率高。

19. 熟料快速冷却的目的是什么？

快速冷却熟料的目的如下：

（1）能防止或减少 C_3S 的分解。

（2）能防止在 500℃时 β-C_2S 转化成 γ-C_2S，从而防止熟料粉化，失去水硬性。

（3）防止 C_3A 结晶粗大，以免水泥快凝。

（4）能防止或减少 MgO 生成方镁石，从而减少 MgO 对水泥石安定性的破坏作用。

（5）能增加熟料内应力，有利于提高易磨性。

20. 余热发电系统有什么特点？

纯低温余热发电技术是利用中低温的废气产生低品位蒸汽，来推动低参数的汽轮机组做功发电。与火力发电相比，不需要消耗一次能源，不产生额外的废气、废渣、粉尘和其他有害气体，是企业提高能源利用效率、减少能源消耗的有效手段和途径，有利于水泥企业降低成本，提高产品市场竞争力，减少 CO_2 气体排放和保护环境，所以近年来发展迅速。

余热发电系统自冷却机抽取热风，通过管道输送至余热发电锅炉发电，热风温度一般不超过 800℃。余热发电系统内热气体流速快、粉尘含量大，对耐火材料磨损严重。取风口、通风管道弯头、沉降室等部位磨损更为严重。

21. 水泥窑处置废弃物系统有什么特点？

水泥窑处置的废弃物种类和数量品种多，易形成生料率值波动和燃料性能变化，主要特点有：

（1）生料率值频繁变化，窑料温度、熟料熔体数量和黏度随之变化，易出现 f-CaO 偏高、窑皮塌落、飞砂、"雪人"等工况，生料中碱硫氯含量波动，相应增加烟气内碱硫含量，易造成窑尾结皮结圈。

（2）燃料波动易使窑内火焰形状和温度产生变化，造成熟料率值的大幅波动，增加窑皮长度变化和塌落。燃料热值低和水分多，易造成窑内不完全燃烧，相应增加窑尾烟气温度，增加烟气内碱硫含量和熟料中 f-CaO 含量，也易造成燃料沉积在砖面燃烧损坏衬砖。

（3）水泥窑处置废弃物后，对耐火材料的荷重软化温度及窑内各带衬砖的热负荷、抗热震稳定性、剥落及抗化学侵蚀和抗机械应力提出更高的性能要求。

第二节　新型干法水泥窑系统对耐火材料性能的要求

1. 新型干法水泥窑有哪些特点？

（1）窑温增高。

（2）窑速加快、窑的单位产量加大。

（3）窑径增加。

（4）挥发性组分富集，碱、硫、氯等组分侵蚀严重。

（5）窑系统结构复杂。

（6）节能效果要求高。

2. 窑温增高对耐火材料有什么影响？

新型干法水泥窑预热系统热交换能力好，回转窑部分的热交换能力较差，降低了烧结能力，因此水泥回转窑需要提高烧成温度加以补偿。水泥回转窑中火焰的最高温度可达

1700℃，高温作用十分强烈。如果没有窑皮的保护，裸露的耐火材料将很快损毁。

随着水泥窑产量的增大，回转窑的高温负荷也逐步增大。当产量从 2000t/d 提高至 7000t/d 时，窑的截面热负荷从 4.2×10^9 cal/（$m^2 \cdot h$）提高至 6.2×10^9 cal/（$m^2 \cdot h$），高温带耐火材料表面的热负荷约从 3.0×10^6 cal/（$m^2 \cdot h$）提高至 4.8×10^6 cal/（$m^2 \cdot h$），表面产量负荷也从 $8t/dm^2$ 提高至 $11t/dm^2$。

大型预分解窑（PC）使用热回收效率在 60％以上的高效冷却机以及使用燃烧充分、一次风比例又少的多风道烧嘴，窑头还加强了密闭和隔热。某 Φ4.7m×74m 预分解窑上，二次空气温度达 1150℃，窑尾气流温度达 1050～1100℃（最高 1200℃），且离窑筒熟料温度达 1400℃。过渡带、烧成带、冷却带、窑门罩、冷却机的喉部和高温区以及烧嘴外侧等部位的工作温度远高于传统水泥窑的相应部位。

高温有利于水泥的烧成，但削弱了耐火材料的性能，加速窑料对耐火材料的侵蚀，致使耐火材料发生损坏，从而影响耐火材料寿命。因此，水泥预分解窑必须使用一系列新型耐火材料来取代传统窑上使用的耐火材料。例如，水泥回转窑的正火点（中心）部位需要使用高级镁质耐火材料，包括荷重软化温度≥1650℃的直接结合镁铬砖或优质无铬耐火材料。

如果水泥窑中的耐火砖部分损毁，剩余窑衬的厚度就会变小，衬体的隔热作用就会减弱，窑体表面温度就会升高。因此，将引起耐火材料损毁速度进一步增加。例如，高温带筒体温度从正常温度（约 250℃）升至 350～400℃时，窑体就会产生很大变形，窑体和耐火材料之间就会出现热膨胀差。一些场合下，这种差异可以使筒体和耐火砖之间出现很大空隙，使耐火材料发生松动，运转中的筒体和窑衬发生相对运动，耐火材料受到磨损。另一些场合下，窑体的膨胀受到整体性耐火材料（如浇注料）的限制，窑体和耐火材料之间产生很大应力，这种应力可以将锚固件拔出或者损坏锚固件周围的耐火材料。

3. 窑速加快对耐火材料有什么影响？

传统水泥窑的转速为 1r/min，大型预分解窑的转速却高达 3～4r/min。高温、高速和大直径的预分解窑上，窑体、窑衬的工作环境都要比传统回转窑苛刻得多。

水泥回转窑的筒体经轮带支承在拖轮上。筒体有很大自重，又受到耐火砖、窑皮、窑料重力的作用，轮带之间的筒体的横截面上会产生很大径向变形。用筒体测量仪对运转中的窑体进行连续测量，可以显示出筒体水平直径和垂直直径的尺寸差达 0.3％，有时甚至达到 0.6％～0.7％。运转中，窑体每转一圈，筒体的曲率都会发生周而复始的改变，耐火材料内衬将不可避免地受到筒体周期性挤压压力以及砖圈内部中平衡应力的作用，在疲劳载荷的作用下发生损坏。

此外，制造、安装的误差，拖轮调整不当以及窑基础发生不均匀沉降等原因，也能使窑体的弯曲超过允许值，使筒体失去直线性和圆整性。若弯曲发生在端部，将使端部筒体发生跳动，导致窑头、窑尾漏风，密封装置和耐火材料损坏。若发生在传动齿轮处，则使大小齿轮啮合不均匀，引起震动，导致耐火材料发生松动、抽签、掉砖或承受过大机械应力作用而损坏。

4. 窑径增大对耐火材料有什么影响？

新型干法水泥回转窑窑筒体直径随生产能力的扩大而不断增大，从 3300mm 增大到如今的 6400mm，几乎增加了一倍。现在水泥回转窑内部使用的砖型主要有两种，其中碱性砖一般采用 VDZ 系列砖型（国际通用系列，中部宽度恒定为 71.5mm），烧结硅铝质耐火砖一般采用 ISO 系列砖型（国际通用系列，大头宽度恒定为 103mm）。耐火砖的高度和厚度都相对固定，没有太大的调整余地。如果耐火砖高度过低，耐火砖的隔热性能太差，砖的热端稍一损毁，窑体温度就会上升超过上限，导致停窑换砖；如果耐火砖的高度太高，砖的质量就会增大，就会使窑体产生过大的变形，也会使耐火砖受到损害。

窑径的增大，转速增加，特别是技术先进的二档窑转速更高，达到 5r/min，易造成筒体的椭圆度增加，相应对耐火砖压应力有更高的要求，所以要求耐火砖的耐压强度要高。特别是轮带部分筒体，要求轮带部位附近耐火砖尽量用同一特性的耐火砖。

随着窑径的扩大，耐火砖对应的圆心角 α 就会变小，耐火砖承受的应力就会增加，同时对耐火砖的尺寸公差也提出了更加苛刻的要求，万吨级水泥窑窑筒体直径达到 6.4m，对窑内耐火砖外形尺寸提出了极高要求，外形尺寸偏差较大的耐火砖在砌筑与使用过程中易发生抽签掉砖等事故，严重危害着水泥窑的正常运转。

5. 回转窑挥发性组分对耐火材料有什么影响？

新型干法水泥回转窑系统中，在高温作用下，预分解窑中的 K_2O、Na_2O、SO_2、KCl 等组分挥发后，又经预热器、增湿塔、电收尘的多级收集，重新进入回转窑内。当窑的碱、硫、氯的平衡建立后，上述挥发性组分在窑内有很高的浓度，显著影响水泥生产和耐火材料的寿命。PC（预分解窑）、SP（悬浮预热器窑）系统内，窑料的 SO_3 含量和原料相比富集 3～5 倍，R_2O 的含量富集 5 倍，Cl 的含量更富集高达 80～100 倍。

挥发性组分的含量大增，使最热两级预热器、预分解炉、上升烟道、喂料斜坡和窑筒体后部 1/3 的部位，也即所有砖面温度为 800～1200℃ 的部位（当原、燃料含氯高时更扩及 600～1200℃ 的部位），窑料中形成 $2C_2S \cdot CaCO_3$、$2C_2S \cdot CaSO_4$、$2CaSO_4 \cdot K_2SO_4$、KCl 和二次 $CaSO_4$ 等结皮的特征矿物，裹带其余窑料在衬里上形成结皮，干扰窑的正常运行，严重时被迫停窑检修。

硅铝系耐火砖受来自于窑料渗入砖内的碱化合物等的侵蚀，形成膨胀性的钾霞石（$K_2O \cdot Al_2O_3 \cdot 2SiO_2$）、白榴石（$K_2O \cdot Al_2O_3 \cdot 4SiO_2$），使砖"碱裂"损坏。窑料含 $R_2O > 1\%$ 和 $Cl^- > 0.01\%$ 时，这一现象就会发生。当出窑熟料含碱等过高时，连冷却机热端、窑门罩和三次风管中的普通黏土砖和高铝砖也会因碱裂而损坏。

因此，要求水泥预分解窑用耐火材料应具有优异的质量和高度的稳定性。

6. 水泥窑系统复杂性对耐火材料有什么影响？

新型干法窑系统远比传统水泥回转窑复杂。新型干法窑系统由预热器系统、分解炉、窑尾烟室、回转窑体、窑门罩、燃烧器、冷却机、三次风管、风机、增湿塔、电收尘等几大部分组成，任何一个部分出现问题都可能导致生产停止。

新型干法水泥窑系统结构的复杂，不同的部位要求使用不同型号、规格的耐火材料。4000t/d 预分解窑上砖型多达 100 种以上，生产和施工管理极为复杂。因而，需要窑衬设计的标准化、制造过程的现代化以及施工过程的规范化。首先，尽力避免采用复杂的砖型，设法用少数几种形状的砖组合复杂的砌体结构。例如，采用 CAD 技术简化窑衬设计，尽可能多的使用不定形耐火材料，以降低工程造价。其次，采用先进的管理和现代化的设备，制造出品质优良、性能稳定的耐火材料，使材料具有良好的耐高温、抗侵蚀、抗热震、适度的机械强度等性能和精确的外形尺寸。第三，严格按照规程进行耐火砖砌筑和浇注料的施工，合理维护耐火材料，杜绝不正确的储存、运输、施工和维护办法。这样，就可使材料充分发挥性能，获得最长的窑衬寿命。

7. 水泥窑节能要求高对耐火材料有什么影响？

预热器及冷却机系统表面积很大，是预分解窑表面散热损失的主体。为了降低能耗，必须采用多种隔热材料与耐火材料组成复合衬里，达到降低装备表面温度的目的。

回转窑窑体因为内部温度高，表面积大，因此是水泥窑热量损失最严重的区域。为了降低运行过程中的能源消耗，必须设法降低窑筒体温度。这就要求水泥窑烧成带的耐火材料具有良好的粘挂窑皮性能，通过窑皮保护，可以大大降低水泥窑烧成带外筒体表面温度。对于分解带与过渡带，应选用具有较低导热系数的优质耐火材料，降低外筒体的表面温度。

8. 水泥窑窑衬的主要损毁机理有哪些？

热、机械和化学3种因素构成了窑衬内的应力并导致其破坏。随窑型、操作及窑衬在窑内位置的不同，上述因素的破坏作用亦不同。其中起决定性作用的是火焰、窑料和窑筒体的变形状况，它们使窑衬承受各种不同的应力。

对碱性砖，具有8种破坏因素，主要是：

（1）熟料熔体渗入

熟料熔体主要源自窑料和燃料，渗入相主要是 C_2S、C_4AF。其中渗入变质层中的 C_2S、C_4AF 会强烈地溶蚀碱性砖中的方镁石和其他组分，析出次生的 CMS 和 C_3MS_2 等硅酸盐矿物，有时甚至还会析出钾霞石。而熔体则会填充砖衬内气孔，使该部分砖层致密化和脆化，加之热应力和机械应力双重作用，导致砖极易开裂剥落。因 C_2S、C_4AF 在 550℃以上即开始形成，而预分解窑入窑物料温度已达 800～860℃，因此熟料熔体渗入贯穿于整个预分解窑内，即熟料熔体对预分解窑各带窑衬均有一定渗入侵蚀作用。

（2）挥发性组分的凝聚

预分解窑内，碱性硫酸盐和氯化物等组分挥发凝聚，反复循环，导致生料中这些组分的富集。窑尾最热级预热器中生料的 R_2O、SO_3 含量往往分别增至原生料的 5 倍、3～5 倍。当热物料进入窑筒体后部1/3 部位，物料中的挥发性组分将会在所有砖面及砖层内凝聚沉积，使该处高度致密化，并侵蚀除方镁石以外的相邻组分，导致砖渗入层的热震稳定性显著减弱，形成膨胀性的钾霞石、白榴石，使砖碱裂损坏，并在热-机械应力综合作用下开裂剥落。因预分解窑从窑尾至烧成带开始整个无窑皮带，越靠近高温带，窑衬受碱盐侵蚀的深度越深，窑衬损坏就越严重，因此要特别注意对该部位窑衬的选型。

（3）还原或还原-氧化反应

当窑内热工制度不稳时，易产生还原火焰或存在不完全燃烧，使镁铬砖内 Fe^{3+} 还原成 Fe^{2+}，发生体积收缩，而且 Fe^{2+} 在方镁石晶体中的迁移扩散能力比 Fe^{3+} 强得多，这又进一步加剧了体积收缩效应，从而使砖内产生孔洞、结构弱化、强度下降。同时，窑气中还原与氧化气氛的交替变化使收缩与膨胀的体积效应反复发生，砖便产生化学疲劳。这一过程主要发生在无窑皮保护的区域。

（4）过热

当窑热负荷过高，使砖面长时间失去窑皮的保护时，热面层基质在高温下熔化并向冷面层方向迁移，而使砖衬冷面层致密化，热面层则疏松多孔（一般易发生于烧成带的正火点区域），从而不耐磨刷、冲击、震动和热疲劳，易于损坏。近年来，在冷却带和过渡带，有不少企业使用了硅莫砖，大部分硅莫砖的事故是由于过烧造成的，很少有其他原因。硅莫砖主要以碳化硅和莫来石构成，而且碳化硅起着非常重要的作用，理论上当温度上升到 2500℃左右，碳化硅开始分解为硅蒸汽和石墨，实际上在窑内还原气氛条件下，碳化硅在 1700℃左右已开始分解，对硅莫砖构成致命的破坏。

（5）热震

当窑运转不正常或窑皮不稳定时，碱性砖易受热震而损坏。窑皮突然垮落，致使砖面温度瞬间骤升（甚至高达上千度），而使砖内产生很大的热应力。此外，窑的频繁开停使砖内频繁产生交变热应力。当热应力超过砖衬的结构强度时，砖就开始开裂，并沿其结构弱化处不断加大加深，最后使砖碎裂。窑皮掉落时带走处于热面层的碎砖片，使砖不断损坏。热震现象极易发生在靠近窑尾方向的过渡带区域。

（6）热疲劳

窑运转时，当砖衬没入料层下，其表面温度降低，而当砖衬暴露于火焰中，则其表面温度升高。窑每转一周，砖衬表面温度升降幅度可达 150～230℃，影响深度 15～20mm。如预分解窑转速为 3r/min，这种周期性温度升降每月达 130000 次之多。这种温度升降多次重复导致碱性砖的表面层发生热疲劳，加速了砖的剥落损坏。

（7）挤压

回转窑运转时，窑衬受到压力、拉力、扭力和剪切等机械应力的综合作用。其中，窑的转动、窑筒体的椭圆度和窑皮垮落，使砖受到动力学负荷；砖和窑皮的质量及砖自身的热膨胀，使砖承受静力学负荷。此外，衬砖与窑筒体之间、砖衬与砖衬之间的相对运动，以及挡砖圈和窑体上的焊缝等，均会使砖衬承受各种机械应力作用。当所有应力之和超过了砖的结构强度时，砖就开裂损坏。该现象发生于预分解窑整个窑衬内。

对于紧靠挡砖圈的砖，大部分损坏是由于挤压力造成的。

（8）磨损

预分解窑窑口卸料区没有窑皮保护时，熟料和大块窑皮又较硬，会对该部位的砖衬产生较严重的冲击和磨损损坏。

9. 水泥窑用耐火材料磨损机理是什么？

水泥窑用耐火材料的磨损主要分为黏着磨损、磨粒磨损和腐蚀磨损三种。磨损发生时，应认真分析，根据不同的损坏机理，采取不同的措施，通过降低工作负荷或者提高耐火材料的耐磨性，来延长窑衬的寿命。

高温情况下，黏着磨损是主要的破坏形式。黏着磨损是在法向载荷作用下，窑料和耐火材料的接触表面发生相对滑动产生的破坏。水泥窑窑口浇注料主要发生这种损坏，破坏过程为：（1）窑料和耐火材料接触；（2）在某种程度上，窑料和耐火材料发生粘结；（3）窑料和耐火材料分离，窑料撕裂部分耐火材料。黏着磨损和法向载荷成正比，和被磨损材料的屈服

强度成反比。所以，提高耐火材料的热态强度有助于提高抵抗高温磨损的能力。

低温情况下，磨粒磨损是主要的破坏形式。磨粒磨损可分为凿削式磨损、高应力碾压式磨损和低应力擦伤式磨损。凿削式磨损的特征是：磨粒凿入材料，在相对滑动中，磨粒从材料表面切割下一定数量的组织，在耐火材料表面犁出一道道沟槽。高应力碾压式磨损的特征是：磨粒所受到的最大应力超过了磨粒的强度，磨粒不断被碾细，耐火材料表面也发生碎裂、剥落的过程。低应力擦伤式磨损的特征是：磨粒所受到的最大应力不超过磨粒的强度，磨粒不被碾碎但被磨钝，耐火材料表面因发生低应力擦伤而缓慢损耗。低应力擦伤磨损的情况下，破坏常常从耐火材料中颗粒的界面开始。通常，受疲劳作用后，颗粒截面的裂纹扩张，接着就是界面断裂和颗粒的脱落。机械磨损的一般规律是：磨粒硬度越高，数量越多，耐火材料的硬度越低，磨粒、耐火材料的相对速度越大，磨损越严重。

腐蚀磨损因磨损和腐蚀同时作用而产生。存在腐蚀性介质时，材料的损坏大大加速。腐蚀磨损的过程是：首先，耐火材料的表面受磨损介质的作用产生沟槽或微裂纹。其次，腐蚀介质沿微裂纹侵入受磨损材料表面，发生腐蚀反应。接着，材料受磨损的部位变质，这些部位因性能弱化而缺乏抵抗磨损的能力。最后，磨损介质除去耐火材料表面的变质物质。

10. 水泥窑内耐火材料所承受的应力有哪些？

水泥窑系统内耐火材料所承受的应力主要有：（1）热应力；（2）化学应力；（3）机械应力。耐火衬料的损坏是三种应力相互作用的结果。

熟料煅烧过程中，生料、窑料、熟料温度从常温加热至约1430℃，窑内燃料燃烧温度从1800～2000℃，逐步下降至350℃以下。熟料冷却过程中，熟料通过空气冷却至约100℃，而空气从常温加热至约1000℃以上。上述过程中，烟气、空气和生料、窑料、熟料对衬体和金属部件的辐射、对流和传递热量，称之为热应力。

水泥熟料煅烧过程中，生料和燃料中的各种化合物成分，在不同工况下，进行化学反应所产生的各种化合物，以固体、熔融（液相）、气相渗入耐火衬体和金属部件内，与衬体和金属部件内的化合物作用，生成体积发生变化的低熔融温度化合物，导致衬体和金属部件损坏，称之为化学应力。

水泥熟料煅烧过程中，物料、含尘气体对衬体、金属部件相对运动并传热，使其受到磨蚀和（或）受热后体积膨胀，造成衬体和金属部件受力损坏，称之为机械应力。机械应力可通过技术优化适当减缓或消除。

11. 回转窑内耐火材料所承受的机械应力有哪些？

（1）金属变形对衬体产生的应力。如回转窑筒体椭圆度形变，窑筒体轴向形变，回转窑护口板、燃烧器前端筒体、挡砖圈、托砖板、锚固件装备筒体形变等对衬体产生的应力。

（2）衬体之间的应力。如衬体受热变形、衬体内衬砖受热变形。

（3）热物料与衬体之间的应力。高温热烟气含有粉尘物料、热物料在运行过程中对衬体和金属接触产生的磨蚀。

12. 水泥回转窑内耐火砖的侵蚀机理是什么？

回转窑耐火砖的主要作用是保护窑筒体不受高温气体和高温物料的损害，保证生产的正常进行。在工业生产中，烧成带耐火砖的使用寿命很短，往往导致计划外停窑检修，是影响水泥窑优质、高产、低耗和年运转率的关键因素。

无论是湿法窑，还是新型干法回转窑，在熟料煅烧过程中，由于窑内气体温度比物料温度高得多，窑每旋转一圈，窑衬表面受到周期性的热冲击，温度变化幅度为 150~250℃，在窑衬 10~20mm 表层范围内产生热应力。窑衬还承受由于窑的旋转而产生的砖砌体交替变化的径向和轴向机械应力，以及煅烧物料的冲刷磨损。由于同时产生硅酸盐熔体，在高温环境下很容易与窑衬耐火砖表面相互作用形成初始层，并同时沿耐火砖的孔隙渗入到耐火砖的内部，与耐火砖粘结在一起，使耐火砖表层 10~20mm 范围内的化学成分和相组成发生变化，降低耐火砖的技术性能。当物料的烧结范围较窄或者形成短焰急烧产生局部高温时，会使窑皮表面的最低温度高于物料液相凝固温度，窑皮表面层即从固态变为液态而脱落，并且由表及里深入到窑皮的初始层后又形成新的窑皮初始层。当这种情况反复出现时，烧成带窑衬就逐渐由厚变薄，甚至完全脱落，导致局部露出窑筒体而红窑。实际上烧成带窑衬损坏情况正是如此，在高温区域残砖厚度大体上呈曲率半径较大的弧线分布，有时弧底就落在窑筒体的内表面上。

13. 水泥窑系统装备衬体结构是怎样的？

水泥窑系统装备内衬体由隔热层和工作层组成。

工作层衬体直接与高温烟气和生料、窑料、熟料接触，直接承受热、化学、机械应力的作用。

隔热层功能是阻止热量向外传导。正常工况下，隔热层与高温热烟气和系统内物料间接接触，承受各种应力。水泥窑烧成系统装备筒体外表面积大，所有装备除特殊情况外，必须设置隔热层。隔热层设置在工作层与筒体之间，其厚度需对衬体进行系统的传热计算后确定。隔热层设置应尽量避免含尘热烟气与其直接接触，衬体牢固且便于施工。隔热层材质必须导热系数低，承受较高的工况温度，一定程度上承受碱硫化合物侵蚀，且具有一定强度。

14. 预热器系统用耐火材料有哪些性能要求？

预热器的温度（主要指设置在设备壁面的热偶测试出的温度），从第一级预热器到第五级预热器依次为：不高于450℃、650℃、750℃、900℃、1100℃。

在这样的煅烧温度下，煅烧物料基本没有液相出现，基本上不存在结块和烧结。加之系统的热工状态比较稳定，因而预热器中的耐火材料的配置不需过高的耐火度，无需太高的强度。由于预热器位于整个热气流的尾端，温度变化的频度和幅度较小，因此无需过高的热震稳定性。

由于预热器为静止设备，可用较大的设备外壳，容纳较多的耐火材料，因此可选用导热系数较低的保温材料，降低设备外壳温度，达到节能的目的。由于部分预热器和分解炉形状较复杂，可选用在成型功能上较灵活的现场成型的耐火浇注料。

在 800~1200℃ 范围内是碱金属氧化物发生冷凝沉积的温度带，因此在碱含量较高的原、燃材料下，预热器在很大范围内，耐火材料在受到热侵蚀的同时，也要经受得住碱金属氧化物的化学侵蚀。

预热器内耐火材料结构按两层材料配置，外层为导热系数低、强度也较低的保温材料，工作面为有一定强度且能够较好抵抗碱性物质侵蚀的耐火材料。形状复杂处，多采用耐火浇注料。大面积直墙由于冷热交变的作用易坍塌，应考虑锚固措施。其他部位多采用耐火砖直接砌筑。对于一、二级预热器，可采用黏土质耐碱耐火材料，以降低成本和提高保温效果；对三级以下的预热器，应考虑耐火度为 1100℃以上的耐碱材料。对耐火材料强度的要求，取决于气流的速度，气流速度较高处，采用较高强度的耐火材料。

在碱含量达到一定数量并有可能逐步富集的部位，如四、五级预热器，应在满足较高耐火度的前提下，考虑采用耐碱的材料。

 15. 预热器旋风筒内筒耐火材料有哪些种类？

上面几级温度较低的旋风筒及连接管道，可以用耐火浇注料直接浇注。下面几级预热器以及连接管道、分解炉和三次风管内：对于温度大于 1200℃的区域，要使用浸渗 SiC 的高铝砖或特种高铝砖；对于温度小于等于 1200℃的区域，可以采用耐碱的及耐磨的黏土砖或与这些耐火砖相接近的耐火浇注料，并加以复合保温层；顶盖部分可采用耐火砖挂顶，背衬矿渣棉，也可采用耐火浇注料；各个弯头处多使用耐火浇注料；窑尾上身烟道等处可采用结构较为致密的半硅质黏土砖，以防碱侵蚀。

 16. 什么是水泥窑系统碱循环？

由生料及燃料带入的碱、氯、硫的化合物在回转窑内的高温带逐步挥发出来呈气态，挥发顺序为碱的氢氧化物、碱的氧化物、碱的硫酸盐，挥发出来的碱、氯、硫是以气相的形式与出窑废气一起被带到窑尾系统，随着温度的降低，挥发物冷凝在生料粉的表面上，特别是 K_2O 在预热器中的冷凝率高达 81%～95%，Na_2O 的冷凝率较低。冷凝的碱、氯、硫随生料又重新回到回转窑中，这样循环往复，逐渐积聚起来，当该系统中的碱、氯、硫挥发物达到一定浓度时，挥发物含量才能够保持大体上不变，但其浓度却远远高于入系统生料或出系统熟料中碱、氯、硫的含量。这就是所谓的"碱的内循环"现象。

被预热器后面的收尘系统收集下来的飞灰，如果重新随生料入悬浮预热器预热，而后进入分解炉，再到回转窑内煅烧，就会将其中的碱成分重新带入到煅烧系统中，这样的碱循环被称为"碱的外循环"现象。

 17. 分解炉用耐火材料有哪些性能要求？

预分解窑炉的温度（主要指设置在设备壁面的热偶测试出的温度）一般不超过 1200℃。在这样的煅烧温度下，煅烧物料基本没有液相出现，基本上不存在结块和烧结。加之系统的热工状态比较稳定，因而分解炉中的耐火材料的配置不需过高的耐火度，无需太高的强度。由于分解炉位于整个热气流的尾端，温度变化的频度和幅度较小，因此无需过高的热震稳定性。

由于分解炉均为静止设备，可用较大的设备外壳，容纳较多的耐火材料，因此可选用导热系数较低的保温材料，降低设备外壳温度，达到节能的目的。由于分解炉形状较复杂，可选用在成型功能上较灵活的现场成型的耐火浇注料。

在水泥生料升温、分解过程中，碱、氯、硫等有害成分不断挥发、凝聚，反复循环而不断富集，要求耐火材料及其金属部件具有良好的耐碱硫化合物腐蚀的性能。

环境温度较高的分解炉部位耐火材料衬里表面，易受生料或煤中低熔融温度化合物结皮、堵塞并随温度升高而加重，严重影响生产，要求耐火材料层具有良好的抗结皮性能。分解炉系统内各部件体积较大，要求耐火衬体内的材料具有较高的耐压和抗折强度。

 18. 水泥窑系统结皮堵塞的因素有哪些？

造成新型干法水泥回转窑系统结皮堵塞的因素很多且复杂，因此必须从工艺、原燃材料、设备、热工制度、操作与管理上去认真细致地分析研究。根据一些水泥企业的生产经验，造成结皮堵塞的主要原因大致有以下几方面：

（1）结皮造成的堵塞

结皮是高温物料在烟室、上升管道、各级（主要为三、四级）旋风筒锥体内壁上粘结的一层层硬皮，严重的地方呈圈状缩口。阻碍了物料的正常运行，粘结和烧熔交替，使皮层数量和厚度渐渐增加，影响窑内通风，改变了预热器内物料与气流的运行速度和方向，最后导致堵塞。造成这种现象的主要原因有三：①回灰的影响；②有害元素的影响；③局部高温造成结皮堵塞。

（2）漏风造成的堵塞

漏风是窑外分解窑的一大克星，它不仅降低旋风筒分离效率，增加热耗，更是造成系统堵塞的一个主要因素，包括：①内漏风造成的堵塞；②外漏风造成的堵塞。

（3）操作不当造成的堵塞

①投料不及时。

②开停窑时排风量不当。

③下料量与窑速不同步。

④排风量控制不当。

⑤窑、炉风量分配不均，操作不协调。

（4）外来物造成的堵塞

系统的检查门砖镶砌不牢垮落；旋风筒、分解炉顶盖及内衬材料剥落；旋风筒内筒或撒料板烧坏掉下；排灰阀烧坏或转动不灵；检修时耐火砖或铁器等物件留在预热器内未清出时极易造成预热器的机械堵塞。

（5）设计不当，先天不足造成的堵塞

系统设计要为生产创造良好的条件，不能因某些部位设计不合理，造成先天不足，影响生产。先天不足造成的系统堵塞，在生产中是很难处理的，必须避免。如：水平连接管道过长，连接管道角度过小；各级预热器进风口高宽比偏小；锥体角度小；内筒过长；回灰不能均匀掺入等都将影响生产。

19. 预防水泥窑系统结皮堵塞有哪些措施？

对结皮的预防与处理措施有以下几个方面：

（1）搞好开窑和开窑前的检查

系统检修后，一定要对系统进行详细检查，清理系统内部所有杂物，确认耐火砖等内衬材料是否牢固。开机前应对所有排灰阀进行检查，确认是否灵活或损坏；检查各级排灰阀配重是否合理，防止过轻或过重，造成机械转动不灵或密封不好，形成漏风，引起堵塞。正常生产时排灰阀微微颤动，即为配重合理。开窑时应及时检查所有检查门、法兰、测孔、排灰阀轴等处是否密封，防止因外漏风造成的堵塞。发现问题及时处理，不可等到"下一次"。温度升高，可投料时，应及时投料。投料前应活动各排灰阀，开通吹风装置，以防锥体积料。

（2）加强操作

正常生产时，应严格操作，保持温度、压力合理分布，前后兼顾，密切协调；操作人员要有良好的责任心和预见性。加减料及时，风煤料配合合理，喂料窑速同步；勤检查，勤联系，勤观察，勤活动。

（3）把好原、燃材料关，合理配料，提高煤粉质量

对原、燃材料有害成分严加控制，一般要求生料中碱含量（Na_2O+K_2O）$<1.5\%$，氯含量 $Cl<0.02\%$，硫碱比控制在 0.85 左右。调整熟料率值，优化配料，液相量控制在 $24\%\sim27\%$ 较适宜；采用"两高一中"配料方案，使得烧成物软而不结，硬而不散。控制好煤粉细度和水分，避免高硫煤和劣质煤。

（4）完善工艺设施，综合治理，消除隐患

经常出现堵塞的生产线，应对整个工艺过程进行诊断，找出各种可能导致结皮的因素，有效治理。生产中，一旦发现堵塞，应尽快查出原因及时处理，以防结硬块，增大处理难度。

20. 三次风管用耐火材料性能要求有哪些？

三次风管内风速较大，且冷却机内携带大量粉尘的氯碱气在三次风管道内高速运转（空气流速 $25\sim30m/s$），对三次风管特别在其 Y 形部件和弯头处以及封闭阀处产生剧烈的冲刷和氯碱侵蚀，引起耐火材料疏松和剥落。

综上所述，三次风管对耐火材料的要求主要有：（1）耐磨性能良好；（2）耐碱侵蚀性能好。

21. 回转窑各带耐火材料性能要求有哪些？

（1）前窑口要求：①耐磨性要好；②耐化学侵蚀的能力；③耐热震稳定性要强。

（2）烧成带要求：①耐热震性能；②耐侵蚀；③热态机械强度；④挂窑皮性能。

（3）过渡带要求：①高温热冲击；②热态机械强度；③较小弹性模量。

（4）分解带要求：①与预热带连接的部位，由于热应力与化学侵蚀较小，可使用各种质量的黏土砖和铝砖；②与过渡带连接的部位，主要采用高铝砖（Al_2O_3 $50\%\sim60\%$）、普通的镁铬砖、尖晶石砖。

（5）后窑口要求：①耐碱性好；②隔热。

22. 烧成带和过渡带用碱性砖性能要求有哪些？

（1）具有优良的粘挂窑皮性能，易于挂好稳定的窑皮

水泥回转窑在正常生产过程中，高温区域的耐火砖热面能否粘挂上一层均匀、稳定且厚度适宜的窑皮，这对延长耐火砖的使用寿命和使回转窑长期、高效、安全作业至关重要。因为窑皮的存在可以减轻水泥熟料对耐火砖的侵蚀，可以降低耐火砖热面的温度，同时也能降

低窑筒体的温度，可以防止窑筒体因为过热造成变形，导致使用寿命降低。

（2）具有良好的热震稳定性能

水泥回转窑旋转一周的过程中，耐火砖热面可以产生 $200\sim300\,℃$ 的温度改变，当水泥窑运行不规律，频繁停窑检修时，耐火砖更要受到上千度温差冲击，所以一定要求使用在水泥回转窑中的耐火砖具有良好的热震稳定性能。

（3）抗化学侵蚀能力要强

水泥窑中的耐火砖在运行时，将要受到水泥熟料的侵蚀，水泥熟料的侵蚀可以改变耐火砖内部的结构，造成耐火砖性能的恶化，所以水泥回转窑中的耐火砖的抗化学侵蚀能力一定要强。

（4）较强的抗剥落性能

水泥厂由于各种原因停窑时，有可能造成耐火砖表面窑皮层的大量脱落，在窑皮层脱落过程中将可能伴随着一部分耐火砖的剥落，这将严重地影响耐火砖的使用寿命。所以耐火砖必须要有较强的抗剥落性能，这样随着窑皮层的脱落而剥落的耐火砖层就较为薄，耐火砖的使用寿命就能得到较好的保证。

（5）常温和高温力学强度要高

水泥回转窑在转动中，位于托轮处的砖受挤压，位于窑筒顶部的砖受窑皮质量和自重带来的拉伸。砖在窑内受到的是压、拉、扭、剪的综合机械应力。窑的转动，筒体椭圆度，衬砖和筒体之间及砖与砖之间的挤压、扭动，窑筒体变形，都会在砖衬之间产生机械应力。水泥回转窑中的耐火砖在窑体升温后，由于受热膨胀，砖与砖之间的挤压就更加剧烈，所以在水泥回转窑中使用的耐火砖都必须能够承受较高的机械力作用。因此耐火砖应该具有较高的高温力学强度，这样才能承受窑衬之间、窑衬与筒体之间产生的机械应力。

（6）砖型正确，砖外观规整，尺寸公差要小

水泥回转窑筒体内的施工要求耐火砖的砖型要正确，尺寸公差要小，否则在耐火砖的砌筑过程中会造成无法合拢，或造成窑体运行中耐火砖抽签掉砖事故，这些都严重影响着水泥窑的正常生产。

（7）产品质量要稳定

水泥回转窑中的耐火砖使用种类多，砖型多，为了维护回转窑的运转率，要求各种耐火砖的质量一定要好，否则一两块砖的损坏可能迫使水泥厂更换相邻部位的几环耐火砖，造成巨大浪费和损失。

（8）导热系数和热膨胀系数要低

水泥厂是能源消耗的大户，其中通过筒体散热而消耗的能量占去了很大一部分。为了降低窑筒体的散热损失，要求耐火砖的导热系数较低，这样可以降低窑筒体表面的温度，减少能量消耗。

耐火砖受热后膨胀，将在耐火砖之间形成巨大的挤压应力，如果耐火砖本身强度不够，将造成砖体的损坏，而热膨胀系数较低的耐火砖受热后膨胀量就小得多，砖与砖之间产生的应力也就小得多，对耐火砖取得好的使用寿命也有很大的帮助。

（9）低铬或无铬，减小铬公害

新型干法水泥回转窑中大规模使用的直接结合镁铬砖，在使用后会造成 Cr^{6+} 污染，严重危害了水泥厂周边的环境。为了人类共同的家园，要求水泥窑中的耐火砖无铬或低铬，减

小铬公害。只有这样才能达到水泥的清洁生产。

（10）抗水化性要好

有些时候，耐火砖从生产出来到砌筑到回转窑中使用可能需要一年左右的时间，在这段时间内，必须保证耐火砖的质量稳定，不发生明显的质量下降问题。而碱性砖的水化是一个必须要考虑的问题，特别是白云石砖和富镁白云石砖等，抗水化性要好。

23. 窑门罩用耐火材料性能要求有哪些？

窑门罩与回转窑、冷却机、三次风管、燃烧器相连接，是入窑风和三次风入口处，风压极为不稳，在整个窑系统中极易产生正压的地方，同时气体温度波动在 800～1300℃ 之间，温差较大，而且熟料颗粒的冲刷比较强烈。

受燃烧火焰辐射部位的衬墙，工况温度可超过 1200℃，其余衬体承受 1400℃ 熟料的辐射传热和 1000℃ 以上的入窑二次空气的对流传热，工况温度一般低于 1100℃。

表面含有熔体的高温粉尘熟料，易在窑下后部衬墙粘结成块（俗称"雪人"），所形成的热化学应力，其余部位的衬墙，均受含有碱硫化合物的高温空气和粉尘的化学腐蚀和磨蚀作用。

窑门罩顶部衬体自重下沉，易造成内部产生缝隙，含尘热气流透过缝隙与金属壳体接触使其变形对衬体产生机械应力。

高温含尘空气在三次风管入口部位产生涡流，对衬体产生严重磨蚀。

窑门罩衬体高度超过 10m，承受的温度较高，热膨胀量大。

窑门罩对耐火材料的要求：①热震稳定性；②耐碱性好；③耐磨性良好；④热态机械强度。

24. 熟料冷却机用耐火材料性能要求有哪些？

熟料冷却机是使出窑高温熟料从 1400℃ 逐步冷却到 100℃ 以下的风冷设备，因此前后温差较大。工作层最热端耐火材料工况温度一般不超过 1200℃，低温部位不超过 1000℃。

冷却机内热端后墙衬体易挂"雪人"，两侧衬墙易受高温熟料下落时反弹冲击。热端衬体还受高温空气中含碱硫化合物成分的化学侵蚀。

顶部衬体自重下沉，易产生内部缝隙，高温含细颗粒熟料易通过缝隙，接触金属壳体造成热变形，对衬体产生机械应力而使其损坏。

冷却机两侧矮墙承受高温熟料（包括红河熟料）的长期磨蚀，容易造成衬料的磨蚀损坏。

冷却机低温部位衬墙，经过冷却的熟料及含尘气流磨蚀严重。

冷却机热端部位衬体，在满足高温工况温度的前提下，应具备良好的高温耐磨性能，抗碱硫侵蚀和抗热震性能。

冷却机两侧矮墙要求耐火材料具有良好的机械强度和抗热震性能。

冷却机低温部位衬墙，在满足工况温度需求下，应具备良好的机械强度和抗磨蚀性能。

25. 燃烧器用耐火材料性能要求有哪些？

燃烧器作用：把煤粉和燃烧所需的空气送入炉膛，并组织合理的气流结构，使燃料能迅速着火、稳定燃烧。

煤风与一次风及二次风迅速充分混合煤粉可以很快升温、着火及燃尽。当煤风一定时，内风决定火焰形状，外风决定火焰长短。

燃烧器部位火焰温度在 1800℃ 以上，受燃料燃烧影响，温度变化频繁，温差较大。燃烧器衬体受 1400℃ 以上高温熟料的辐射及熟料粉尘严重冲刷和侵蚀，以及粘挂细颗粒熟料和高温烟气内含碱硫化合物的化学侵蚀。

燃烧器部位要求耐火材料具有优良的抗高温性、抗热震性、高温耐磨性和良好的化学稳定性，特别是耐碱硫侵蚀性。

26. 余热发电系统用耐火材料性能要求有哪些？

余热发电系统自冷却机抽取热风，通过管道输送至余热发电锅炉发电，热风温度一般不超过 800℃。余热发电系统内热气体流速快、粉尘含量大，对耐火材料磨损严重。取风口、通风管道弯头、沉降室等部位磨损更为严重，要求耐火材料具有良好的高温耐磨性。

27. 水泥窑处置废弃物系统用耐火材料性能要求有哪些？

水泥窑处置的废弃物种类和数量品种多，易形成生料率值波动和燃料性能变化，对耐火材料影响如下：

（1）生料率值频繁变化，窑料温度、熟料熔体数量和黏度随之变化，易出现 f-CaO 偏高、窑皮塌落、飞砂、"雪人"等工况，生料中碱硫氯含量波动，相应增加烟气内碱硫含量，易造成窑尾结皮结圈。

（2）燃料波动易使窑内火焰形状和温度产生变化，造成熟料率值的大幅波动，增加窑皮长度变化和塌落。燃料热值低和水分多，易造成窑内不完全燃烧，相应增加窑尾烟气温度，增加烟气内碱硫含量和熟料中 f-CaO 含量，也易造成燃料沉积在砖面燃烧损坏衬砖。

（3）水泥窑处置废弃物后，对耐火材料的荷重软化温度及窑内各带衬砖的热负荷、抗热震稳定性、剥落及抗化学侵蚀和抗机械应力提出更高的性能要求。

28. 新型干法水泥窑耐火材料的选材原则是什么？

水泥回转窑是目前市场上最先进的回转窑，经过多年的技术创新，在回转窑煅烧系统装备中取得了突破性的进展，耐火材料的选择也积累了丰富的经验。

（1）水泥窑系统选用耐火材料的原则

①根据生产方法和窑型选用耐火材料。

②根据窑的规格选用耐火材料。

③根据所用原料、燃料的性质选用耐火材料。

④根据窑内的热负荷选用耐火材料。

⑤根据窑内应力分布、热应力分布的情况选用耐火材料。

（2）窑外分解窑系统用的耐火材料

①回转窑卸料口和冷却带

要求：两处的耐火衬料由于受高温熟料、二次空气及高温火焰的共同作用，机械磨损和化学侵蚀很强烈。因此要求具有良好的耐磨性、抗渣性和耐热震性。

选用：冷却带一般使用 I 级高铝砖（Al_2O_3 含量为 $65\%\sim75\%$）耐热震高铝砖、尖晶石砖、铬镁砖以及磷酸盐砖等；卸料口常用高铝砖、耐火混凝土（刚玉为骨料）和碳化硅砖等。

②回转窑烧成带

要求：回转窑烧成带的耐火衬料主要受到高温冲击和化学侵蚀（碱性侵蚀），因此要求使用具有足够的耐火度和高温下易挂窑皮的耐火材料。

选用：镁砖、铬镁质砖。

③回转窑过渡带（放热反应带）

要求：该处的窑皮会时挂时脱，温度变化频繁，筒体温度较高，化学侵蚀较严重，因此要求耐火材料能够承受高温冲击、且具有较高的高温抗折强度和较小的弹性模量。

选用：由刚玉（Al_2O_3 含量为 $50\%\sim80\%$）与铝矾土制成的高铝砖、直接结合铬镁砖、普通铬镁砖和尖晶石砖等。

④预热器和分解炉

要求：耐火材料的耐高温和隔热保温性能。

选用：上面几级温度较低的旋风筒，可以用浇注料（耐火混凝土）直接浇注。下面几级预热器、分解炉以及联结管道可采用耐碱的及耐磨的黏土砖，并加以隔热复合层。顶盖部分采用耐火砖挂顶，背衬矿渣棉，也可采用浇注料浇注。各个弯头处多使用浇注料浇注。窑尾上升烟道等处可采用结构较为致密的半硅质黏土砖，以防碱的侵蚀。

⑤水泥熟料冷却机系统

篦式冷却机采用的耐火材料有耐火砖、轻质浇注砖、隔热砖和隔热板材等，高温区域及下料喉部区域以及高温区域可以采用普通铬镁砖、高纯度的高铝砖。中温、低温区域则可以采用黏土砖。

第二章
耐火材料基本知识

第一节　耐火材料基本知识

1. 什么是耐火材料?

耐火材料是一个多相、多组元的复杂体系,其服务对象是高温工业,我国耐火材料一般是指耐火度不低于 1580℃ 的无机非金属材料。然而世界各国规定的定义不同,例如,国际标准化组织(ISO)正式出版的国际标准规定"耐火材料是耐火度至少为 1500℃ 的非金属材料或制品(但不排除那些含有一定比例的金属)";日本定义为"在高温下难以熔化的无机非金属材料"。虽然各国对耐火材料的定义不同,但基本概念是相同的,即耐火材料是用作高温窑、炉等热工设备的结构材料,以及工业用高温容器和部件的材料,并能承受相应的物理化学变化和机械作用。

耐火材料一般应具有高的耐火度、高的荷重软化温度、良好的高温体积稳定性和抗热震性、一定的耐磨性以及优异的抗渣性。此外,还要求其外形规整,尺寸准确。对某些特殊领域使用的耐火材料,还要求其具有诸如透气性、导热性、导电性等特殊性能。

目前为止,还没有能同时满足上述所有性能要求的耐火材料,因此在使用耐火材料时,要根据使用条件来选择。在一定条件下,耐火材料的质量、品种对高温技术的发展起着关键作用。

2. 什么是绿色耐火材料?

绿色耐材是中国耐材工业的发展重点,以优质、节约、利废、健康型为主要特征。中国耐火材料行业协会将绿色耐火材料的理念概括为:品种质量优良化;资源、能源节约化;生产过程环保化;使用过程无害化。

3. 耐火材料的化学组成是怎样的?

耐火材料的化学组成是耐火材料制品的基本特性。通常将耐火材料的化学组成按各成分含量及其作用分为两部分,即占绝对多量的基本成分——主成分和占少量的从属的副成分,副成分是原料中伴随的夹杂成分和工艺过程中特别加入的添加成分(加入物)。

主成分是耐火材料中构成耐火材料基体的成分,是耐火材料的特性基础。它的性质和数量对耐火材料的性质起决定性作用。主成分可以是氧化物,也可以是非氧化物。因此,耐火材料可以是由耐火氧化物构成,还可以是由耐火氧化物与碳或其他非氧化物构成,还可以是全由耐火非氧化物构成。氧化物耐火材料按其主成分氧化物的化学性质可以分为酸性、中性和碱性三类。

4. 什么是酸性耐火材料?

酸性耐火材料通常指 SiO_2 含量在 93% 以上的耐火材料。酸性耐火材料对酸性炉渣抵抗力强,但是易受碱性炉渣的侵蚀。

常用的酸性耐火材料有石英玻璃制品、熔融石英再结合制品、硅砖以及不定形硅质耐火材料,一般也将半硅质耐火材料包括在内。有的将黏土质耐火材料也划归此类,并称为半酸

性或弱酸性耐火材料。有的还将锆英石质耐火材料和碳化硅质耐火材料也并入此类，并称为特殊酸性耐火材料。

5. 什么是中性耐火材料?

中性耐火材料是指高温下与酸性或碱性熔渣都不易起明显反应的耐火材料。

常用的中性耐火材料有炭质耐火材料和铬质耐火材料。有的将高铝质耐火材料也归入此类，列为具有一定酸性倾向的中性耐火材料，而将铬质耐火材料列为具有一定碱性倾向的中性耐火材料。

6. 什么是碱性耐火材料?

碱性耐火材料一般指以氧化镁、氧化镁与氧化钙或氧化钙为主要化学成分的耐火材料，通常这类材料具有耐火度高、抗碱性渣能力强的特点。

常用的碱性耐火材料主要品种有镁质、白云石质、石灰质、镁铬质、铬镁质、镁橄榄石质、镁铝质等耐火材料。

7. 耐火材料的矿物组成是怎样的?

耐火制品是矿物组成体，制品的性能是其组成矿物和微观结构的综合反映。耐火材料中所含矿物种类和数量，统称为矿物组成。耐火材料的矿物组成取决于它的化学组成和工艺条件，化学组成相同的材料，由于工艺条件的不同，所形成的矿物种类、数量、晶粒大小和结合情况会有差异，其性能也可能有较大差异。

耐火材料的矿物组成一般可分为主晶相和次晶相两大类。主晶相是指构成材料结构的主体且熔点较高的晶相。主晶相的性质、数量和结合状态直接决定着材料的性质。耐火材料的次晶相又称为第二晶相或第二固相，是指耐火材料中在高温下与主晶相和液相并存的，一般数量较少和对材料高温性能的影响较主晶相小的第二晶相。耐火材料中次晶相的存在对耐火材料的结构，特别是高熔点晶相间的直接结合，起到了高温相连接补充作用，从而对耐火材料抵抗高温作用有所裨益。

基质是指耐火材料中大晶体或骨料间隙中存在的物质。也有人将耐火制品中主晶相以外的填充于主晶体间隙中的物质统称为基质。基质对制品的性质（如高温特性和耐侵蚀性）有着决定性的影响。在使用时，制品往往从基质部分开始损坏，采用调整和改变制品的基质成分是改善制品性能的有效工艺措施。

绝大多数耐火制品，按其主晶相和次晶相的成分可以分为两类：一类是含有晶相和玻璃相的多成分耐火制品，如黏土砖、硅砖等；另一类是仅含晶相的多成分制品，基质多为细微的结晶相，如镁砖、镁铬砖等碱性耐火材料。这些制品在高温烧成时，产生一定数量的液相，但是液相在冷却时并不形成玻璃相，而是形成结晶性基质，将主晶相胶结在一起。

玻璃相是指耐火材料在高温烧结或高温使用时各组成物质和杂质产生一系列物理、化学反应后形成的一种非晶态物质，它能将分散的晶相黏合在一起，抑制晶粒长大及填充气孔使陶瓷致密等。但玻璃相的强度比晶相低，热稳定性差，在较低温度下会软化，会降低耐火制品的高温使用性能。

8. 耐火材料的结构是如何划分的？

在耐火材料研究过程中，一般将耐火材料的结构分为宏观、细观、微观和纳观结构。

耐火材料宏观结构是指在构筑耐火材料窑衬时采用的结构，是耐火材料应用技术主要的研究内容，也是耐火材料工艺人员需要掌握的内容。宏观结构主要研究合理的设计、砌筑、使用和维护窑衬，通过减轻窑衬的工作负荷和提高隔热效果，以最大限度发挥现有耐火材料的功能。耐火材料宏观结构的标尺长度为米（m）。

耐火材料细观结构是指用肉眼或放大镜看到的耐火材料低倍组织的结合、构造特征。细观结构也是耐火材料工艺研究的主要内容。在细观结构领域，主要研究粗骨料、细骨料以及基质的种类、品质、数量、粒度和分布对耐火材料性能的影响，通过选择或调整工艺参数来最大限度发挥耐火原料的特征，改进耐火材料的性能。耐火材料细观结构的标尺长度为毫米（mm 或 10^{-3} m）。

耐火材料微观结构是指用显微镜看到的材料内部各基本单元的结合和构造特征，即各基本单元是按什么方式结合的，是按什么规律排列的。微观结构领域是耐火材料工艺的主要研究内容之一。在微观结构领域，主要研究耐火材料的骨料和基质中，主晶相、结合相、气孔相、玻璃相或杂质的组织形式，各相数量多少、尺寸大小、分布宽窄、形貌特征以及结合方式对性能的影响。对于同种耐火材料，显微结构的差异常常对性能有着决定性的影响。耐火材料显微结构的标尺长度为微米（μm 或 10^{-6} m）。

耐火材料纳观结构主要研究耐火材料中晶体、晶界和玻璃体的结构。纳观结构在很大程度上决定了耐火材料的本质，极大影响耐火材料的真密度、热膨胀、比热容、导电性以及抗侵蚀、抗水化、耐真空等很多重要性质。耐火材料纳观结构的标尺长度为纳米（nm 或 10^{-9} m）。

 9. 耐火材料的显微结构有哪几种？

耐火制品的显微组织结构有两种类型。一种是由硅酸盐（硅酸盐晶体矿物或玻璃体）结合物胶结晶体颗粒的结构类型，另一种是由晶体颗粒直接交错结合成结晶网。属于直接结合结构类型的制品的高温性能（高温力学强度、抗渣性和热震稳定性）一般较好。

 10. 耐火材料的结构性能有哪些？

耐火材料的结构性能包括气孔率、吸水率、透气度、气孔孔径分布、体积密度、真密度等。它们是评价耐火材料质量的重要指标。耐火材料的结构性能与该材料所用原料及其制造工艺，包括原料的种类、配比、粒度和混合、成型、干燥及烧成条件等密切相关。

11. 什么是气孔率？

气孔率是指耐火材料中气孔体积与材料总体积之比，有真气孔率，封闭气孔率和显气孔率之分，通常在我国耐火材料界中的气孔率即指显气孔率。耐火材料中的气孔大致可分为三类：①闭口气孔；②开口气孔；③贯通气孔。通常，将上述 3 类气孔合并为两类，即开口气孔（包括贯通气孔）和封闭气孔。显气孔率是指材料中所有开口气孔的体积与其总体积之比值，用％表示。

致密定形耐火制品显气孔率应按国家标准 GB/T 2997—2000 进行测定。定形隔热耐火制品真气孔率应按国家标准 GB/T 2998—2001 进行测定。致密耐火浇注料显气孔率应按 YB/T 5200—1993 进行测定。

气孔率是多数耐火材料的基本技术指标，它几乎影响耐火制品的所有性能，尤其是强度、导热系数、抗侵蚀性、抗热震性等。一般来说，气孔率增大，强度降低，导热系数降低，抗侵蚀性降低。

耐火材料的气孔率受所用原料、工艺条件等多种因素影响。一般来说，选用致密的原料，按照最紧密堆积原理来采用合理的颗粒级配，选用合适的结合剂，物料充分混练，高压成型，提高烧成温度和延长保温时间均有利于降低材料的气孔率。

12. 什么是吸水率？

吸水率是材料中全部开口气孔吸满水的质量与其干燥质量之比，以百分率表示，它实质上是反映制品中开口气孔量的一个技术指标，由于其测定简便，在生产中多直接用来鉴定原料煅烧质量。烧结良好的原料，其吸水率数值应较低。

13. 什么是体积密度？

体积密度是耐火材料的干燥质量与其总体积（固体、开口气孔和闭口气孔的体积总和）的比值，即材料单位体积的质量，用 g/cm^3 或 kg/m^3 表示。

致密定形耐火制品体积密度应按国家标准 GB/T 2997—2000 进行测定。定形隔热耐火制品体积密度应按国家标准 GB/T 2998—2001 进行测定。致密耐火浇注料体积密度应按 YB/T 5200—1993 进行测定。

体积密度是表征耐火材料的致密程度，是所有耐火原料和耐火制品质量标准中的基本指标之一。材料的体积密度对其他许多性能都有显著的影响，如气孔率、强度、抗侵蚀性、荷重软化温度、耐磨性、抗热震性等。对轻质隔热材料，如隔热砖、轻质浇注料等，体积密度与其导热性和热容量也有密切的关系。一般来说，材料的体积密度高，对其强度、抗侵蚀性、耐磨性、荷重软化温度有利。

14. 什么是真密度？

真密度是耐火材料中的固体质量与其真体积（固体部分的体积）的比值，用 g/cm^3 或 kg/m^3 表示。

耐火制品与耐火原料的真密度应按国家标准 GB/T 5071—2013《耐久材料　真密度试验方法》进行测定。

在研究多相材料的相转变时，在化学组成一定时，可根据真密度的数据来判断材料的物相组成。如 SiO_2 组成的各种不同矿物的真密度不同，磷石英的真密度最小，方石英次之，石英最大，所以硅砖的真密度是衡量石英转化程度的重要技术指标。

15. 什么是透气度？

透气度是材料在压差下允许气体通过的性能。透气度与贯通气孔的大小、数量、结构和状态有关，并随耐火制品成型时的加压方向而异。

致密定形耐火制品的透气度应按照国家标准 GB/T 3000—1999《致密定形耐火制品透

气度试验方法》（等效采用国际标准 ISO8841：1991）进行测定。

耐火材料透气度直接影响其抗侵蚀介质如熔渣、钢液、铁水及各种气体（蒸汽）的侵蚀性、抗氧化性、透气功能等。对用于隔离火焰或高温气体或直接接触熔渣、熔融金属的制品，要求其具有很低的透气度，而有些功能材料，则又必须具有一定的透气度。

16. 什么是气孔孔径分布？

气孔孔径分布是耐火材料中不同孔径下的孔容积分布频率。

耐火材料气孔孔径分布应按照 YB/T 118—1997 进行测定。

耐火材料的孔径分布直接受原料、颗粒级配、粉料和微粉、结合剂、成型和烧成制度等的影响。气孔孔径分布对材料的抗侵蚀性、强度、导热系数、抗热震性等有一定影响。

17. 耐火材料热学性能和电学性能是什么？

耐火材料的热学性能包括热容、热膨胀性、导热系数、温度传导性等。耐火材料的热学性能是衡量制品能否适应具体热过程需要的依据，是工业窑炉和高温设备进行结构设计时所需要的基本数据。耐火材料的热学性能与其制造所用原料、工艺，与其化学组成、矿物组成及显微结构等都密切相关。

耐火材料的电学性能主要是其导电性。

18. 什么是热容？

热容指常压下加热 1kg 物质使之升温 1℃所需的热量（以 kJ 计）。比热容是单位质量（1g 或 1kg）的材料温度升高 1K 所吸收的热量，又称质量热容，单位为 J/（g·K）。

耐火材料的热容取决于它的化学组成和所处的温度，除影响炉体的加热、冷却速度外，在蓄热砖中也有重要意义。

19. 什么是热膨胀性？

耐火材料的热膨胀性是指其体积或长度随着温度升高而增大的物理性质。耐火材料的热膨胀可以用线膨胀率和线膨胀系数表示，也可以用体膨胀率和体膨胀系数表示。线膨胀率是指由室温至试验温度间，试样长度的相对变化率（％）。线膨胀系数是指由室温至试验温度间，每升高 1℃，试样长度的相对变化率。

耐火材料热膨胀性应按照国家标准 GB/T 7320—2008《耐火材料　热膨胀试验方法》进行测定。

耐火材料的热膨胀性取决于其化学组成、矿物组成及微观结构，同时也随温度区间的变化而不同。

耐火材料的热膨胀对其抗热震性及体积稳定性有直接的影响，是生产（制定烧成制度）、使用耐火材料时应考虑的重要性能之一。

20. 什么是导热系数？

导热系数是指单位时间内在单位温度梯度下沿热流方向通过材料单位面积传递的热量。

耐火材料导热系数可以按照国家标准 GB/T 5990《耐火材料导热系数试验方法（热线

法）》或黑色冶金标准 YB/T 4130—2005《耐火材料导热系数试验方法（水流量平板法）》进行测定。

耐火材料的导热系数是耐火材料最重要的热物理性能之一，是在高温热工设备的设计中不可缺少的重要数据，也是选用耐火材料的很重要的一个考虑因素。

耐火材料的化学成分越复杂，其导热系数降低越明显；晶体结构复杂的材料，导热系数也低；在一定的温度以内，气孔率越大，导热系数越低。

21. 什么是温度传导性？

温度传导性是材料在加热或冷却过程中，各部分温度倾向一致的能力，即温度的传递速度。温度传导性用热扩散率（也称导温系数）来表示。

耐火材料的热扩散系数是分析和计算不稳定传热过程的重要参数，间歇式窑炉墙体温度分布和蓄热量的计算，隧道窑窑车蓄热量的计算等都要用到热扩散率。

22. 什么是导电性？

导电性是材料导电的能力。通常用电阻率（又称比电阻或电阻系数，表示电流通过材料时，材料对电流产生阻力大小的一种性质）来表示，材料的电阻率越大，则导电性能越低。

含炭耐火材料的常温电阻率应按照黑色冶金标准 YB/T 173《含炭耐火制品常温比电阻试验方法》进行测定。

23. 耐火材料力学性能有哪些？

耐火材料的力学性能是指耐火材料在外力作用下，抵抗变形和破坏的能力。耐火材料在使用和运输过程中会受到各种外界作用力，如压缩力、拉伸力、弯曲力、剪切力、摩擦力或撞击力的作用而变形甚至损坏，因此检验不同条件下耐火材料的力学性能，对于了解它抵抗破坏的能力，探讨它的破坏机理，寻求提高制品质量的途径，具有重要的意义。

耐火材料的力学性能指标有耐压强度、抗折强度、粘结强度、弹性模量、扭转强度、耐磨性等。

24. 什么是耐压强度？

耐压强度是耐火材料在一定温度下单位面积所能承受而不被破坏的极限载荷。耐火材料的耐压强度分为常温耐压强度和高温耐压强度。

致密定形耐火材料制品的常温耐压强度应按照国家标准 GB/T 5072《耐火材料常温耐压强度试验方法》进行测定。耐火浇注料高温耐压强度应按照黑色冶金标准 YB/T 2208《耐火浇注料高温耐压强度试验方法》进行测定。

常温耐压强度能够表明材料的烧结情况以及与其组织结构相关的性质，另外，通过常温耐压强度可间接评判其他性能，如耐磨性、耐冲击性等。

25. 什么是抗折强度？

抗折强度是指具有一定尺寸的耐火材料条形试样，在三点弯曲装置上所能承受的最大弯曲应力，又称抗弯强度。耐火材料的抗折强度分为常温抗折强度与高温（热态）抗折强度。

耐火材料常温抗折强度应按照国家标准 GB/T 3001—2007《耐火材料常温抗折强度试验方法》进行测定；耐火材料高温抗折强度应按照国家标准 GB/T 3002—2004《耐火材料高温抗折强度试验方法》进行测定。

材料的化学组成、矿物组成、组织结构、生产工艺等对材料的抗折强度尤其是高温抗折强度有决定性的影响。通过选用高纯原料、控制砖料合理的颗粒级配、加大成型压力、使用优质结合剂及提高制品的烧结程度，可提高材料的抗折强度。

26. 什么是粘结强度？

粘结强度是指两种材料粘结在一起时，单位界面之间的粘结力。

耐火泥浆粘结强度应按照国家标准 GB/T 22459.4—2008《耐火泥浆 第 4 部分：常温抗折粘结强度试验方法》进行测定。

耐火材料的粘结强度主要是表征不定形耐火材料在各种温度及特定条件，主要是使用条件下的强度指标。

27. 什么是耐磨性？

耐磨性是耐火材料抵抗坚硬物料或气体（含有固体物料）摩擦、磨损（研磨、摩擦、撞击等）的能力，可用来预测耐火材料在磨损及冲刷环境中的适应性。通常用经过一定研磨条件和研磨时间研磨后材料的体积损失或质量损失来表示。

耐火材料的常温耐磨性可按照国家标准 GB/T 18301—2012《耐火材料 常温耐磨性试验方法》进行测定。

耐火材料的耐磨性取决于其矿物组成、组织结构和材料颗粒结合的牢固性及本身的密度、强度。常温耐压强度高，气孔率低，组织结构致密均匀，烧结良好的材料总是有良好的常温耐磨性。

28. 什么是耐火材料的使用性能？

耐火材料的使用性能是指耐火材料在高温使用时所具有的性能，包括耐火度、荷重软化温度、体积稳定性、抗热震性、抗侵蚀性、抗氧化性、抗水化性、耐真空性、高温蠕变性等。

29. 什么是耐火度？如何测定耐火度？

耐火度是指耐火材料在无荷重条件下抵抗高温作用而不熔融和软化的性质。耐火材料的化学组成、矿物组成及各相分布、结合状况对其耐火度有决定性的影响，决定材料耐火度的最基本因素是材料的化学矿物组成及其分布情况，各种杂质成分特别是具有强熔剂作用的杂质成分会严重降低材料的耐火度。

耐火材料的耐火度测定按照中国国家标准 GB/T 7322—2007《耐火材料耐火度试验方法》进行。GB/T 7322—2007 的要点是试验物料做成截头三角锥，上底每边长 2mm，下底每边长 8mm，高 30mm，截面成等边三角形；试验物料试锥与已知耐火度的标准测温锥一起栽在锥台上，在规定的条件下加热并比较试锥与标准测温锥的弯倒情况，直至试锥顶部弯倒接触底盘，此时与试锥同时弯倒的标准测温锥可代表的温度即为该试锥的耐火度。

30. 什么是荷重软化温度？

耐火材料的荷重软化温度是指材料在承受恒定压负荷并以一定升温速率加热条件下产生变形的温度。它表示了耐火材料同时抵抗高温和荷重两方面作用的能力，在一定程度上表明制品在其使用条件相仿情况下的结构强度。

荷重软化温度的测定可以按照国家标准 GB/T 5989—2008《耐火材料荷重软化温度试验方法（示差-升温法）》或黑色冶金标准 YB/T 370—1995《耐火制品荷重软化温度试验方法（非示差-升温法）》进行测定。

影响耐火材料荷重软化温度的工艺因素是原料的纯度、配料的组成及制品的烧结温度。因此，通过提高原料的纯度以减少低熔物或熔剂的含量，配料时添加某种成分以优化制品的结合相，调整颗粒级配及增加成型压力以提高砖坯密度，适当提高烧成温度及延长保温时间以提高材料的烧结程度及促进各晶相晶体长大和良好结合，可以显著提高制品的荷重软化温度。

 31. 什么是抗热震性？

抗热震性是指耐火材料抵抗温度急剧变化而导致损伤的能力。曾称热震稳定性、抗热冲击性、抗温度急变性、耐急冷急热性等。

抗热震性的测定根据不同的要求与产品类型应分别按照相应的测试方法进行测定，主要测试方法有：黑色冶金标准 YB/T 376.1—1995《耐火制品抗热震性试验方法（水急冷法）》、黑色冶金标准 YB/T 376.2—1995《耐火制品抗热震性试验方法（空气急冷法）》、黑色冶金标准 YB/T 376.3—2004《耐火制品抗热震性试验方法 第3部分：水急冷-裂纹判定法》、黑色冶金标准 YB/T 2206.1—1998《耐火浇注料抗热震性试验方法（压缩空气流急冷法）》、黑色冶金标准 YB/T 2206.2—1998《耐火浇注料抗热震性试验方法（水急冷法）》。

材料的力学性能和热学性能，如强度、断裂能、弹性模量、线膨胀系数、导热系数等是影响其抗热震性的主要因素。一般来说，耐火材料的线膨胀系数小，抗热震性就越好；材料的导热系数（或热扩散率）高，抗热震性就越好。此外，耐火材料的颗粒组成、致密度、气孔是否微细化、气孔的分布、制品形状等均对其抗热震性有影响。材料内存在一定数量的微裂纹和气孔，有利于其抗热震性；制品的尺寸大、并且结构复杂，会导致其内部严重的温度分布不均和应力集中，降低抗热震性。

 32. 什么是高温体积稳定性？

高温体积稳定性是耐火材料在使用过程中，由于受热负荷的作用，其外形体积或线性尺寸保持稳定不发生变化（收缩或膨胀）的性能。对于烧成耐火制品，通常用制品在无重负荷作用下的加热体积变化率或加热永久线变化率来表示；而对于不烧耐火材料（主要是不定形耐火材料），通常用加热线变化率来表示。

加热永久线变化率是指烧成的耐火制品再次加热到规定的温度，保温一定时间，冷却到室温后所产生的残余膨胀和收缩。加热永久线变化率是评定耐火制品质量的一项重要指标。对判别制品的高温体积稳定性，从而保证砌筑体的稳定性，减少砌筑体的缝隙，提高其密封性和抗侵蚀性，避免砌筑体整体结构的破坏，都具有非常重要的意义。

致密定形耐火制品加热永久线变化率应按照国家标准 GB/T 5988《耐火材料　加热永久线变化率试验方法》进行测定。

不定形耐火材料的加热线变化率包括烘干线变化率和烧后线变化率。烘干线变化率是指试样在（110±5）℃下干燥一定时间后，长度不可逆变化的量与烘干前试样长度之比（%），烧后线变化率是指试样在规定温度下加热并保温一定时间后，长度不可逆变化的量，用试样长度变化来表示（%）。不定形耐火材料的加热线变化率是很重要的一个性能指标。若线变化率过大，对砌筑衬体的破坏性很大，易产生结构剥落或降低衬体的密实性，从而降低抗侵蚀性等其他性能，降低衬体的使用寿命。

不定形耐火材料的加热线变化率应按国家标准 GB/T 5988《耐火材料　加热永久线变化率试验方法》进行测定。

33. 什么是高温蠕变性？

高温蠕变性是指制品在高温下受应力作用随着时间变化而发生的等温形变。因施加外力的不同，高温蠕变性可分为高温压缩蠕变、高温拉伸蠕变、高温弯曲蠕变和高温扭转蠕变等。其中常用的是高温压缩蠕变。

耐火制品压蠕变应按国家标准 GB/T 5073—2005《耐火材料　压蠕变试验方法》进行测定。

耐火材料的高温蠕变性除与其化学矿物组成、显微结构有关外，还与使用过程中的外界因素有关，如使用温度、压力、气氛及使用过程中烟尘、熔融金属、熔渣等对耐火材料的侵蚀等。

为了改善耐火材料的蠕变性，重要的是改善其化学矿物组成及纤维结构。可采取提高原料的纯度，制定合理颗粒级配，加大成型压力，适当提高烧成温度、延长保温时间等措施。

34. 什么是抗侵蚀性？

抗侵蚀性是指耐火材料在高温下抵抗各种侵蚀介质侵蚀和冲蚀作用的能力。由于侵蚀介质的多样性和复杂性，因此研究耐火材料抗侵蚀性的试验方法也各不相同，常用的主要有抗渣性、抗酸性、抗碱、抗玻璃液侵蚀、抗 CO 侵蚀性等试验方法。

抗侵蚀性是衡量耐火材料抗化学侵蚀和机械磨损的一项非常重要的指标，对于制定正确的生产工艺，合理选用耐火材料具有重要的意义。

影响耐火材料抗侵蚀性的因素有内在的和外在的两种。内在因素主要包括：耐火材料的化学、矿物组成，耐火材料的组织结构与其他性能等；外在因素包括：侵蚀介质的性质、使用条件（温度、压力等）以及侵蚀介质与耐火材料在使用条件下的相互作用。

35. 什么是抗渣性？

耐火材料在高温下抵抗熔渣渗透、侵蚀和冲刷的能力。

测定耐火材料的抗渣性方法分为静态法和动态法两类。静态法包括熔锥法、坩埚法和浸渍法。动态法包括回转渣蚀法、转动浸渍法（旋转圆柱体法）、撒渣法、高温滴渣法、喷渣法和感应炉法。耐火材料的抗渣性应按照国家标准 GB/T 8931—2007《耐火材料抗渣性试验方法》进行测定。

36. 什么是抗酸性？

抗酸性是耐火材料抵抗酸性介质的能力。测定耐火制品抗酸性的方法一般选用硫酸作为侵蚀剂。

耐火材料的抗酸性应按照国家标准 GB/T 17601—2008《耐火材料　耐硫酸侵蚀试验方法》进行测定。

37. 什么是抗碱性？

抗碱性是耐火材料在高温下抵抗碱侵蚀的能力。测定耐火材料抗碱性的方法，通常以无水 K_2CO_3 为侵蚀介质，有混合侵蚀法和直接接触熔融侵蚀法两种。

耐火材料的抗碱性应按照国家标准 GB/T 14983—2008《耐火材料　抗碱性试验方法》进行测定。

38. 什么是抗玻璃熔液侵蚀？

抗玻璃熔液侵蚀是玻璃窑用耐火材料抵抗玻璃熔液侵蚀、冲刷的能力。

耐火材料抗玻璃熔液侵蚀应按照建材行业标准 JC/T 806—2013《玻璃熔窑用耐火材料静态下抗玻璃液侵蚀试验方法》进行测定。

39. 什么是抗 CO 侵蚀性？

抗 CO 侵蚀性是指耐火材料在 CO 气氛中抵抗开裂或崩解的能力。

40. 什么是抗氧化性？

抗氧化性是指含碳及其他非氧化物耐火材料（主要是含碳化物、硼化物、氮化物、SiAlON、AlON 等的材料）在高温氧化气氛下抵抗氧化的能力。

含碳耐火材料的抗氧化性应按照国家标准 GB/T 17732—2008《致密定形含碳耐火制品试验方法》进行测定。

41. 什么是抗水化性？

抗水化性是碱性耐火材料在大气中抵抗水化的能力。碱性耐火材料中的 CaO、MgO，特别是 CaO，在大气中极易吸潮水化，生成氢氧化钙，使制品疏松破坏。

42. 什么是耐真空性？

耐火材料的耐真空性是指其在真空和高温下使用时的耐久性。

43. 什么是耐火材料化学分析？

化学分析是指利用物质的化学反应为基础分析测定耐火材料的物质组成及含量，包括定性分析和定量分析两部分。

《耐火材料标准汇编》（中国标准出版社，2007）收录了各种耐火材料的化学测定方法，可以按照标准里提供的方法进行耐火材料的化学分析。

44. 什么是岩相鉴定？

对硅酸盐材料所含各种物相（包括晶相、玻璃相和气相）进行分析，并着重于确定其中晶相的种类、含量、形态、大小及其分布，这一分析过程、分析方法以及分析结果都称为岩相分析。较为常用的是偏光显微镜分析，其方法有油浸、薄片、光片、光薄片、超薄光薄片和显微化学等。此外还可以用其他光学显微镜（例如金相显微镜）、电子显微镜、电子衍射和电子探针或离子探针等方法进行分析。

岩相分析对于研究耐火材料的显微（和亚微）结构、指导工艺制备、改进材料性能等方面具有重要意义。根据岩相鉴定结果，对照化学分析数据可以大致地判断耐火制品的性能。

45. 什么是差热分析？

差热分析是指在程序控温下，测量物质和参比物的温度差与温度或者时间的关系的一种测试技术，也可以定义为用差热电偶测定试样在受热过程中发生吸热或放热反应的分析方法。

差热分析广泛应用于测定耐火材料在热反应时的特征温度及吸收或放出的热量，包括物质相变、分解、化合、凝固、脱水、蒸发等，从而可以在一定程度上知道耐火材料在生产、使用过程中发生的物理化学变化情况。

46. 什么是耐碱性？

耐碱性能是水泥窑预热器系统用耐火材料的一个十分重要的性能，可以将一定量的碳酸钾放入试样内，加热至一定的温度，碱与铝硅质耐火材料会因发生反应而产生体积膨胀，冷却后，通过观察试样的破坏程度即可判定材料的耐碱性能。具体的操作方法可以参照建材行业标准 JC/T 808—2013《硅铝质耐火浇注料耐碱性试验方法》。

47. 耐火材料如何分类？

耐火材料的种类很多，分类方法也多种多样。

（1）根据耐火度可分为：普通耐火制品（1580～1770℃）、高级耐火制品（1770～2000℃）和特级耐火制品（2000℃以上）。

（2）按照形状和尺寸可分为：标准型砖、异型砖、特异型砖、大异型砖，以及实验室和工业用坩埚、皿、管等特殊用品。

（3）按照成型工艺可分为：泥浆浇注制品、可塑成型制品、半干压型制品、由粉状非可塑泥料捣固成型制品、由熔融料浇铸的制品以及岩石锯成的制品等。

（4）按照化学矿物可分为：硅质材料、硅酸铝质材料、镁质材料、白云石质材料、铬质材料、炭质材料、锆质材料、特种耐火材料。见表 2-1。

表 2-1 耐火材料的化学矿物组成分类

分类	类 别	主要化学成分	主要矿物成分
硅质材料	硅砖	SiO_2	磷石英、方石英
	石英玻璃	SiO_2	石英玻璃

续表

分类	类别	主要化学成分	主要矿物成分
硅酸铝质材料	半硅砖	SiO_2、Al_2O_3	莫来石、方石英
	黏土砖	SiO_2、Al_2O_3	莫来石、方石英
	高铝砖	SiO_2、Al_2O_3	莫来石、刚玉
镁质材料	镁砖（方镁石砖）	MgO	方镁石
	镁铝砖	MgO、Al_2O_3	方镁石、镁铝尖晶石
	镁铬砖	MgO、Cr_2O_3	方镁石、铬尖晶石
	镁橄榄石砖	MgO、SiO_2	镁橄榄石、方镁石
	镁硅砖	MgO、SiO_2	方镁石、镁橄榄石
	镁钙砖	MgO、CaO	方镁石、氧化钙
	镁白云石砖	MgO、CaO	方镁石、氧化钙
	镁炭砖	MgO、C	方镁石、无定形碳（或石墨）
白云石质材料	白云石砖	CaO、MgO	氧化钙、方镁石
铬质材料	铬砖	Cr_2O_3、FeO	铬铁矿
	铬镁砖	Cr_2O_3、MgO	铬尖晶石、方镁石
炭质材料	炭砖	C	无定形碳（石墨）
	石墨制品	C	石墨
	碳化硅制品	SiC	碳化硅
锆质材料	锆英石砖	ZrO_2、SiO_2	锆英石
特种耐火材料	纯氧化物制品	Al_2O_3、ZrO_2、CaO、MgO、TiO_2	刚玉、高温型 ZrO_2、氧化钙、方镁石、金红石
	碳化物	SiC、B_4C	
	氮化物	Si_3N_4、BN、AlN、TiN、ZrN	
	硅化物	$MoSi_2$	
	硼化物	ZrB_2、TiB_2	
	氧氮化物	$AlON$、$MgAlON$、Si_2ON_2、$SiAlON$	
	金属陶瓷等		

（5）按照化学特性可分为：酸性耐火材料、中性耐火材料和碱性耐火材料。

（6）按照用途可分为：钢铁行业用耐火材料、水泥行业用耐火材料、玻璃行业用耐火材料、有色金属行业用耐火材料、电力行业用耐火材料等。

（7）按照耐火材料的外观可分为：定形耐火材料、不定形耐火材料、纤维状材料等。见表 2-2。

表 2-2　耐火材料的物理（形状外观）分类

外观分类	名　　称		
定形耐火材料	耐火砖	烧成、不烧、熔铸	
		隔热砖	
不定形耐火材料	火　泥	热硬性	
		气硬性	
		水硬性	
	浇注料		
	可塑料		
	喷补料		
	捣打料		
	喷涂料		
纤维状材料	陶瓷纤维		

48. 常用的耐火材料有哪几种？

硅质制品有：硅砖和熔融石英制品；

硅酸铝质制品有：半硅砖、黏土砖、高铝砖、硅莫砖；

碱性制品有：镁砖、镁铝砖、镁白云石砖、镁铬砖等；

电熔制品有：熔铸锆刚玉砖、熔铸 α-βAl_2O_3 砖、熔铸 β-Al_2O_3 砖等。

此外，实际生产中还大量使用含碳制品、隔热制品和各种各样的不定形耐火材料。

49. 什么是硅酸铝质耐火材料？

硅酸铝质耐火材料是以 Al_2O_3 和 SiO_2 为主要化学成分的耐火材料。根据 Al_2O_3 含量的多少可以分为：半硅质（Al_2O_3 15％～30％）、黏土质（Al_2O_3 30％～48％）和高铝质（Al_2O_3 ＞48％）三大类，硅酸铝质耐火材料的性能和用途随 Al_2O_3 含量变化而异。

50. 什么是熔铸耐火材料？

熔铸耐火材料是指用一定方法将配合料高温熔化后，浇铸成的具有一定形状的耐火制品。电熔法是目前生产熔铸耐火材料的主要方法，熔铸耐火材料主要产品有：熔铸莫来石制品、熔铸锆刚玉制品、熔铸 α-βAl_2O_3 制品、熔铸 β-Al_2O_3 制品等。

51. 什么是不定形耐火材料？

不定形耐火材料是由耐火骨料和粉料、结合剂或另掺外加剂以一定比例组成的混合料，能直接使用或加适当的液体调配后使用。

耐火骨料一般系指粒径（即粒度）大于 0.088mm 的颗粒料。它是不定形耐火材料组织结构中的主体材料，起骨架作用，决定其物理力学和高温使用性能，也是决定材料属性及其应用范围的重要依据。

耐火粉料也称细粉，一般系指粒径等于或小于 0.088mm 的颗粒料。它是不定形耐火材

料组织结构中的基质材料，一般在高温下起联结或胶结耐火骨料的作用，使之获得高温物理力学和使用性能。细粉能填充耐火骨料的孔隙，也能赋予或改善拌合物的作业性，提高材料的致密度。细粉品级一般应高于耐火骨料。当细粉粒径小于 $5\mu m$ 时，则称为超微粉。

结合剂是能使耐火骨料和粉料胶结起来显示一定强度的材料。它是不定形耐火材料的重要组成部分，可用无机、有机及其复合物等材料，主要品种有水泥、水玻璃、磷酸、溶胶、树脂、软质黏土和某些超微粉等。

外加剂是强化结合剂作用和提高基质相性能的材料。它是耐火骨料、耐火粉料和结合剂构成的基本组分之外的材料，故称外加剂。外加剂种类较多，分为促凝剂、分散剂、减水剂、抑制剂、早强剂和膨胀剂等。

不定形耐火材料的种类很多，分类方法也多种多样，国家标准 GB/T 4513—2000《不定形耐火材料分类》对不定形耐火材料进行了分类：

（1）根据显气孔率的高低可分为致密材料和隔热材料两大类，其中隔热材料的真气孔率不低于 45%，以字母"Ge"表示。

（2）以整个混合料的主要化学成分（矿物组成）和（或）决定混合料特性的骨料性质分类见表 2-3。

表 2-3　不定形耐火材料的分类（按主要化学组成、矿物组成）

类别	主要氧化物的名称或极限含量	主要矿物组成
L	高铝质，$w(Al_2O_3)\geqslant45\%$的材料	莫来石、刚玉
N	黏土质，$10\%\leqslant w(Al_2O_3)<45\%$的材料	莫来石、方石英
G	硅质，$w(SiO_2)\geqslant85\%$，$w(Al_2O_3)<10\%$的材料	鳞石英、方石英
J	碱性材料及其混合物	方镁石、铝镁尖晶石、氧化钙、硅酸二钙、铬尖晶石
Te	特殊材料（炭、碳化物、氮化物、锆英石等）及其混合物	碳化硅、氮化硅、锆英石等

（3）按结合形式可分为：陶瓷结合（T）、水硬性结合（S）、化学结合（H）、有机结合（Y）。

（4）按施工方法可分为：耐火浇注料（J）、耐火捣打料（D）、耐火可塑料（K）、耐火压入料（Ya）、耐火喷涂料（P）、耐火泥浆（N）、耐火涂抹料（To）等。

52. 什么是自流耐火浇注料？

自流耐火浇注料是一种无需振动即可流动和脱气的可浇注耐火材料。其特点是在不降低或不显著降低浇注料性能的条件下，适当加水，无需振动就可浇注成各种形状的施工体。

自流耐火浇注料常用流动性评估方式采用流动度（值）来衡量。

53. 什么是耐火喷射料？

喷射料主要由各种耐火的粒状和粉状料所组成，结合剂一般含量较低，还往往含有适量助熔剂促进烧结，多数还加有少量水分。

常用的结合方式有化学结合、水化结合、缩聚结合等。

54. 什么是耐火捣打料？

捣打料是由耐火骨料和粉料、结合剂及外加剂等按一定比例组成，用捣打方法施工的耐火材料。

常用的结合方式有化学结合、陶瓷结合、缩聚结合等。

55. 什么是耐火涂抹料？

耐火涂抹料是指由一定颗粒级配的耐火细骨料、粉料、加入适当的结合剂、外加剂（如促凝剂、增塑剂、膨胀剂等）组成的，用水或其他液体结合剂调和使用的耐火材料。耐火涂抹料分为重质和轻质两类，每类中又分为若干个品种。如果窑炉及热工设备采用涂抹施工时，也可用耐火浇注料。在我国，耐火涂抹料使用较早，有丰富的施工经验，使用效果也较好。例如，石油管式加热炉炉衬、烟道、烟囱和某些转化炉等，采用陶粒蛭石或页岩陶粒耐火浇注料，人工涂抹施工，衬里厚度 60～120mm，平均使用寿命约为 5 年；锅炉衬里，可用 CA-50 水泥黏土质耐火浇注料，进行涂抹施工，也获得了良好的使用效果。

常用的结合方式有化学结合、陶瓷结合等。

56. 什么是耐火可塑料？

耐火可塑料是用耐火骨料和粉料、生黏土和化学复合结合剂及外加剂，经配制混炼，挤压成砖坯状，包装贮存一定时间后仍具有良好的可塑性，并可用捣固方法施工的耐火材料。

常用的结合方式有化学结合、陶瓷结合、缩聚结合等。

57. 什么是轻质耐火浇注料？

轻质耐火浇注料是用耐火轻骨料和粉料、结合剂及外加剂配制而成。一般要求体积密度小于 $1800kg/m^3$，耐火度没有要求，或总气孔率大于 45%，在指定温度下的线收缩率小于 1.5% 的浇注料称为轻质耐火浇注料。

轻质耐火浇注料所用原材料有轻质砖砂、多孔熟料、空心球、陶粒和膨胀珍珠岩等。

58. 什么是耐火泥？

耐火泥又称火泥或接缝料，是用作耐火制品砌体的砌缝材料。

按材质可分为黏土质、高铝质、硅质和镁质耐火泥等。由耐火粉料、结合剂和外加剂组成。几乎所有的耐火原料都可以制成用来配制耐火泥所用的粉料。以耐火熟料粉加适量可塑黏土作结合剂和可塑剂而制成的称普通耐火泥，其常温强度较低，高温下形成陶瓷结合才具有较高强度。以水硬性、气硬性或热硬性结合材料作为结合剂的称化学结合耐火泥，在低于形成陶瓷结合温度之前即产生一定的化学反应而硬化。耐火泥的粒度根据使用要求而异，其极限粒度一般小于 1mm，有的小于 0.5mm 或更细。

选用耐火泥浆的材质，应考虑与砌体的耐火制品的材质一致。耐火泥除作砌缝材料外，也可以采用涂抹法或喷射法用作衬体的保护涂层。

耐火泥特性及应用：1. 可塑性好，施工方便；2. 粘结强度大，抗蚀能力强；3. 耐火度较高，可达 (1650±50)℃；4. 抗渣侵蚀性好；5. 热剥落性好。耐火泥主要应用于焦炉、玻

璃窑炉、高炉热风炉和其他工业窑炉。

应用的行业有：冶金、建材、机械、石化、玻璃、锅炉、电力、钢铁、水泥等。

59. 耐火泥浆的粘结时间及稠度如何测定？

用供实验的耐火泥浆粘结耐火砖，测定耐火泥浆失水干涸前可以揉动的时间，该时间就是耐火泥浆的粘结时间。耐火泥浆稠度的测定是用规定的圆锥体沉入泥浆的深度来衡量。具体的操作方法可以参考国家标准 GB/T 22459.1—2008《耐火泥浆　第 1 部分：稠度试验方法（锥入度法）》和国家标准 GB/T 22459.3—2008《耐火泥浆　第 3 部分：粘接时间试验方法》进行测定。

60. 耐火泥浆冷态抗折粘结强度及冷态抗剪粘结强度如何测定？

用供试验的耐火泥浆将耐火砖试块粘结成一定尺寸的平行六面体试件，经烘干和焙烧后，在室温下，将试件置于三点弯曲装置中测量出试件受弯时粘结面所能承受的最大压力，计算后得到的结果就是耐火泥浆的冷态抗折粘结强度。耐火泥浆冷态抗剪粘结强度则是用供试验的耐火泥浆将耐火砖试块粘结，经烘干或焙烧后，于室温下进行抗剪试验直至粘结面断裂。具体的实验方法可以参考国家标准 GB/T 22459.4—2008《耐火泥浆　第 4 部分：常温抗折粘接强度试验方法》进行测定。

61. 热力学在耐火材料工业生产中有哪些应用？

热力学主要是从能量转化的观点来研究物质的热性质，它揭示了能量从一种形式转换为另一种形式时遵从的宏观规律。热力学是总结物质的宏观现象而得到的热学理论，不涉及物质的微观结构和微观粒子的相互作用。因此它是一种唯象的宏观理论，具有高度的可靠性和普遍性。在耐火材料领域，利用热力学可以控制反应进行的方向，从而为耐火材料的科研、生产和使用提供理论指导。

62. 什么是硅酸盐的生成热、溶解热、熔化热、晶型转变热、水化热？

生成热是指在一定温度和压力下，由最稳定的单质生成 1mol 某化合物时的热效应。

溶解热是指在一定温度及压力下（通常是温度为 298K，压力为 100kPa 的标准状态），1mol 的溶质溶解在大体积的溶剂中时所放出或吸收的热量。

熔化热是指单位质量的晶体物质在熔点时变成同温度的液态物质所需吸收的热量。

晶型转变热是指一种晶型转变为另一种晶型所需的热量。

水化热是指物质与水化合时所放出的热。

依据硅酸盐的热力学计算结果，可以推断某反应进行的可能性及方向；比较各种氧化物的氧化还原能力，从而为选择合适的外加剂提供理论基础。

根据耐火矿物之间的热与热效应，可以计算出生产新相的难易程度、反应方向等信息，从而可以达到控制制品主晶相的目的。

63. 什么是相图、相平衡与相律？

相图就是用来表示材料相的状态和温度及成分关系的综合图形。

相平衡是指在一定的条件下，当一个多相系统中各相的性质和数量均不随时间变化时，称此系统处于相平衡。此时从宏观上看，没有物质由一相向另一相的净迁移，但从微观上看，不同相间分子转移并未停止，只是两个方向的迁移速率相同而已；在系统内部，物理和化学性质相同而且完全均匀的一部分称为相，用 P 表示，系统内每一个可以单独分离出来，并能独立存在的化学纯物质就叫组元或组分，组分的数目叫组分数；独立组分数是指足以表示形成平衡系统中各相组分所需要的最少数目的化学纯物质，用 C 表示；在相平衡系统中，可以独立改变的变量，如温度、浓度等就叫自由度，在这些变量中可以在一定范围内随意改变，而不引起旧相消失或新相生成的数目叫做自由度数，用 F 表示。

相律是指多相平衡系统中的相、组分和自由度之间的关系的规律，表达式为：

$$F = C - P + 2 \qquad (2-1)$$

64. 什么是单元、二元、三元与四元系统相图？

单元系统是指只研究一种纯物质的系统状态如何随温度、压力的变化而改变，在单元系统中，独立组分数为 1，因而相律 $F = 2 - P$，该系统中平衡共存的相数不超过三个，一般可以用以温度和压力作为坐标的状态图来表示单元系统的相图。在单元相图中，有可逆多晶转变物质和不可逆多晶转变物质的单元相图。

具有两个独立组分的系统叫二元系统，由于耐火材料属于凝聚系统，可以不考虑压力变化的影响，其自由度为 $F = 3 - P$，系统只有温度与组分两个独立组分。在二元相图中，有以下几种类型的相图：具有一个低共熔点的相图；具有一致熔融化合物和不一致熔融化合物的相图；具有多晶转变的相图；形成连续固溶体和形成不连续固溶体的相图。

三元系统是指含有三个独立组分的系统，其自由度为 $F = 4 - P$，该系统最多为四相平衡共存，最大自由度数为 3。此时的三个独立变量是温度和三个组分中的任意两个组成，因此三元系统凝聚系统的相图应由三个独立变量构成的立体图来描述，但是为直观起见，经常使用的是它的投影图。在三元相图中，经常使用具有析晶、穿晶等现象的相图。

在耐火材料中，四元系统是指具有四个独立组分的系统，其自由度为 $F = 5 - P$，即温度和三个组分为独立变量，由于四元相图十分复杂，其应用受到很大的限制。

65. 耐火材料中常用的相图有哪些？有什么作用？

常用的单元系统相图有：SiO_2 系统相图和 ZrO_2 系统相图，前者是生产硅质耐火材料的理论基础，后者在理论上指导了含 ZrO_2 耐火材料的生产。

在二元系统相图中，SiO_2-Al_2O_3、CaO-SiO_2、MgO-SiO_2、MgO-Al_2O_3 等相图的应用十分广泛。

在三元系统相图中，经常使用 CaO-Al_2O_3-SiO_2、K_2O-Al_2O_3-SiO_2、Al_2O_3-MgO-SiO_2 等相图。

耐火材料在制造和使用过程中进行着大量多相复杂、不平衡的反应，过程很难控制和预测，但是根据化学分析结果，借助相关相图，可以大致估计耐火材料中可能存在的矿物组成及其耐火性能。也可根据耐火制品主要性能要求及生产状况，利用相图来选取原料、确定烧成制度、检查和调整工艺参数，因此相图可以在理论上指导耐火材料的生产。

66. 什么是相变？

物质从一种相转变为另一种相的过程就叫相变。相变是个物理变化过程，相变前后，物质的化学组成不变。相变可以分为一级相变、二级相变等。

67. 什么是液相-固相转变？

液相-固相转变是指当熔体（液相）冷却到熔点（液相温度）或更低温度时，会析晶，最终变成晶粒大小不同的多晶体。通常析晶过程包含晶核形成和晶粒长大两个过程。

68. 什么是固相-固相转变？

固相-固相转变是指晶体由一种结构向另一种结构的转变。在一定的温度范围内，如果晶体的某种结构具有最低自由焓，则在该温度范围内，该结构为晶体的温度结构，但是随着温度的改变，晶体的另一种结构在该条件下具有最低的自由焓，则晶体会由上一温度下的稳定结构转变为该条件下的稳定结构，即晶体由一种晶型转变为另一种晶型，典型的例子是 SiO_2 的晶型转化。

69. 什么是固相反应？

凡是有固体参与的反应就叫固相反应。固相反应开始温度常常远低于反应物的熔点或系统低共熔点温度，这一温度与反应物内部开始呈现明显扩散的温度相一致。固相反应一般包括相界面上的反应和物质迁移两个过程，由于反应发生在非均相系统，因而传热和传质过程都对反应速度有重要的影响。

70. 固溶体中的扩散类型有哪几种？

当固体中含有异种粒子时，这些粒子往往会由浓度高的区域迁移到浓度低的区域，该现象就叫固溶体中的扩散。它有如下五种类型：（1）易位扩散，粒子之间直接易位迁移；（2）环形扩散，同种粒子之间的相互易位迁移；（3）间隙扩散，间隙粒子沿着晶格间隙迁移；（4）准间隙扩散，间隙粒子把处于正常晶格位置的粒子挤出，并取代该晶格位置的迁移；（5）空位扩散，粒子沿空位的迁移。一般可用扩散系数反应扩散情况，扩散系数与扩散机构、扩散介质和外部条件等因素有关。

71. 分散体系理论在耐火材料生产中有什么作用？

一种物质（称为分散相）的粒子分散到另一种物质（称为分散介质）中所形成的体系叫做分散体系。根据分散相和分散介质的存在状态不同，分散系可分成九种类型。依次是：气-液体系、液-液体系、固-液体系、气-固体系、液-固体系、固-固体系、气-气体系、液-气体系、固-气体系。

制造耐火材料制品用的各种粉料，主要由大于胶体颗粒的颗粒所构成，其中只有一小部分属于胶体颗粒。

实验证明，物质的性质会随分散形式的改变而逐步改变。如果分散体系的改变使得分散体系由一类变为另一类时，物质的性质将会发生巨变。

分散介质也是影响物料性质的重要因素。在耐火材料制造中，砖料和砖坯的分散介质通常是水和空气。水和空气以不同的作用影响着砖料的粉碎性、可塑性、结合性以及成型和干燥性能。砖坯加热到高温时，分散介质是溶液和气相。气相使砖坯难于烧结，但是能促进砖坯中的有机物等进行氧化和分解，溶液则促进砖坯进行烧结。在耐火制品中，分散介质是玻璃相和气相，它们对制品的物理-化学性质也起着全然不同的作用。

72. 什么是陶瓷结合、化学结合与直接结合？

耐火制品由主晶相间的低熔点硅酸盐非晶质联接在一起而形成的结合就叫陶瓷结合。陶瓷结合的耐火制品的烧结是在液相的参与下完成的。陶瓷结合组分的性质及其在主晶相间的分布状态对耐火材料的性能影响很大。

耐火制品由化学结合剂形成的结合就叫化学结合。此种结合普遍存在于不烧耐火制品中，所用化学结合剂的性质对化学结合耐火制品的性能起着很大的影响。有的化学结合耐火制品在高温使用过程中也会形成陶瓷结合。

直接结合是指耐火制品中的主晶相直接接触而产生的一种结合方式。该概念常用于碱性耐火材料中，直接结合的碱性耐火制品常常具有十分优异的综合性能。

73. 晶体化学在耐火材料中有哪些应用？

晶体化学是研究晶体在原子水平上的结构理论，揭示晶体的化学组成、结构和性能三者之间内在联系以及有关原理的学科。耐火材料工业所用原料、生产的制品一般都是以结晶状态存在的，因而研究晶体化学对耐火材料的生产、科研和使用都有着十分重要的作用。

晶体以其内部原子、离子、分子在空间作三维周期性的规则排列为其最基本的结构特征。任一晶体总可找到一套与三维周期性对应的基向量及与之相应的晶胞，因此可以将晶体结构看作是由内含相同的具有平行六面体形状的晶胞按前、后、左、右、上、下方向彼此相邻"并置"而组成的一个集合。

耐火材料中常见的晶体结构有如下几种：岛状结构，如镁橄榄石、锆英石等；组群状结构，如堇青石等；层状结构，如滑石、叶蜡石等；架状结构，如 SiO_2 的各种变体。

74. 决定离子晶体结构的基本因素有哪些？

由正、负离子或正、负离子集团按一定比例组成的晶体称作离子晶体。离子晶体中正、负离子或离子集团在空间排列上具有交替相间的结构特征，离子间的相互作用以库仑静电作用为主导。决定离子晶体结构的基本因素有离子的数量、正负离子的半径比值和离子的极化率等。

75. 晶体结构缺陷如何分类？

质点严格按照空间点阵排列的晶体叫理想晶体，但是在实际晶体中存在各种各样的结构不完整，通常把晶体点阵结构中周期性势场的畸变称为晶体的结构缺陷。按照缺陷的几何形态，缺陷可以分为：点缺陷、线缺陷、面缺陷和体缺陷。按照缺陷产生的原因，缺陷可以分为：热缺陷、杂质缺陷、非化学计量缺陷和由电荷缺陷、辐照缺陷等原因造成的缺陷。

76. 什么是同质多晶？

化学组成相同的物质，在不同的热力学条件下结晶形成结构不同的晶体就叫同质多晶。例如 SiO_2 就有典型的同质多晶现象。

77. 什么是类质同象与固溶体？

类质同象是指在一种晶体的内部结构中，本来完全可由某种离子或原子占据的位置，部分地由性质类似的他种离子或原子所占据，共同形成均匀的、单一相的混合晶体的现象。

固溶体指的是矿物一定结晶构造位置上离子的互相置换，而不改变整个晶体的结构及对称性等。但微观结构上如结点的形状、大小可能随成分的变化而改变。

类质同象和固溶体在矿物学中属于同义词，但是固溶体的含义更广，在金属和硅化物中使用的比例更高。

78. 熔融态和玻璃态有什么区别？

常温下是固体的物质在达到一定温度后熔化，成为液态，称为熔融状态。

玻璃态是指组成原子不存在结构上的长程有序或平移对称性的一种无定形固体状态。玻璃态也可以看成是保持液体结构的固体状态。

从热力学角度看，熔融态所在的温度范围要比玻璃态稳定。

79. 什么叫烧结？

烧结是指粉末或粉末压坯在一定的气氛下，在低于其主要成分熔点的温度下加热而获得具有一定组织和性能的材料或制品的过程。

烧结过程可以分为初期、中期和后期三个阶段，烧结初期只能使成型体中颗粒重排、间隙变形和缩小，但是总表面积没有减小，而且不能最终填满空隙，烧结中期和后期则是最终排除气孔，而得到充分的烧结体。

按照烧结过程有无外加压力，可以分为无压烧结和有压烧结；按照烧结过程有无液相出现可以分为固相烧结和液相烧结。烧结是个自发的不可逆过程，系统表面能降低是推动烧结进行的基本动力。

80. 添加物对制品烧结有什么影响？

实践证明，少量添加物常会明显地改变烧结速度，主要机理如下：

（1）与烧结物形成固溶体。当添加物能与烧结物形成固溶体时，将使晶格畸变而得到活化。故可降低烧结温度，使扩散和烧结速度增大，这对于形成缺位型或间隙型固溶体尤为强烈。

（2）阻止晶型转变。有些氧化物在烧结时发生晶型转变并伴有较大体积效应，这就会使烧结致密化发生困难，并容易引起坯体开裂；此时若能选用适宜的添加物加以抑制，即可促进烧结。

（3）抑制晶粒长大。由于烧结后期晶粒长大，对烧结致密化有重要作用。但若二次再结晶或间断性晶粒长大过快，又会因晶粒变粗、晶界变宽而出现反致密化现象并影响制品的显微结构。这时，可通过加入能抑制晶粒异常长大的添加物来促进致密化进程。

（4）产生液相。众所周知，烧结时若有适当的液相，往往会大大促进颗粒重排和传质过程。添加物的另一作用机理，就在于能在较低温度下产生液相以促进烧结。液相的出现，可能是添加物本身熔点较低，也可能与烧结物形成多元低共熔物。

81. 矿化剂的作用机理是什么？

矿化剂是指能促进耐火材料坯体在烧结过程中加速其晶型或者物相向有利于改善制品或提高制品性能的晶型或物相转变，而不显著降低制品耐火度的物质。一般地，矿化剂或是通过与反应物形成固溶体而使反应物晶格活化，使得反应能力增强，或是与反应物形成低共熔物，使物系在较低温度下出现液相，促进烧结，或是与反应物形成某种活性中间体而使物系处于活化状态，或是通过矿化剂离子的极化作用，促进晶格畸变和活化等。

典型的矿化剂是硅砖制造过程中添加的可加快石英向磷石英转化的铁磷和石灰。

在高纯氧化物的煅烧工艺中，常常也加入矿化剂来促使其晶型转变和晶粒长大，如由氢氧化铝或 $\gamma\text{-}Al_2O_3$ 煅烧制取 $\alpha\text{-}Al_2O_3$ 时，在无矿化剂时，即使煅烧温度到 $1600\,^{\circ}\mathrm{C}$，也不足使 $\alpha\text{-}Al_2O_3$ 晶粒长大到 $2\mu m$，而加入矿化剂后，可在较低温度下得到晶粒尺寸大于 $10\mu m$ 的 $\alpha\text{-}Al_2O_3$，煅烧氢氧化铝或 $\alpha\text{-}Al_2O_3$ 用的矿化剂有氟化物、氧化物和硼化物，它们可以在较低温度下促使 $\alpha\text{-}Al_2O_3$ 晶粒长大，而且硼化物和氯化物会与 Na_2O 反应形成易于挥发的化合物，从而可生产低 Na_2O 的 $\alpha\text{-}Al_2O_3$。

82. 助烧结剂有什么作用？

助烧结剂是一类能促进材料在远低于材料本身熔点的温度下，烧结成近理论密度的物质，但是这类物质促进烧结的机理十分复杂，同一种材料采用不同的助烧结剂，其烧结机理可能会不同，助烧结剂促进烧结作用的机理有以下几种情况：

（1）与烧结物形成固溶体。当助烧结剂与烧结物形成固溶体时，将使晶体发生畸变而得到活化，这样可以降低烧结温度，使扩散和烧结速度增大，这对于形成缺位型或者填隙型固溶体尤为重要。如在 Al_2O_3 烧结时，加入 Cr_2O_3，由于 Al_2O_3 与 Cr_2O_3 的正离子半径相近，能形成连续固溶体。而加入 TiO_2 时，烧结温度更低，因为 Ti^{4+} 离子与 Cr^{3+} 离子大小相同，除能与 Al_2O_3 固溶外，还由于 Ti^{4+} 与 Al^{3+} 电价不同，置换后将伴随有正离子空位产生，故能更有效地促进烧结。

（2）阻止晶型转变。有些氧化物在烧结时会发生晶型转变并伴随较大的体积效应，这样就会使烧结致密化发生困难，并容易引起坯体出现开裂。选用适当的助烧结剂，可以抑制体积效应，并促进烧结，如在 ZrO_2 烧结时添加一定量的 CaO 等就属于这个道理。在 $1200\,^{\circ}\mathrm{C}$ 左右时，稳定的单斜 ZrO_2 转变为正方 ZrO_2，会伴随有 10% 的体积收缩，从而使制品稳定性变坏。如果引入电价比 ZrO^{4+} 低的 Ca^{2+} 离子，可以形成立方形的 $Zr_{1-x}Ca_xO_2$ 稳定固溶体。这样既防止了制品开裂，又增加了晶体中空位浓度，使烧结加速。

（3）抑制晶粒异常长大。一般烧结后期，晶粒长大，对烧结是有利的，但是如果发生二次再结晶或间断性晶粒长大过快，又会因为晶粒变粗、境界变宽而出现反致密化过程。这时，通过加入能抑制晶粒长大的助烧结剂，可以促进致密化过程，例如在 Al_2O_3 中加入 MgO 就是很好的例子。但是应该指出的是，正常的晶粒长大是有益的，需要消除和控制的

是晶粒的异常长大。

（4）产生适宜的液相。烧结时如果有适宜的液相存在，往往会大大促进颗粒重排和传质过程，或在较低温度下发生液固反应生成新的胶结物相而促进烧结。液相的出现，可能是助烧结剂本身的熔点较低，也可能是与烧结物形成低共熔物，在干式振动料中加入硼酸或硼酸酐就是这种类型。

83. 固相反应动力学在耐火材料中有哪些应用？

固相反应动力学是一门研究不同的固相反应中甚至在同一反应不同阶段，决定固相反应速率的关键因素的学科。根据扩散速率和化学反应速率的大小，可以将固相反应分为化学动力学范围（化学反应速率远远小于扩散速率）、扩散范围（扩散速率远远小于化学反应速率）和过渡范围（化学反应速率与扩散速率相近），速率最小的阶段决定着整个固相反应快慢。依据固相反应动力学，可以为耐火材料的生产和使用提供一定的指导。

84. 什么是固相烧结动力学？

固相烧结动力学是指研究固态物质间烧结机理及相应的动力学规律的学科。在没有液相存在的条件下，当温度高于固体物质的泰曼温度时，质点就具有显著的可动性，因此烧结中扩散传质往往是普遍和重要的。对于高熔点氧化物烧结，体积扩散则可能是最重要的机理。

但采用延长烧结时间的方式提高致密度是无效的，而控制颗粒尺寸对烧结才是最重要的。当烧结温度和时间给定时，收缩率或烧结速度主要取决于物料粒径 r。通过测定烧结收缩率和颈部增长率与粒径的数据，同样可以推断烧结过程的机理。

在烧结初期，颗粒和空隙形状不发生明显变化，线收缩小于 6%。进入烧结中期，空隙进一步变形和缩小，但仍然是连通的，构成一种隧道系统。到了烧结末期，多数空隙已变成孤立的闭气孔，坯体密度一般也已达到 95% 以上的理论密度。

85. 什么是初次再结晶、二次再结晶与晶粒长大？

初次再结晶是指从塑性变形的、具有应变的基质中，生长出新的无应变晶粒的成核和长大过程。初次再结晶常发生在金属中，无机非金属材料特别是一些软性材料 NaCl、CaF_2 等，较易发生塑性变形，也会发生初次再结晶过程。另外，由于无机非金属材料烧结前都要破碎研磨成粉料，颗粒内常有残余应变，烧结时也会出现初次再结晶现象。该过程的推动力是基质塑性变形所增加的能量。

二次再结晶是指当坯体中有若干边数较多、晶界曲率较大、能量较高大晶粒存在时，这些大晶粒使晶界可越过杂质或气孔而继续移向邻近小晶粒的曲率中心，晶粒进一步生长，增大了晶界的曲率，使生长过程不断加速，直到大晶粒的边界相互接触为止，也称异常晶粒长大。

晶粒长大是指烧结中、后期，细小晶粒逐渐长大，而一些晶粒的长大过程也是另一部分晶粒的缩小或消失过程，其结果是平均晶粒尺寸增加。

86. 什么是耐火材料用结合剂？

耐火材料用的结合剂，随被胶结的材料的性质和使用条件不同而异，种类繁多，一般是按结合剂的化学性质和结合剂的硬化条件进行分类。按结合剂化学性质分为两大类：无机结合剂和有机结合剂。

（1）无机结合剂按化合物性质又分为 6 类：

第一类为硅酸盐，包括硅酸盐水泥、水玻璃（硅酸钠、硅酸钾水玻璃）和结合黏土。

第二类为铝酸盐，包括普通铝酸钙水泥（也称矾土水泥、高铝水泥）、纯铝酸钙水泥（有铝-70、铝-75 和铝-80 水泥）、氯酸钡水泥和含尖晶石铝酸钙水泥。

第三类为磷酸盐，包括磷酸、磷酸二氢铝、磷酸镁、磷酸二氢铵、铝铬磷酸盐、三聚磷酸钠、磷酸钠、钙钠磷酸盐等。

第四类为硫酸盐，包括硫酸铝、硫酸镁、硫酸铁等。

第五类为氯化物，包括氯化镁（卤水）、氯化铁、聚合氯化铝（又称碱式氯化铝）等。

第六类为溶胶及超细粉（微粉、纳米级微粉），如硅溶胶、铝溶胶、硅铝溶胶、ρ-氧化铝、反应性氧化铝、SiO_2 微粉（烟尘硅）等。

（2）有机类结合剂按制取方法可以分为两大类：

第一类为天然有机物，系从天然有机物中分离提取的，包括淀粉、糊精、阿拉伯树胶、海藻酸钠、蜜糖、纸浆废液（木质磺酸盐）、蒽油、焦油和沥青等。

第二类为合成有机物，即通过化学反应或缩聚反应而合成的，包括有甲阶酚醛树脂、线型酚醛树脂、环氧树脂、聚氨酯树脂、脲醛树脂、聚醋酸乙烯酯、聚苯乙烯、硅酸乙酯、聚乙烯醇、呋喃树脂等。

有机结合剂按其亲水性能可分为水溶性（主要由碳、氢、氧构成，相对分子质量较低）和非水溶性的（亲油性，主要由碳、氢构成，相对分子量较高）。水溶性有机结合剂在加热过程中会分解和挥发，为暂时结合剂；而非水溶性有机结合剂大多数高温分解，残留有碳，可形成碳结合相，一般是相对分子质量越高，其残碳率也越高。

87. 耐火材料结合剂硬化方式有哪几种？

耐火材料结合剂按硬化条件分为水硬性、气硬性和热硬性结合剂。

（1）水硬性结合剂，是指与散状耐火骨料混合后，加水混炼并成型后，在常温潮湿条件下养护，经水化反应能产生凝结与硬化的结合剂，如硅酸盐水泥、铝酸钙水泥。

（2）气硬性结合剂，与散状耐火骨料混合成型后，在常温自然干燥条件下养护即可发生凝结与硬化。但这类结合剂使用时一般要加促凝（硬）剂方可发生凝结与硬化，如水玻璃结合剂加氟硅酸钠促凝剂、磷酸二氢铝结合剂加氧化镁或铝酸钙水泥促凝剂。

（3）热硬性结合剂，与散状耐火骨料混合成型后，需经加热烘烤（一般为 105～350℃）方可发生凝结与硬化，如甲阶酚醛树脂，或线型酚醛树脂加乌洛托品在加热时发生缩聚反应而产生硬化。

88. 耐火材料结合剂的结合机理有哪些？

耐火材料结合剂的结合方式主要有以下 6 种：

（1）水化结合。又称水硬结合，其强度是靠结合剂（如水泥）与水在一定的温度和湿度条件下发生水化反应，生成的水化产物产生胶凝硬化作用产生。由于水化反应和胶凝硬化作用产生强度需要时间、温度和湿度条件，因而需要养护。常见的结合剂为铝酸盐水泥。铝酸钙水泥（主要水化矿物 $CaO \cdot Al_2O_3$、$CaO \cdot 2Al_2O_3$）加水混合后，发生水解和水化反应，析出六方片状或针状水化物 $CaO \cdot Al_2O_3 \cdot 10H_2O$（$CAH_{10}$）和 $2CaO \cdot Al_2O_3 \cdot 8H_2O$（$C_2AH_8$）或立方粒状 $3CaO \cdot Al_2O_3 \cdot 6H_2O$（$C_3AH_6$）水化物和氧化铝凝胶体（$Al_2O_3 \, gel$），形成凝聚结晶网而产生结合。

又如反应性氧化铝（$\rho\text{-}Al_2O_3$），加水混合时，会发生水化反应而生成单斜板状、纤维状或粒状三羟铝石（Bayrite，$Al_2O_3 \cdot 3H_2O$）和斜方板状勃姆石〔Boehmite，$Al_2O_3 \cdot (1\sim2)H_2O$〕而产生结合作用。

（2）化学结合。强度是由结合剂和原料中的氧化物或/和加入的促凝剂在常温或加热状态下发生化学反应，靠反应产物的交链或聚合作用而产生。常见的结合剂有磷酸盐和硅酸钠（水玻璃）。

硅酸钠（水玻璃）结合剂加氟硅酸钠促硬剂时，发生如下反应：

$$2(Na_2O \cdot nSiO_2) + Na_2SiF_6 + 2(2n+1)H_2O \longrightarrow 6NaF + (2n+1)Si(OH)_4 \qquad (2\text{-}2)$$

反应结果生成水溶胶 $SiO_2 \cdot nH_2O$，经脱水形成硅氧烷（$-Si-O-Si-$）网络状结构，从而产生较强的结合强度。

磷酸二氢铝加 MgO 硬化剂时，在常温下会发生脱水和交联反应而产生较高的结合强度。

（3）缩聚结合。由高聚物的有机结合剂在一定条件下与加入的特定的促媒剂或交链剂产生的缩合-聚合反应，生成三维网络结构而产生结合作用。常见的结合剂有甲阶酚醛树脂、线型酚醛树脂等。

甲阶酚醛树脂加酸做催化剂加热时，可发生缩聚反应而产生较高的结合强度。线型酚醛树脂加六亚甲基四胺（乌洛托品），在加热时也会发生交联反应，缩聚形成网络状结构而产生较好的结合强度。

（4）陶瓷结合。在不高的温度下即可发生的固相－液相烧结而产生强度。为形成液相而促进固-液烧结，在料中往往须加入作为熔剂的低熔点物。如在氧化铝基干式料中加入硼酐，硼酐在 $450\sim550℃$ 生成黏性液相可将耐火骨料黏附在一起，随后与 $\alpha\text{-}Al_2O_3$ 发生固-液反应，生成具有更高熔融温度的化合物，如 $2Al_2O_3 \cdot B_2O_3$（约在 $1035℃$ 一致熔融），或 $9Al_2O_3 \cdot 2B_2O_3$（在 $1930℃$ 一致熔融），而将刚玉骨料结合在一起。同样在硅质干式振捣料中加入硼酸或硼酸钠作为助烧结剂时，在 $500\sim1000℃$ 范围内可促进烧结，形成陶瓷结合。这类依靠加入低、中温助烧结剂的干式振捣料广泛应用作各种工频感应炉内衬和出钢口填充料。

（5）黏附结合。液体结合剂借助于吸附、扩散、静电吸引、毛细管力等一种或几种作用的叠加，通过形成交织的黏附扩散层而产生结合强度。黏附结合又可分为以下几种：①吸附作用，包括物理吸附和化学吸附。物理吸附是以分子间引力（范德华引力）相互吸引而产生黏附，而化学吸附是以化学键力相互作用而产生黏附。但也有两种吸附同时发生的黏着结合。②扩散作用，即粘结剂与被粘结物在其分子的热运动作用下，发生相互扩散和渗透作用，在界面上形成扩散层，从而形成牢固的结合。③静电作用，即粘结物与被粘结物的界面上存在着双电层，由双电层的静电引力作用而产生结合。

产生黏附结合的结合剂多为有机的临时性结合剂，即在常温下或低温下起结合作用，经中温和高温热处理后会燃烧掉，如糊精、羧甲基纤维素、聚乙烯醇等。有的为半永久性结合剂，经中高温热处理后，除部分挥发性物质分解挥发外，残留下的碳可形成碳网结合，如沥青、酚醛树脂、环氧树脂等高残碳的有机结合剂，但这类结合剂只适合于在还原性条件下使用。有些无机结合剂也具有好的黏附结合，如磷酸二氢铝、水玻璃、硅溶胶等。黏附结合剂多半用作耐火泥浆、涂料、喷涂料和捣打料的结合剂。

（6）凝聚结合。是靠相互靠近到纳米尺度或接触的某些材料的胶团粒子或某些具有亚微米尺度超细粉之间的范德华力（分子间引力）包括氢键架桥作用而产生的结合。根据DLVO理论，胶体粒子之间存在着范德华引力，当粒子在相互接近时，会因粒子表面双电层的重叠而产生排斥力，胶体溶液（悬浮液）的稳定性与凝聚性就取决于粒子之间的吸引力和排斥力的相对大小。可产生凝聚结合的材料有黏土微粉、氧化物超微粉、硅溶胶、铝溶胶和硅铝溶胶等。

89. 耐火材料结合剂选用原则有哪些？

耐火制品，尤其是不烧耐火制品和不定形耐火材料，它们的力学强度（结构强度）主要靠结合剂提供。但耐火材料用的结合剂种类繁多，结合机理也不尽相同，因此在实际生产和使用中应根据耐火材料材质、成型或施工方法，以及使用条件等来选用合适的结合剂。选用原则如下：

（1）结合剂的性质必须与被结合的耐火材料性质相适应。酸性、中性耐火材料可选用酸性、中性或弱碱性结合剂。而碱性耐火材料则不可直接使用酸性结合剂，只能采用中性或碱性结合剂，若在还原条件下使用，也可选用高残碳的有机类结合剂。

（2）选用的结合剂要与材料的成型方法或作业性能（施工性能）相适应。烧成耐火制品一般采用暂时结合剂（如木质素磺酸盐等），而不烧耐火材料制品一般采用化学结合剂（如磷酸二氢铝、水玻璃等）；浇注耐火材料应选用在常温下能产生凝结与硬化的结合剂，如水化结合的或化学结合的（加促硬剂），或凝聚结合的（加凝聚剂）结合剂，捣打料和可塑料可选用黏着结合的，或化学结合的，或陶瓷结合的结合剂；而喷射耐火材料可选用与浇注耐火材料相似的结合剂。

（3）选用的结合剂必须与材料的高温使用性能相适应，不应降低材料的高温结构强度、抗侵蚀性和抗渣渗透性。如高铝质或黏土质浇注料可以采用普通铝酸钙水泥或结合黏土作结合剂，而刚玉质或刚玉-尖晶石质浇注料则应采用纯铝酸钙水泥或反应性氧化铝作结合剂。

90. 什么是硅酸盐水泥？

硅酸盐水泥系由硅酸盐水泥熟料、混合材料和适量石膏磨细而制成的水硬性胶结材料，根据混合材料品种的不同，分为硅酸盐水泥、普通硅酸盐水泥、矿渣硅酸盐水泥、火山灰质硅酸盐水泥和粉煤灰硅酸盐水泥等。这些水泥均可作不定形耐火材料的结合剂，一般只能在中、低温工程部位上应用。

91. 铝酸盐水泥发展历程是怎样的？

1865 年，就有人制备了组成不同的石灰-氧化铝熔融体，发现它们具有良好的水硬性。1908 年，又有人获得了矿物组成为 $CA-C_2S$ 的熔融水泥专利，该水泥的抗硫酸盐侵蚀性好，硬化速度远比当时的其他水泥快。1913 年，工业化生产高铝水泥的问题得到解决，第一次

世界大战期间，高铝水泥被广泛用于军事工程，1918 年以后，高铝水泥开始在市场销售。

高铝水泥最初只能用立窑进行生产，以后又出现了反射炉和电炉。20 世纪 50 年代，中国建筑材料科学研究院发明了回转窑生产高铝水泥的方法。20 世纪 60 年代又出现了工业氧化铝生产的铝酸钙水泥。

 92. 铝酸钙水泥中的主要矿物是什么？

铝酸钙水泥中的主要矿物为铝酸一钙 CA、二铝酸一钙 CA_2、七铝酸十二钙 $C_{12}A_7$ 和钙长石 C_2AS。

CA 是纯铝酸钙水泥的主要矿物，一般认为 CA 具有很高的水硬活性，其特点是凝结正常，硬化迅速，为水泥强度的主要来源。CA 含量较高的水泥强度增进主要在早期，后期强度发展不显著。

CA_2 水化、硬化较慢，早期强度低，但后期强度增进高，CA_2 含量过高时，水泥的快硬性能将受到影响。

$C_{12}A_7$ 中的铝和钙的配位极不规则，其晶体结构中有大量孔腔，水化和凝结极快，强度不及 CA 高。含有大量 $C_{12}A_7$ 时，铝酸钙水泥会出现急凝，强度降低和耐热性能下降等现象。但如果控制得当，一些水泥中少量含有的 $C_{12}A_7$ 反倒可以起加速凝结和提高早期强度的作用。

 93. 铝酸钙水泥的水化过程是怎样的？

铝酸钙水泥遇水之后将发生水化，主要是水泥矿物溶解于水，溶液中 Ca^{2+} 和 $Al(OH)^{4-}$ 等离子的浓度增高，导电率快速上升。随后，离子浓度达到饱和，液相离子浓度不再增加，水化物结晶相缓慢地形成，水泥浆体逐步丧失流动能力。第三阶段，水化反应大量进行，水泥浆体的温度和结合水含量增高，离子浓度降低，浆体开始硬化并产生强度。铝酸钙水泥强度的来源主要是各种铝酸钙 C_xAH_y 和铝胶 AH_3。

 94. 温度不同对铝酸钙水泥水化物有什么影响？

温度变化时，铝酸钙水泥水化产物会发生变化，见表 2-4。

表 2-4　不同温度下铝酸钙水泥水化产物的变化

条　件	反　应　式
<10℃	$CA + 10H \longrightarrow CAH_{10}$
10～27℃	$2CA + 11H \longrightarrow C_2AH_8 + AH_3$ $CA + 10H \longrightarrow CAH_{10}$
>27℃	$3CA + 12H \longrightarrow C_3AH_6 + 2AH_3$
温度增高，时间加长	$2CAH_{10} \longrightarrow C_2AH_8 + AH_3 + 9H$ $3C_2AH_8 \longrightarrow 2C_3AH_6 + AH_3 + 9H$

从上表可以看出，CAH_{10} 和 C_2AH_8 都是介稳矿物，随温度增高和时间延长，CAH_{10} 和 C_2AH_8 都会变成稳定的矿物 C_3AH_6。CAH_{10} 和 C_2AH_8 都是六方片状结晶体，比重分别为 1.72 g/cm^3 和 1.95 g/cm^3。C_3AH_6 是等轴晶系物质，比重高达 2.52 g/cm^3。所以，从 CAH_{10}

和 C_2AH_8 转化为 C_3AH_6 后，水化物比重增大、含水量降低。由于水化物体积减小，强度大幅下跌。

95. 铝酸盐结合相在受热后有什么变化？

受热时，铝酸盐水泥会发生非常复杂的转变。据 Roesel 报道：CAH_{10}、C_2AH_8 和 C_3AH_6 的稳定温度范围分别为 $0\sim20℃$、$20\sim60℃$ 及 $0\sim350℃$。在 $200\sim350℃$，AH_3 转变为 Al_2O_3；C_3AH_6 转变成 CaO 和 $C_{12}A_7$。在 $600\sim1000℃$，$C_{12}A_7$ 和 CaO 反应生成 CA；在 $1000\sim1300℃$，CA 和 A 反应生成 CA_2；在 $1400\sim1600℃$，CA_2 会和氧化铝反应生成 CA_6。

水化物脱水后，水化结合被破坏，但是陶瓷结合又未形成，故材料的结合力很低。所以，传统耐火浇注料经 1100℃ 热处理后强度要下降 50% 以上，严重影响耐火材料的寿命。因为 1000℃ 以后发生的一些固相反应具有较大的膨胀作用，也有人认为是水化物结构向陶瓷化结构转化中，固相化学反应伴随的体积效应导致了中温耐火浇注料具有疏松的结构和较低的强度。

96. 什么是化学结合耐火浇注料？

化学结合耐火浇注料是用磷酸（盐）、水玻璃和硫酸盐等作结合剂，与耐火骨料和粉料及外加剂按比例配制成型，并经养护或烘烤而制成的浇注料。

按结合剂的不同可将化学结合耐火浇注料分为磷酸耐火浇注料、磷酸铝耐火浇注料、聚磷酸钠碱性耐火浇注料、硫酸铝耐火浇注料、水玻璃耐火浇注料。

97. 什么是磷酸？

耐火材料行业常常使用磷酸、磷酸二氢铝作为结合剂。磷酸的化学式为 H_3PO_4。纯磷酸为无色斜方晶体、熔点 42.35℃、沸点 213℃（失去 $1/2H_2O$），300℃ 左右变成偏磷酸，25℃ 时比重为 1.874，富有潮解性。市售磷酸为无色透明的液体，浓度为 85%，25℃ 时比重为 1.6850。

磷酸为二级无机酸腐蚀性物品，其腐蚀性较硫酸、盐酸和硝酸弱，但比醋酸、硼酸要强。磷酸能腐蚀金属，放出氢气。磷酸能和碱、碱性氧化物、无机盐反应。高浓度磷酸接触皮肤后能引起腐蚀性灼伤，但作用不强。磷酸烟雾对眼、呼吸道有刺激性，吸入后会引起咳嗽、气管炎或支气管炎。

98. 磷酸的制取方法有哪几种？

磷酸的制取方式有热法和湿法。

热法是将黄磷燃烧生成五氧化二磷，用水吸收五氧化二磷后制得磷酸：

$$4P+5O_2 =\!=\!= 2P_2O_5 \tag{2-3}$$

$$P_2O_5+3H_2O =\!=\!= 2H_3PO_4 \tag{2-4}$$

湿法是由硫酸和磷灰石反应制取磷酸：

$$Ca_5(PO_4)_3F +5H_2SO_4 +nH_2O =\!=\!= 3H_3PO_4 +5CaSO_4 \cdot nH_2O +HF \tag{2-5}$$

99. 什么是磷酸二氢铝？

磷酸二氢铝又称双氢磷酸铝，有固体和液体两种，通常是用磷酸与氢氧化铝反应而制得的。磷酸二氢铝的化学式为：$Al(H_2PO_4)_3$，是一种易溶于水的白色粉状结晶或无色无味黏稠的液体，密度为 $1.47\sim1.48g/cm^3$，pH＝1～2。磷酸二氢铝具有化学结合能力强、耐高温、耐热震、耐高温气流冲刷的特性，具有很好的红外线吸收能力和良好的绝缘性。

100. 磷酸二氢铝的制取方式如何？

磷酸二氢铝通常是用磷酸与氢氧化铝反应而制得，由于 P_2O_5/Al_2O_3 的摩尔比不同，其反应产物也不同，可分为磷酸二氢铝（$Al_2O_3\cdot3P_2O_5\cdot6H_2O$）、磷酸一氢铝（$2Al_2O_3\cdot3P_2O_5\cdot3H_2O$）和正磷酸铝（$Al_2O_3\cdot P_2O_5$）。化学反应式如下：

$$Al(OH)_3+3H_3PO_4 {=\!=\!=} Al(H_2PO_4)_3+3H_2O \qquad (2-6)$$

$$2Al(OH)_3+3H_3PO_4 {=\!=\!=} Al_2(HPO_4)_3+6H_2O \qquad (2-7)$$

$$3Al(OH)_3+3H_3PO_4 {=\!=\!=} 3AlPO_4+9H_2O \qquad (2-8)$$

一般来说，酸式磷酸铝具有良好的胶结性能，即摩尔比大于1，最常用的摩尔比为3～5。因为摩尔比小，溶解度低，甚至为非溶性，故不能作结合剂。

配置磷酸二氢铝时，为使溶液在长期放置过程中不易产生沉淀，P_2O_5/Al_2O_3 的摩尔比通常取 1:3.2。配置方法是将氢氧化铝粉倒入塑料容器中，加入开水制成浓料浆一边搅拌、一边缓慢加入浓度为 85% 的磷酸，直至反应完全。如果气温过低，须将氢氧化铝料浆加热，倒入耐酸容器中，再加入磷酸搅拌形成磷酸二氢铝。配置时，要控制掺加磷酸的速度，防止酸碱迅速发生反应，使容器内液体沸腾溢出。

固体磷酸二氢铝为白色粉末状物质，P_2O_5 为 63%～67%，Al_2O_3 为 16%～18%。它吸湿性较大，应妥善保管。其制取方法是：用高浓度的双氢磷酸铝溶液，在常温下通过真空蒸发或在约 95℃ 的温度下使水分蒸发，即可获得固体磷酸二氢铝。

101. 磷酸盐结合相受热后的转变过程是怎样的？

磷酸盐结合为热硬性结合。一般，如不加水泥等促硬剂，需要升温磷酸才能和耐火材料发生反应形成化学结合。

受热后，磷酸盐结合相发生十分复杂的化学变化，具体情况视温度的高低、结合剂的原始成分、耐火材料的成分、活性而变。

例如，磷酸和工业氧化铝混合后，经 120℃ 的热处理，形成磷铝石 $AlPO_4\cdot2H_2O$；经过 200℃ 的热处理，结合相仍为磷铝石；经过 350℃ 的热处理，形成磷铝矿 $AlPO_4$；经 500℃ 以上的热处理后，才开始形成磷石英和方石英型的 $AlPO_4$。

一般磷酸铝结合相需要经过 500℃ 以上的热处理，才能在大气中保持长期稳定。如果热处理温度不够，又没有足够的初凝物质，磷酸盐结合耐火材料的性能和寿命将受到影响。

102. 什么是水玻璃？

水玻璃是由碱金属硅酸盐组成的，俗称"泡花碱"，其化学表达式为 $R_2O\cdot nSiO_2$。根据碱金属氧化物种类，分为钠水玻璃（$Na_2O\cdot nSiO_2$）、钾水玻璃（$K_2O\cdot nSiO_2$）和钾钠水玻璃（$K\cdot NaO\cdot nSiO_2$）。根据水玻璃中含水程度，分为以下三类：第一类为块状或粉状水玻璃；第二类为含有化合水的固体水玻璃，又称为水合水玻璃；第三类为块状水玻璃的水溶液，即液体水玻璃。最常见的为液体钠水玻璃，简称水玻璃。钠水玻璃的化学表达式可以表

达为 $Na_2O \cdot mSiO_2 \cdot nH_2O$，式中的 m 叫作模数，它代表了 SiO_2 与 Na_2O 的摩尔比，式中的 n 决定了水玻璃的浓度。一般，水玻璃的模数为 $2.0 \sim 3.3$，密度为 $1.3 \sim 1.6g/cm^3$。

水玻璃是一种矿物胶，具有良好的胶结能力。模数是其最重要的性质之一。所谓模数是指 SiO_2 与 Na_2O 的摩尔比值，也称为硅氧模数或硅酸模数，用 M 表示。商品水玻璃是按模数分类的，$M \geq 3$ 时称为中性水玻璃，$M < 3$ 时称为碱性水玻璃。其水溶液均呈现明显的碱性反应。水玻璃模数和 SiO_2、Na_2O 含量的关系如下：

$$M = 1.023 \frac{SiO_2}{Na_2O} \qquad (2-9)$$

密度是水玻璃的另一个重要性质，它取决于溶液中溶解固体水玻璃的总量及其成分。一般来说，密度随着硅酸盐浓度的提高而增大。水玻璃溶液中硅酸钠含量也可用浓度表示，浓度用波美表测定。密度（ρ）和波美度（$°Be''$）的关系如下：

$$\rho = \frac{145}{145 - °Be''} \qquad (2-10)$$

水玻璃溶液能够与水以任意比例混合。随着含水量的增加，其密度和黏度降低；当水玻璃溶液密度提高时，其黏度也随着增大。水玻璃溶液黏度随着其模数的增大而提高。当 $M \geq 3$ 时，因胶态物质增多而黏度提高较大，随着温度的升高，其黏度降低。当温度低于零度时，水玻璃溶液黏度急剧增大。因水玻璃溶液模数和密度的不同，其冻结温度在 $-2℃$ 与 $-11℃$ 之间。冻结后的水玻璃性质基本上不起变化，经加热并均匀搅拌，仍能使用。

 ### 103. 水玻璃的制造方法有哪几种？

水玻璃的生产方法有干法和湿法之分。

干法是用石英粉和碳酸钠或硫酸钠按一定比例混合后，在熔融炉内 $1350 \sim 1500℃$ 下，经过熔融反应制得的固体熔合物，其反应如下：

$$Na_2CO_3 + nSiO_2 \longrightarrow Na_2O \cdot nSiO_2 + CO_2 \uparrow \qquad (2-11)$$

或 $\qquad 2Na_2SO_4 + C + 2nSiO_2 \longrightarrow 2(Na_2O \cdot nSiO_2) + 2SO_2 \uparrow + CO_2 \uparrow \qquad (2-12)$

湿法是用硅石微粉或非晶质硅质原料与苛性碱（$NaOH$）直接反应而制得，其反应式为：

$$2NaOH + nSiO_2 \longrightarrow Na_2O \cdot nSiO_2 \cdot H_2O \qquad (2-13)$$

104. 水玻璃成分调整如何进行？

如果水玻璃的模数不符合要求，就需要提高或者降低模数，或使用模数一高一低的两种水玻璃配出模数居中的另一种水玻璃。

如果要降低水玻璃模数，采用的办法是往水玻璃溶液中加入 $NaOH$。调整模数前，首先需要测定水玻璃液体的 SiO_2、Na_2O 质量分数 w_{SiO_2}、w_{Na_2O}。如果往 100 克水玻璃中加入 x 克 $NaOH$，则水玻璃的模数降低为：

$$M = \frac{w_{SiO_2}}{w_{Na_2O} + x\% \frac{62}{60}} \qquad (2-14)$$

如果要提高水玻璃模数，可以采用加入盐酸、氯化铵或无定形二氧化硅的办法。其中，以添加无定形二氧化硅为优。加入盐酸或氯化铵，都会产生对水玻璃性能有害的电解质

NaCl。

如果使用模数一高一低的两种水玻璃调配出一种模数居中的新水玻璃，设往 100 克低模数的水玻璃中加入 x 克高模数水玻璃，水玻璃的模数变为：

$$M = \frac{w_{SiO_2}(1) + w_{SiO_2}(h) \cdot x\%}{w_{Na_2O}(1) + w_{Na_2O}(1) \cdot x\%} \tag{2-15}$$

式中　　$w_{SiO_2}(1)$、$w_{Na_2O}(1)$ ——低模数水玻璃的 SiO_2、Na_2O 质量分数；

　　　　$w_{SiO_2}(h)$、$w_{Na_2O}(h)$ ——高模数水玻璃的 SiO_2、Na_2O 质量分数。

如果购入的水玻璃的密度不合要求，可以采用加纯净水稀释或加热浓缩的办法来进行调整。

105. 什么是水玻璃的老化？

水玻璃是多种聚硅酸氢钠的混合溶液，它们处于动态平衡之中。随着温度的高低、时间的延续，平衡关系将发生变化。

所谓水玻璃的老化，就是指水玻璃，尤其是高模数水玻璃中的硅酸自发地进行了聚合反应，致使水玻璃发生黏度和粘结强度缓慢降低的现象。水玻璃首先水解成单硅酸，以后再缩合成二硅酸、次为三硅酸、接着是四硅酸、环四硅酸、立方八硅酸，直至立方八硅酸的缩聚产物。由于缩聚的不断进行，水玻璃的结构不断变化，最后变为完全不能水解的缩聚产物，即水玻璃老化。

如果水玻璃的模数小于 3.0，水玻璃发生老化后，可用物理改性的办法如磁场处理、超生振荡、回流加热和加热釜加热部分恢复性能。另外一种办法是化学改性，如加入 0.2% 质量分数的聚丙烯酰胺，可以有效推迟水玻璃的老化。对低模数水玻璃，可以推迟约 2 个月，对于高模数水玻璃，可以推迟约 1 个月。

106. 水玻璃的凝结与硬化机理有哪些？

水玻璃用作耐火材料结合剂时，其凝结与硬化方式有两种：其一是采取自然干燥方法，或加热烘烤方法使硅酸溶胶脱水，导致发生凝胶化而起结合作用，最后形成体型网络结构而具有较好的结合强度。用水玻璃作不烧砖、耐火泥浆、喷补料和捣打料的结合剂时，即靠干燥或加热烘烤使其发生凝结与硬化作用。

其二是借助于加入的促硬剂，促硬剂与硅酸钠溶胶发生化学反应而产生凝结与硬化作用，如用作耐火材料的结合剂时，可加入氟硅酸钠（Na_2SiF_6）作为促硬剂。加入的氟硅酸钠遇水后发生水解，生成的氟化氢与水玻璃溶液中产生的 NaOH 中和而生成 NaF，这样使水玻璃溶液中硅酸不断析出并发生凝聚，从而产生硬化。其总反应式为：

$$2(Na_2O \cdot nSiO_2) + Na_2SiF_6 + 2(2n+1)H_2O \longrightarrow 6NaF + (2n+1)Si(OH)_4$$

$$\tag{2-16}$$

除氟硅酸钠外，可用作水玻璃促凝剂的物质很多。凡具有一定酸性或能与水玻璃发生反应生成二氧化硅凝胶或难溶硅酸盐的化合物均可使水玻璃硬化，如含氟盐类（氟硅酸、氟硼酸、氟钛酸的碱金属盐）、酸类（无机酸和可溶性有机酸）、酯类（乙酸乙酯）、金属氧化物（铅、锌、钡等的氧化物）、易水解的氟化物（如氟化铝）以及 CO_2 气体等。但一般最常用的还是氟硅酸钠。

氟硅酸钠在水中的溶解度较小，它与水玻璃的反应缓慢并是逐渐进行的，这不但对施工有利（有足够的作业时间），而且硬化物的致密性和强度都较高，因此它是一种较理想的促凝剂。

107. 什么是硅溶胶？

硅溶胶结合剂是用硅酸钠或硅的有机化合物经过物理化学处理而制成的，又称硅酸溶胶。硅溶胶为无色或乳白色透明液体，它是由 SiO_2 胶体离子分散在水溶液中形成的，是一种气硬性的结合剂，具有良好的胶结性能。硅溶胶中 $SiO_2 = 20\% \sim 30\%$，水分 $= 70\% \sim 80\%$，$Na_2O = 0.45\% \sim 0.5\%$，密度 $1.14 \sim 1.21 g/cm^3$，胶体粒径 $5 \sim 20 \mu m$，存放期约为 1 年。

硅溶胶是高级耐火材料的结合剂。对于定形耐火材料，硅溶胶结合剂起提高坯体强度、降低烧结温度和拓宽烧结范围的作用。对于不定形耐火材料，硅溶胶起助结合剂的作用，正确调配硅溶胶和化学外加剂可以在不影响凝结、固化速度、不降低干燥强度的前提下，通过大幅减少水泥掺量获得显著提高耐火材料高温性能的效果。比如可以用来配置超低水泥耐火浇注料。

108. 硅溶胶如何制备？

硅溶胶的制备方法有 5 种：
（1）用硅酸乙酯水解法制取。
（2）用硅酸钠溶液进行电解，渗析和电渗析法制取。
（3）用气态氟处理硅酸钠制取。
（4）用硅酸钠与乙二醛和盐酸水溶液相互作用法制取。
（5）用硅酸钠溶液进行离子交换法制取。但应用最广泛的是采用离子交换法从硅酸钠溶液中除去 Na^+ 和 Cl^- 而制得。

硅溶胶的生产过程为：
（1）用纯净的水将水玻璃稀释到指定浓度。
（2）配制盐酸稀释液。
（3）让盐酸稀释液通过阳离子交换柱，使离子交换树脂的活性基团氧化，然后，用蒸馏水洗去残留的酸液与氯离子。
（4）以一定的流速，让稀释的水玻璃通过阳离子交换柱，使水玻璃中的 Na^+ 被树脂中的 H^+ 交换。
（5）将脱钠的硅溶胶稀液再通过弱碱性的阴离子交换柱，除去液体中的阴离子 Cl^-，使硅溶胶达到更稳定的状态。
（6）加入稳定剂。
（7）进行真空加热浓缩。

109. 如何调节硅溶胶硬化时间？

硅溶胶用作不定形耐火材料的结合剂，如喷涂料、浇注料，必须加入促凝剂来调节其凝结硬化速度。一般可以采取如下方法来调节其凝结硬化时间：

（1）加酸。硅溶胶的凝胶化时间受 pH 值影响，一般硅溶胶溶液的 pH 值在 8.5～10.5 时最稳定，pH 值低于 3.5 时也比较稳定，不易产生凝胶，而 pH 值在 4～8 之间时就变得不稳定，黏度增大很快。这是胶粒之间聚结而引起的，最终会变成凝胶。

（2）加碱。硅溶胶溶液的 pH 值大于 10.5 时不稳定，容易出现凝胶。这是因为加入碱性氧化物或其氢氧化物后可提高溶液中的阳离子浓度，使溶液的 pH 值提高，使胶粒有机会吸附更多的阳离子而失去带电性，由电性中和作用而产生凝聚。因此可采用加入碱性氧化物或其氢氧化物来调节其凝结硬化时间。

（3）加电解质。加入适量的电解质，如 Na_2SO_4、$NaCl$、KCl、$BaCl_2$、$Al_2(SO_4)_3$ 等物质时，会降低胶粒所带电荷量，从而使胶粒发生凝聚作用，特别是 pH=7 时，这种影响更显著。

此外，使用硅溶胶结合剂时还应注意的是：硅溶胶结合剂的凝结时间还受环境温度、耐火原料的吸水性等影响，同时也受硅溶胶本身储存时间的影响。硅溶胶应避免在低温（低于 0℃）下存放，因为硅溶胶在 0℃ 左右会发生凝聚沉淀，此变化不可逆。

110. 什么是聚合磷酸盐结合剂？

耐火材料工业用的聚合磷酸盐结合剂主要是聚合磷酸钠，由于这类结合剂的水溶液呈碱性或中性，因此适合作碱性耐火材料的结合剂，同时也被广泛用作不定形耐火材料的分散剂（减水剂）。

聚合磷酸钠按其 Na_2O/P_2O_5 摩尔比（R）可以分为聚磷酸钠（$Na_{n+2}P_nO_{3n+1}$，$1<R\leqslant2$）、偏磷酸钠 $[(NaPO_3)_n$，$R=1]$ 和超聚磷酸钠（$xNa_2O\cdot yP_2O_5$，$1>R>0$）。还可以按聚合度（n）再细分，如对聚磷酸钠来说，$n=2$ 时为二聚磷酸钠（$Na_4P_2O_7$，也称焦磷酸钠），$n=3$ 时为三聚磷酸钠（$Na_5P_3O_{10}$）。对偏磷酸钠而言，$n=6$ 时为六偏磷酸钠（$Na_6P_6O_{18}$）。

在耐火材料工业上最常用的聚合磷酸钠主要为三聚磷酸钠和六偏磷酸钠。

三聚磷酸钠又称焦偏磷酸钠、三磷酸五钠，简称磷酸五钠或五钠，分子式 $Na_5P_3O_{10}$，分子量为 367.86，熔点 622℃，白色无味颗粒或粉末。表观密度为 0.5～0.75g/cm³，熔点为 622℃，易溶于水，水溶液的 pH 值为 9.4～9.7。三聚磷酸钠在潮湿的环境中有一定的吸湿性，但比六偏磷酸钠要小得多。在常温下（10～30℃）三聚磷酸钠在水中的溶解度约为 15%，在 30℃以上，随着温度提高，溶解度也逐渐加大。用三聚磷酸钠作碱性耐火材料的结合剂时，加水溶解后，会水解成磷酸二氢钠和磷酸一氢钠，此两种化合物会与碱性耐火材料中的 MgO 反应生成钠镁复合磷酸盐而产生结合作用。

六偏磷酸钠分子式 $Na_{(n+2)}P_nO_{(3n+1)n}=6～24$，分子量（mol）978～1592，为块状玻璃体，经粉碎后为白色粉末状，吸湿性较强。六偏磷酸钠可以与水按任何比例混合，水溶液 pH 值为 5.5～7.0。六偏磷酸钠在水中会水解成磷酸二氢钠，且随温度升高水解加速。六偏磷酸钠在耐火材料工业中用途较广，除用作碱性不烧砖（镁质、镁铬质等不烧砖）的结合剂外，也大量用作不定形耐火材料的减水剂（分散剂）和碱性喷补料与涂抹料的结合剂。

111. 什么是亚硫酸纸浆废液结合剂？

生产纸浆的废液经发酵处理提取酒精后而得到的一种可作耐火材料结合剂的溶液，称为亚硫酸纸浆废液结合剂，也称为亚硫酸盐酵母液结合剂。此废液中含有不同类型的木质素磺酸盐、亚硫酸结构的硫代木质素及其衍生物组成的混合物。亚硫酸纸浆废液之所以具有结合性能，主要是靠木质素磺酸盐及其衍生物的作用。用作耐火材料结合剂的木质素磺酸盐主要有木质素磺酸钙、木质素磺酸钠和含钙与钠的混合盐。

亚硫酸纸浆废液结合剂在耐火材料工业中属于暂时性结合剂。在常温下烘干后具有较强的结合强度，但加热到 $300℃$ 以上，木质素磺酸盐会分解和燃烧掉，最后剩下极微量的 CaO 或 Na_2O，对制品性能无明显影响，因此它被普遍用作机压成型、捣打成型的烧成砖和不烧砖的结合剂。粉末状的木质素磺酸盐也是阴离子表面活性剂，可作不定形耐火材料的减水剂使用。在耐火泥料中加入木质素磺酸盐水溶液可降低泥料颗粒之间的摩擦力，提高泥料中细粉的分散性，从而提高泥料的可塑性。

在耐火材料工业中使用的木质素磺酸盐水溶液的密度一般控制在 $1.15\sim1.25g/mL$ 之间，加入量为 $3\%\sim3.5\%$。制造半干法成型的黏土砖、高铝砖时，可与结合黏土适当配合来提高其可塑性和烘干后结合强度；制造硅砖时，可与矿化剂石灰乳配合组成复合结合剂，以提高其成型性能；制造镁砖、镁铝砖和镁铬砖时可单独使用；制造含碳耐火制品时也可与酚醛树脂配合使用；制造轻质耐火制品，可与磷酸铝、硫酸铝等结合剂配合使用。

112. 什么是酚醛树脂结合剂？有什么特点？如何分类？

酚醛树脂是用酚类化合物（甲酚、苯酚、二甲酚、间苯二酚）和醛类化合物（甲醛、糠醛），在酸或碱催化剂作用下，经缩聚反应而得到的树脂。

耐火材料工业用酚醛树脂取代焦油和沥青作含碳或碳化硅耐火材料的结合剂，其主要特点是：

（1）碳化率高（52%）。

（2）粘结性好，成型好的坯体强度高。

（3）热处理后强度高。

（4）碳化速度可以控制。

（5）有害挥发物少，有助于改善作业环境。

酚醛树脂结合剂随所用的原料成分、配比、催化剂以及制备工艺不同而不同，酚醛树脂结合剂有如下几种分类法：

（1）按加热性状和结构形态分为：热固性酚醛树脂（甲阶酚醛树脂）和热塑性酚醛树脂（线型酚醛树脂，又称酚醛清漆）。

（2）按产品形态分为：液态酚醛树脂（又可分为水溶性酚醛树脂和醇溶性酚醛树脂）和固态酚醛树脂（有粒状、块状和粉状之分）。

（3）按固化温度分为：高温固化型酚醛树脂，固化温度 $130\sim150℃$；中温固化型酚醛树脂，固化温度 $105\sim110℃$；常温固化型酚醛树脂，固化温度 $20\sim30℃$。

此外，还有各种改性酚醛树脂，如间苯二酸改性酚醛树脂、甲酚改性酚醛树脂、烷基酚醛树脂、密胺改性酚醛树脂、尿素改性酚醛树脂和沥青改性酚醛树脂等。

热塑性酚醛树脂的分子中不存在未反应的羟甲基，故在长期或反复加热条件下，它本身不会相互交联转变成体型结构的大分子，因而具有热塑性特性。但其分子中苯环上的羟基的临位和对位上还存在未作用的活性反应点，所以这类树脂在六次甲基四胺（又名乌洛托品）或甲阶酚醛树脂，或多聚甲醛的作用下会再进一步反应交联，形成不溶不熔的体型结构的大分子。

热固性酚醛树脂分子中含有羟甲基，继续受热时还会进一步缩合形成高度交联的体型结构大分子，即不溶不熔状态的丙阶酚醛树脂（亦称末期酚醛树脂）。因此，这类含羟甲基的酚醛树脂为热固性树脂。

酚醛树脂既可作含碳和碳化硅质复合耐火制品（如镁碳、镁钙碳、铝碳、铝碳化硅等不烧制品）的结合剂，又可作含碳和碳化硅质复合不定形耐火材料的结合剂。但不同的耐火材料产品的形态（烧成制品、不烧制品、不定形材料）应选用不同类型和不同形态的酚醛树脂（包括其有机溶剂和促硬剂等。）

113. 什么是沥青结合剂？

沥青是煤焦油或石油经过蒸馏处理或催化裂化提取沸点不同的各种馏分后的残留物，是以芳香族和脂肪族为主体的混合物，其组成和性能随原料种类、蒸馏方法和加工处理方法的不同而异，一般呈黑色固态，不溶于水，有光泽，有臭味，熔化时易燃烧，有毒。在耐火材料工业中作非水性结合剂，主要用作含碳耐火材料的结合剂。既可单独作结合剂，又可与焦油或酚醛树脂等配合作结合剂。

耐火材料工业用的沥青结合剂是按沥青软化温度来选用。软化温度小于 75℃ 的称为低温沥青（又称软沥青）；软化温度 75～95℃ 的称为中温沥青（又称中软沥青）；软化温度 95～120℃ 的称为高温沥青（又称硬沥青）；软化温度大于 120℃ 的称为特种沥青。

用作耐火材料的结合剂，要求沥青中固定碳越高越好，也即要求沥青中挥发分越少越好。固定碳越高，其碳化后结合力也越强。

沥青既可作定形不烧耐火制品的结合剂，又可用作不定形耐火材料的结合剂和添加剂。在定形不烧耐火制品方面主要作炭砖、镁炭砖、铝炭砖、铝-碳化硅-炭砖、铝镁炭砖和镁钙砖等的结合剂；在不定形耐火材料方面主要作高铝(或刚玉)-碳化硅-炭质捣打料、镁炭质捣打料、出铁口炮泥等的结合剂。使用时根据使用条件不同，可与焦油或酚醛树脂调配使用，并可采用一些外加剂来制取改性沥青以适合适用要求。

114. 什么是纤维素结合剂？

纤维素结合剂是用天然植物为原料，经过物理化学处理提取出的一类具有结合作用的高分子化合物。耐火材料工业中多数适用甲基纤维素（MC）和羧甲基纤维素（CMC）作暂时结合剂，在不定形耐火材料中常用作增塑剂和泥浆的稳定剂（防沉剂）。

甲基纤维素是用木浆粕经过化学处理而制得的有机纤维素结合剂，简称为 MC，分子式为 $(C_6H_{12}O_5)_n$。在水中会溶胀成半透明状黏性胶体溶液，呈中性；可溶于乙醇、乙醚、氯仿和冰醋酸；加热至一定温度时会燃烧掉。

羧甲基纤维素是用脱脂棉经过物理化学处理而制得的有机纤维素结合剂。羧甲基纤维素是纤维醚的一种，是含钠的纤维素，故又称羧甲基纤维素钠，简称为 CMC 或 CMC-Na，分子式为 $(C_6H_9O_4 \cdot OCH_2COOH)_n$。

羧甲基纤维素可作耐火泥浆、耐火涂料、耐火浇注料的分散剂和稳定剂，因为它是一种有机聚合电解质，同时它也是一种暂时性高效有机结合剂。用它作耐火材料的结合剂具有如下优点：①羧甲基纤维素能很好地吸附于耐火材料骨料颗粒表面，很好地浸润和连接颗粒，从而可制得较好强度的耐火材料坯体；②由于羧甲基纤维素是阴离子高分子电解质，吸附于颗粒表面上后可降低颗粒间的相互运动，起着分散剂和保护胶体的作用，因而可提高制品的密度、强度和减少烧后组织结构不均匀现象；③用羧甲基纤维素作结合剂，烧后没有灰分，低熔物很少，不降低耐火材料的耐火度和使用温度。

115. 什么是 $\rho\text{-}Al_2O_3$ 结合剂？

$\rho\text{-}Al_2O_3$ 是一种活性氧化铝，在常温下具有自发水化反应，水化生成的三羟铝石和勃姆石凝胶具有胶结性能，因此近些年来不断有人用它取代铝酸钙水泥作高纯不定形耐火材料的结合剂。

$\rho\text{-}Al_2O_3$ 加入一定量的水混合后，经过养护会发生水化反应，生成三羟铝石和勃姆石凝胶体，从而产生结合作用，其反应如下：

$$\rho\text{-}Al_2O_3 + 3H_2O \longrightarrow Al_2O_3 \cdot 3H_2O \text{（三羟铝石）} \tag{2-17}$$

$$\rho\text{-}Al_2O_3 + （1\sim2）H_2O \longrightarrow Al_2O_3 \cdot （1\sim2）H_2O \text{（勃姆石凝胶）} \tag{2-18}$$

$\rho\text{-}Al_2O_3$ 的水化反应不强，其水化反应程度和生成水化物相对数量等与养护温度和水灰等有关。$\rho\text{-}Al_2O_3$ 作为耐火材料结合剂时，为了加快水化反应和提高强度，应添加合适的分散剂和助结合剂。分散剂主要有硅酸钠、聚磷酸钠、聚烷基苯磺酸盐和木质素磺酸盐等。助结合剂有活性 SiO_2 微粉（烟尘硅）、结合黏土等。

$\rho\text{-}Al_2O_3$ 是一类高纯度的结合剂，因此 $\rho\text{-}Al_2O_3$ 一般用作高纯度的不定形耐火材料的结合剂，如作刚玉质、氧化铝-尖晶石质、铝-镁质、莫来石质、锆莫来石质、锆-刚玉质等浇注料的结合剂。但单纯用 $\rho\text{-}Al_2O_3$ 结合的浇注料，因在中温水化物发生脱水、使结合结构遭破坏，强度显著下降。因此配制 $\rho\text{-}Al_2O_3$ 结合浇注料时最好同时引入辅助结合剂，如 SiO_2 微粉、纯铝酸钙水泥等，以提高中温强度和促进烧结。

116. 什么是耐火材料用外加剂？如何分类？

用于改善不定形耐火材料作业性能（施工性能）、物理性能、组织结构和使用性能的物质称为外加剂（或称添加剂）。外加剂的加入量随外加剂的性能和功能差异而不同，为不定形耐火材料组成物总量的万分之几到百分之几。一般是在不定形耐火材料的组成成分拌合时或拌合前加入。

不定形耐火材料用外加剂按化学成分和性质以及其作用功能来分类。按化学成分和性质分为无机物和有机物两大类：

（1）无机物类：有各种无机盐、无机电解质、一些金属单质及金属化合物、无机矿物、氧化物和氢氧化物等。

（2）有机物类：大部分属于表（界）面活性剂。这类活性剂具有亲水基和憎水基。亲水基团在水中能发生电离的称为离子型表面活性剂，不发生电离的称为非离子型表面活性剂。而离子型的又可分为阴离子型、阳离子型和两性型表面活性剂。此外还有一些高分子型的表面活性剂、有机酸等。

按作用功能分有以下几类：

（1）改善作业性能（流变性能）类：包括减水剂（降水剂、分散剂）、增塑剂（塑化剂）、胶凝剂（絮凝剂）、解胶剂（反絮凝剂）等。

（2）调节凝结、硬化速度类：包括促凝剂（促硬剂）、缓凝剂（缓硬剂）、迟效促凝剂、

闪凝剂等。

（3）调整内部组织结构类：包括发泡剂（引气剂）、消泡剂（去泡剂）、防缩剂、膨胀剂、矿化剂等。

（4）保持材料施工性能类：包括酸抑制剂（防鼓胀剂）、保存剂、防冻剂、防沉剂（泥浆稳定剂）、保水剂等。

（5）改善使用性能类：包括助烧结剂、矿化剂、快干剂、防爆剂等。

117. 什么是木质素磺酸钙？

木质素磺酸钙是一种阴离子表面活性剂，在混凝土工程中用作减水剂，在耐火、冶炼应用中用作粘合剂、结合剂。主要用途：

（1）减水剂

①适用于现浇及预制混凝土工程，尤其适用于商品混凝土，大体积混凝土，泵送混凝土等。

②用于配制早强、防冻、泵送、引气等减水剂。

③配制各种液体减水剂。

（2）粘合剂

①矿粉粘合剂：提高冶炼回收率。

②用于耐火材料：可作粘合剂用，提高耐火材料性能，增强强度，防止龟裂。

③陶瓷制品：减少塑性黏土用量、增加流动性，提高成品率。

④精炼助剂：与茶、酚型添加剂用于电解过程中，能获得致密平整的析出物，提高析出物质量及纯度。

⑤铸造：做生砂模和干燥模的辅助粘合剂，增加粘合力，提高模的解崩性。

118. 什么是抗氧化剂？

抗氧化剂是为了防止含碳耐火材料的氧化而人为引入的一类外加剂。抗氧化剂的作用机理为：在使用温度下，抗氧化剂与氧的亲和力比碳与氧的大，优先夺取氧而使自身被氧化而起到对碳保护的作用；抗氧化剂氧化后，体积增大，在坯体表面形成一层致密的保护膜，提高了坯体致密度，增加了氧原子与碳反应的难度。

可以作为含碳抗氧化剂的材料有金属及合金粉末、碳化物、氮化物和硼化物，见表2-5。

表 2-5　常见的抗氧化剂

金属	合金	碳化物	氮化物	硼化物
Si	—	SiC	Si_3N_4	—
Al	Al-Si	(Al_4C_3)	AlN	—
Mg	Al-Mg	—	—	—
Ti	—	TiC	TiN	TiB_2
—	—	B_4C	BN	—
—	—	ZrC	ZrN	ZrB_2
—	—	—	—	CaB_6

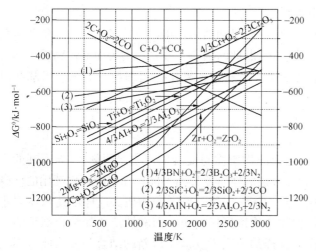

$\Delta G^\Theta/\text{kJ} \cdot \text{mol}^{-1}$

温度/K

图 2-1　抗氧化剂同氧反应的标准自由焓与温度的关系

抗氧化的选择可以根据抗氧化剂与氧反应的标准自由焓来确定，见图 2-1。在各种抗氧化剂与氧的反应曲线与 $2C+O_2 \longrightarrow 2CO$ 曲线交点可以得知：低于此温度的，抗氧化剂能起到抗氧化作用，高于此温度的，不能起到抑制碳氧化的作用。

119. 什么是减水剂？

减水剂的作用在于保持耐火浇注料的流动值基本不变的条件下，能显著降低拌合用水量，也称降水剂。减水剂本身并不与材料组成物起化学反应，只是起着表面（介面）物理化学作用。它是电解质类物质或表面活性剂类物质。电解质类的作用原理在于它溶于水中后能解离出带电的离子，此离子会被悬浮液中的固体粒子（或胶体粒子）吸附，从而提高悬浮液中粒子表面的 ζ 电位，增大粒子间的排斥力，释放出由微粒子组成的凝集结构中包裹的游离水，并使粒子均匀分散开，因此又称分散剂。由于释放出凝集结构中的游离水，故可提高浇注料的流动值，改善作业性能。

有机表面活性剂的作用原理为：它会吸附于悬浮液中的粒子表面上，形成一层高分子吸附膜，削弱粒子间的相互吸引力，而增大相互排斥力。相互排斥的位能来自于被吸附的大分子产生的体积限制效应或渗透压限制效应所致。从而使凝集结构中粒子分散开，释放出被包裹的水，改善浇注料的作业性能。

用铝酸钙水泥、结合黏土和氧化物微粉作结合剂的耐火浇注料，采用的减水剂属无机类的有焦磷酸钠（$Na_4P_2O_7$）、三聚磷酸钠（$Na_5P_3O_{10}$）、四聚磷酸钠（$Na_6P_4O_{13}$）、六偏磷酸钠（$NaPO_3$）$_n$，（$n=14\sim40$）、超聚磷酸钠（$Na_2P_4O_{11}$）、硅酸钠（$Na_2O \cdot nSiO_2 \cdot mH_2O$）等。属有机类的有木质素磺酸盐（钠或钙）、萘系减水剂（有萘或萘的同系物磺酸盐与甲醛缩合物）、水溶性树脂系减水剂（如磺化三聚氰胺甲醛树脂，简称为密胺系减水剂），以及聚丙烯酸钠和柠檬酸钠等。

120. 什么是分散剂？

分散剂是指能降低分散体系中固体或液体粒子聚集的物质。

分散剂一般分为无机分散剂和有机分散剂两大类。常用的无机分散剂有硅酸盐类（例如水玻璃）和碱金属磷酸盐类（例如三聚磷酸钠、六偏磷酸钠和焦磷酸钠等）。有机分散剂包括三乙基己基磷酸、十二烷基硫酸钠、甲基戊醇、纤维素衍生物、聚丙烯酰胺、古尔胶、脂肪酸聚乙二醇酯等。

121. 什么是增塑剂？

增塑剂是一种能提高湿状耐火泥料可塑性的物质，或能提高湿状泥料在外力作用下产生塑性变形而不开裂和溃散的物质，也称塑化剂，是可塑和捣打耐火材料用的一种加入物，有

的浇注耐火材料和耐火泥浆中也加有增塑剂。

增塑剂的作用在于能增大泥料中粒子之间的润滑和粘结作用，使粒子之间产生位移时仍能保持连续接触而不断裂。增塑剂是一类具有黏滞性的物质，或是一类表面活性物质。不定形耐火材料常用的增塑剂有塑性黏土、膨润土、滑石粉、氧化物超细粉、糊精、甲基纤维素、木质素磺酸盐、烷基苯磺化物等。

 122. 什么是促凝剂？

能缩短耐火浇注料施工后凝结与硬化时间的物质称为促凝剂（或促硬剂）。促凝剂的作用机理是比较复杂的，随所用的结合剂和促凝剂的性质差异而不同。如铝酸钙水泥用的促凝剂是一类能促使铝酸钙矿物加速溶出阳离子（Ca^{2+}）和阴离子的物质，这样可使水泥浆中的矿物加速水解-水化反应，进而促使水化物的快速形成析出。而酸性磷酸盐结合剂用的促凝剂是一类能促进酸-碱反应的活性物质，这样加速化学反应生成新的结合相。因此，不同的结合剂要采用不同性能的促凝剂。

用铝酸钙水泥结合的浇注料所用的促凝剂多数为碱性化合物：如 NaOH、KOH、Ca（OH）$_2$、Na_2CO_3、Na_2SiO_3、K_2CO_3、三乙醇胺和锂盐、硅酸盐水泥等。用磷酸盐结合的浇注料所采用的促凝剂有：活性氢氧化铝、滑石、NH_4F、氧化镁、铝酸钙水泥等。用水玻璃结合的浇注料所采用的促凝剂有氟硅酸钠、磷酸铝、磷酸钠、金属硅、石灰、硅酸二钙、乙二醛、CO_2 等。

 123. 什么是缓凝剂？

能延缓耐火浇注料凝结与硬化时间的物质称为缓凝剂。缓凝剂的作用机理是随所用的结合剂和缓凝剂的性质差异而不同。对铝酸钙水泥结合的浇注料来说，缓凝剂的作用机理有如下两个方面：

（1）缓凝剂与结合剂解离出的正离子（Ca^{2+}，Al^{3+}）形成络合物，抑制了水化物的生成或反应产物结晶析出，从而延长了凝结与硬化时间。

（2）缓凝剂吸附水泥粒子表面，并形成薄膜，阻止了水泥粒子水解，抑制了水化反应速度，从而延缓了凝结与硬化。但上述作用机理是随所采用的缓凝剂的性质不同而异的。

缓凝剂主要用于含有快硬矿物（如 $12CaO \cdot 7Al_2O_3$）的铝酸钙水泥结合的浇注料，可采用的缓凝剂有：低浓度的 NaCl、KCl、$MgCl_2$、$CaCl_2$、$AlCl_3$、柠檬酸、酒石酸、硼酸、葡萄糖酸、葡萄糖酸钠、乙二醇、异丙醇、甘油、淀粉、磷酸盐、羧甲基纤维素、木质磺酸盐等。

124. 什么是保存剂？

能保持不定形耐火材料仓储一定时间后其作业性能不变或变化不大的物质称为保存剂。如用磷酸或酸式磷酸铝结合的铝硅系耐火可塑料或捣打料，由于磷酸或酸式磷酸铝会与材料中的 Al_2O_3 反应生成不溶性的正磷酸铝（$AlPO_4 \cdot xH_2O$），易使混合料过早变干，失去作业性能（可塑性），因此必须加入能与 Al^{3+} 离子生成络合物的隐蔽剂，以抑制不溶性的正磷酸铝的生成，延长储存期。

可用作磷酸或酸性磷酸盐结合的可塑料或捣打料的保存剂的化学物质：草酸、柠檬酸、酒石酸、乙酰丙酮、5－磺酸水杨酸、糊精等，此外还有 CrO_3、双丙酮酒精、磷酸铁以及某些有机物，但一般工业上采用草酸效果较好，而且价格相对比较便宜。

125. 什么是防缩剂？

能弥补不定形耐火材料施工成型后，在加热使用中产生收缩的物质称为防缩剂，又称体积稳定剂或膨胀剂。防缩剂的加入量是根据材料使用中产生的收缩量而定的，一般为组成物总量的百分之几。其防缩措施有如下三种：

（1）热分解法。防缩剂在高温加热过程中会发生热分解，分解后的产物的摩尔体积大于分解前的反应物摩尔体积，从而可补偿材料的烧结收缩。如用兰晶石作防缩剂时，加热到 $1300\sim1400℃$ 兰晶石会热分解成 $3Al_2O_3 \cdot 2SiO_2$ 和 SiO_2，可产生 $10\%\sim12\%$ 的体积膨胀效应。

（2）高温化学反应法。加入的防缩材料，经高温化学反应后，新相的摩尔体积大于原反应相的摩尔体积，从而可补偿烧结收缩，如在铝－镁或镁－铝浇注材料中，加入适当比例的 α-Al_2O_3 粉和 MgO 粉，借助于 Al_2O_3 与 MgO 高温反应生成尖晶石（$MgAl_2O_4$）产生的体积膨胀效应而弥补烧结收缩。

（3）晶型转化法。加入在加热过程中能产生晶型转化的材料；借助于转化后的晶体的摩尔体积大于转化前的摩尔体来补偿烧结收缩，如在硅酸铝质浇注料或可塑料中，加入适量的硅石粉，借助石英转变成磷石英或方石英可产生约 12% 或 17.4% 的体积膨胀效应，而使烧结收缩得到补偿。

126. 什么是起泡剂？

起泡剂是一类能够降低液体表面张力，使液体在搅拌时或者吹起时能够产生大量均匀而稳定泡沫的物质，也称为引气剂或者加气剂。它们的特点是溶于水中，易被吸附于气液界面上，降低液体的表面张力，增大液体与空气的接触面积，对形成气泡的液膜有保护作用，液膜比较牢固，气泡不易破灭。常见的起泡剂有如下几类：

（1）表面活性剂。如十二烷基磺酸钠、十二醇硫酸钠等，它们都具有良好的起泡性能，在水中加入它们可以使表面张力降低，使溶液易于起泡。

（2）蛋白类。如碳末、无机矿粉等憎水的固体粉末，它们虽然对降低表面张力的能力有限，但是对泡沫有良好的稳定作用，可以形成具有一定机械强度的液膜。这是因为蛋白质分子之间除了范德华力之外，分子之间的羧酸基和氨基之间有形成氢键的能力。

（3）固体粉末类。如炭末、无机矿粉等憎水的固体粉末，常常聚集于气泡表面，也可以形成稳定泡沫，这是因为气-液表面上的固体粉末成了防止气泡相互合并的屏障，也增大了液膜中液体流动的阻力，有利于泡沫的稳定。

（4）其他类型。例如非蛋白类的高分子化合物，如聚乙烯醇等。

在制造轻质砖中常用的起泡剂有：松香皂、树脂皂素脂、石油磺酸铝、烷基苯磺酸盐、羧酸及其盐类等。

与起泡剂相似的另一类制造气泡的物质为发泡剂，如金属铝粉。这是由于铝粉的活性很大，它会与水发生反应放出氢气，所以将金属铝粉加入到浇注料中时，由于形成的氢气的逸出，浇注料中会形成气泡。但是铝粉的细度和加入量要适当，否则会使浇注料产生不均匀的气孔，并使浇注料强度大大降低。

127. 什么是消泡剂？

消泡剂是一类能使耐火泥浆或浇注料在拌合与振动时产生的气泡很快消失的物质。消泡剂的机理是：它降低液体表面张力的能力要比起泡剂强得多，使所形成的液膜强度大为降低，使泡沫失去稳定性，而且在液面上的铺展速度也较快，铺展速度越快，其消泡作用也越快。

消泡剂的种类较多，有醇类、脂肪酸及脂肪酸盐类、有机硅化合物、各种卤素化合物等。但是用于浇注料的消泡剂应采用水溶性消泡剂，并通过实验来确定其合适加入量。

128. 常用膨胀剂有哪些？

耐火浇注料用膨胀剂有松香皂、树脂皂素脂、石油磺酸盐、金属铝粉等。

129. 什么是防爆剂？

能改善由不定形耐火材料构筑的衬体的透气性，防止衬体在烘烤过程中由于内部产生的蒸汽压过大而产生爆裂的物质称为防爆剂。

不定形耐火材料常用的防爆剂有活性金属粉末、有机化合物和可燃有机纤维。

活性金属粉末一般是用金属铝粉，其防爆机理在于：金属铝粉会与水反应形成 $Al(OH)_3$，并释放出氢气：$2Al + 6H_2O \longrightarrow 2Al(OH)_3 \downarrow + 3H_2 \uparrow$。在浇注料尚未凝固之前 H_2 从浇注料内部逸出时会形成毛细排气孔，从而提高其透气性。但是使用金属铝粉作为防爆剂时必须选用活性铝粉和合适的细度与加入量，使用不当会使浇注料衬体产生裂纹，鼓胀而破坏衬体结构，有时因逸出的氢气量过分集中或过大也有遇火爆炸的危险。

可以用作防爆剂的有机化合物有：乳酸铝、偶氮酰胺等。它们的防爆作用在于能在浇注料基体内形成连通的微气孔（或微裂纹），使烘烤时产生的蒸汽易排出，降低衬体内部的蒸汽压而不破坏衬体。

用有机纤维作为防爆添加剂是比较有效的措施，其防爆作用在于：加入的有机纤维为无序分布在浇注料衬体内，相互"搭桥"连接。在浇注料衬体加热烘烤时，它们会收缩和燃烧掉，在衬体内形成连通的网状毛细排气孔。从而可降低衬体烘烤时产生过大的内部蒸汽压，而防止爆裂。可采用的纤维有天然植物纤维和人工合成纤维。天然植物纤维可采用纸纤维、稻草纤维、麻纤维和棉纤维，一般用松解后的纸纤维效果较好；人工合成纤维有聚乙烯和聚丙烯类纤维。加入有机纤维作防爆材料时，应考虑以下问题：

（1）纤维素的燃点要低，或在低温下烘烤时具有一定的收缩率，应在浇注料脱水分解产生大量水蒸气之前燃烧掉，以形成微细的排气通道。

（2）纤维的直径应尽可能小些，一般最好在 $15 \sim 35\mu m$ 之间，这样在同样加入量下，纤维根数增多，可最大限度改善浇注料透气性，提高抗爆裂效果。

（3）纤维长度要适当，一般为 $5 \sim 10mm$，因为太长易缠绕，难以均匀分散开，太短难以"搭桥"成连通网络状排气通道。

（4）纤维加入量要适当。加入量太少，透气性差，加入量过多会大大降低浇注料的强度和高温性能（如抗侵蚀性和抗渗透性）。应根据使用条件来确定加入量。

第二节　耐火材料原料

1. 什么是硅灰?

　　硅灰是硅微粉的通常称呼,硅微粉又名硅灰、硅粉(silica fume、micro-silica),是金属硅或硅铁等合金冶炼从烟气中回收的粉尘。目前市场上销售的微硅粉,一部分是冶炼烟气经过收尘器收集后直接销售的硅灰,也有一部分是冶炼烟气经过收尘器收集后经过处理再销售的硅灰。微硅粉平均粒径为 $0.15\sim0.20\mu m$,比表面积为 $15000\sim20000m^2/kg$。其主要成分为二氧化硅,含量一般在 80% 以上,杂质成分有氧化钠、氧化钙、氧化镁、氧化铁、氧化铝和活性炭等。矿石成分、冶炼工艺、收尘系统运行情况等都会造成成分波动。由于微硅粉中二氧化硅属无定型物质,活性高,颗粒细小,比表面积大,具有优良的理化性能,过去被认为是一种工业废弃物,现在越来越多地被认为是一种宝贵资源,一种无需经过粉碎加工的廉价的超微粉体,可以广泛应用在特殊工程中使用的混凝土、耐火材料、水泥等重要领域。

2. 什么是叶蜡石?

　　叶蜡石矿石显致密块状,蜡状光泽,有滑腻感,密度($2.65\sim2.90$)和硬度($1\sim2$)都比较小。较纯叶蜡石在 $600℃$ 时的膨胀系数为 7.7×10^{-6},如果其中含有较多的石英,其膨胀系数明显增大,其原因是石英在 $573℃$ 时发生相变,伴随有 0.8% 的体积增大。$600℃$ 时,高岭石的膨胀系数平均为 8.6×10^{-6},因此含高岭石的叶蜡石与纯叶蜡石相比,它们的膨胀系数比较接近。叶蜡石的化学式为 $Al_2[Si_4O_{10}](OH)_2$ 或 $Al_2O_3\cdot4SiO_2\cdot H_2O$,理论组成 Al_2O_3 占 28.3%,SiO_2 占 66.7%,H_2O 占 5%。矿物组成中除叶蜡石外,尚有铝质矿物和其他的含铝硅酸盐、硅质矿物等。

　　以叶蜡石为主要矿物组成的蜡石,经不同温度燃烧,$600℃$ 仍为叶蜡石,但颜色变浅;$1000℃$ 后,叶蜡石结构大部分被破坏;$1100℃$ 处理后,开始出现微弱的莫来石。蜡石的煅烧脱水过程较长,从 $550℃$ 一直延续到 $1100℃$ 左右,脱水后仍保持原来的晶体结构。

　　叶蜡石受热膨胀,在加热至 $700℃$ 以上时体积少有膨胀,膨胀率低,膨胀率一般在 $1.2\%\sim2.1\%$ 之间。叶蜡石在加热过程中其硬度、耐压强度随着温度的升高而逐渐增加。

　　根据化学、矿物组成,叶蜡石又可分为蜡石质叶蜡石、水铝石质叶蜡石、高岭石质叶蜡石、硅质叶蜡石等。

　　蜡石质叶蜡石主要矿物为叶蜡石,占 90%,其他为玉髓、褐铁矿、水铝石,可以用于制造陶瓷、雕刻、填料、涂料及耐火材料。

　　水铝石质叶蜡石主要矿物为叶蜡石,次要矿物为水铝石,含微量褐铁矿、金红石等,可以用于制造耐火材料、玻璃坩埚。

　　高岭石质叶蜡石主要矿物高岭石,次要矿物为叶蜡石,含微量褐铁矿、金红石等,可以用于制造陶瓷、耐火材料。

　　硅质叶蜡石主要矿物为叶蜡石,次要矿物有石英、玉髓,微量矿物有褐铁矿等,可以用于制造陶瓷、耐火材料、填料等。

3. 叶蜡石在耐火材料工业中有哪些用途?

叶蜡石具有低铝高硅的特性,可以用来生产耐碱砖。同时,由于可以利用叶蜡石生产钢包内衬材料,一是利用叶蜡石受热后具有不太大的膨胀性,有利于提高砌筑体的整体性,降低熔渣对砖缝的侵蚀作用;二是熔渣与砖面接触后,能形成 1~2mm 的黏度很大的硅酸盐熔融物,阻碍了熔渣向砖内的渗透,从而提高了制品的抗熔渣侵蚀能力。

用叶蜡石原料时,应根据原料的特点来确定其工艺特点。叶蜡石中,受热膨胀较小,含结构水少,脱水失重只有 5%~6%,且脱水过程缓慢,脱水后仍保持原结晶结构,故可直接用生料制砖,为了降低生产成本,还可以利用矿粉。但是当用生料制砖时,由于叶蜡石脱水和石英多晶转变引起体积膨胀,会使制品疏松,降低强度,所以也可以将部分原料煅烧成熟料加入到配料中。

由于叶蜡石具有较小的膨胀特性,制品可以不烧,也可以根据使用要求,生产烧成制品。

 4. 耐火黏土如何分类?

黏土是由外生沉积作用或硅酸盐岩石(火成岩、变质岩或沉积岩)长期风化而成的一种土状矿物。作为耐火材料用的黏土称为耐火黏土,其耐火度要求不小于 1580℃。我国的耐火黏土资源丰富,分布很广,遍及全国各地。在工业应用上,如河南、山西、山东、辽宁、内蒙古等地的黏土资源储量很大,并且品种齐全;在江西、湖南、广西、江苏、浙江等地也有优质的高岭土矿物。在耐火材料工业上应用的黏土主要有两类:硬质黏土和软质黏土。

硬质黏土外观颜色一般呈灰白、灰、深灰色等,组织结构致密,质地坚硬,矿物颗粒极细,具贝壳状断口,易风化碎裂,在水中不易分散,可塑性较低,可塑性指标小于 1。硬质黏土主要矿物为高岭石,杂质含量低。山东淄博地区的硬质黏土就含有较低的杂质成分。硬质黏土主要用于制造黏土质耐火制品。

软质黏土属于生成年代较短的沉积矿床,常和煤层生成在一起,组织松软,呈松散块状或土状。有些软质黏土受地质变化的热压作用而变得致密,失去一部分可塑性,成为半软质黏土。软质黏土颗粒细微,在水中易分散,有较高的可塑性,其可塑性指标大于 2.5,半软质黏土的可塑性指标介于硬质黏土和软质黏土之间。主要矿物为高岭石型,并含有一些杂质矿物。由于杂质成分的染色作用,呈现出多种多样的颜色,有白灰色、深灰色、甚至黑色,也有白、黄、紫色等。它的可塑性和粘结性很强,是耐火材料和陶瓷行业的重要原料,在黏土质制品中经常被用作结合剂。

5. 耐火黏土的工艺性能有哪些?

耐火黏土的工艺性能包括可塑性、分散性、结合性和烧结性。

(1) 可塑性

耐火黏土调入适量水分形成泥团,当其受到逐渐增加的外力作用,产生逐渐的形变而不开裂或破坏的性能称之为可塑性。黏土的可塑性的强弱对耐火泥料的成型性能影响很大。黏土的可塑性通常用可塑性指数和可塑性指标来表示,见表 2-6。

表 2-6　国内主要黏土原料可塑性指标

名　称	液限/%	塑限/%	可塑性指数	可塑性指标	
				数值	相应含水率/%
苏州泥	63.5	36.6	26.9	1.6	
叙永泥	65.5	42.0	23.3	—	
广西泥	75.7	28.9	46.8	—	
永吉泥	47.1	25.5	21.6	—	
宜兴泥	22.8	14.9	7.9	4.7	20.2
南京泥	55.9	29.1	26.8	3.7	
怀化土	67.9	26.2	41.7	—	
紫木节	—	—	17.3	2.44	
牡丹江黏土	39.8	21.8	18	—	

也可以按其达到最大可塑性时的含水量来判断耐火黏土的可塑性，如表 2-7 所示。

表 2-7　黏土可塑性等级分类

黏土可塑性等级	最大调和水量/%	黏土可塑性等级	最大调和水量/%
高可塑性	35～45	低可塑性	15～25
有可塑性	25～35	无可塑性	<15

可塑性指标法是指用黏土显可塑状态时的水量上限和下限之差（含水量变化的范围）的数值来衡量其可塑性强弱的方法。塑性指标是黏土可塑性的直接测定方法，是用一定直径的泥球，当外力作用开始后发生变形并开始产生裂纹，以应力（变形力）与应变（变形的程度）的乘积来表示其可塑性程度的一种方法。黏土可塑性的强弱，取决于黏土的矿物组成、颗粒的细度和数量、液相的性质等方面。在生产中，增加黏土可塑性的方法主要有：除去如石英等非可塑性的杂质矿物；黏土细磨以增加其分散度；加入适量塑性物质结合剂（如亚硫酸纸浆废液等）；真空处理和困料泥料等方法。

（2）分散性

分散性反映黏土的分散程度。通常用它的颗粒组成或比表面积来表示。黏土属于高分散性物质，一般不大于 $10\mu m$。黏土的工艺特性主要取决于小于 $2\mu m$ 颗粒的数量。通常黏土中含有的粗颗粒部分（大于 0.05mm）是杂质集中的部分（如石英砂、黄铁矿及母盐残屑等）。软质黏土属于高分散性物质，而对于硬质或半硬质黏土则在水中难以分散，需经长时间研磨后才能使其分散。

耐火黏土按其在水中的分散程度衡量其分散性，见表 2-8。

表 2-8　黏土分散程度分类

分散性	优　良	中　等	困　难
颗粒（<1μm）/%	>45	>35	<35

（3）结合性

结合性是指黏土具有粘结非塑性材料的能力，即使成型后的砖坯能保持其形状，且具有一定的机械强度的性能。一般来说，黏土的分散程度越高，比表面积越大，其结合性也越强，但还取决于黏土矿物的种类、组成、颗粒组成及特性等。在实际生产中，通常都以黏土的可塑性来判断其结合性能的强弱。

（4）烧结性

烧结性用以表征耐火黏土在一定温度烧成获得的烧结体致密度和强度的性质。在烧成过程中，随着其水分排出，有机物燃烧，各种碳酸盐、硫酸盐分解，产生液相等一系列物理化学变化，使其颜色由深到浅，气孔率逐渐降低，体积密度和强度达到最高，如继续加热，发生过烧膨胀，其气孔率反而增加，体积密度和强度下降。

鉴定黏土的烧结性通常用体积密度、气孔率、吸水率、加热收缩率等指标来衡量。

6. 什么是耐火黏土的铝硅比？

黏土是以含水硅酸盐为主体的土状混合物。主要化学组成是 Al_2O_3 和 SiO_2。当 Al_2O_3/SiO_2 越接近高岭土的理论比值 0.85 时，表明此类黏土的纯度越高。黏土中高岭土含量越多，其质量越优越。Al_2O_3/SiO_2 值越大，黏土的耐火度就越高，黏土的烧结范围也就越宽；其值越小，则相反。

7. 什么是黏土的烧结？

黏土的烧结变化主要是高岭石矿物的加热变化，以及高岭石与杂质矿物之间发生的物理化学变化。该过程将发生一系列的物理化学变化，诸如分解、化合、重结晶等，并伴有体积变化，这都对黏土质制品的工艺过程及其性质有着重要的影响。

高岭石加热时的反应式为：

$$Al_2O_3 \cdot 2SiO_2 \cdot 2H_2O \longrightarrow Al_2O_3 \cdot SiO_2（偏高岭石）+2H_2O（600℃左右）$$
$$+ Al_6Si_2O_{13}（尖晶石结构）大量 \tag{2-19}$$
$$Al_2O_3 \cdot SiO_2 \longrightarrow 3Al_2O_3 \cdot 2SiO_2（莫来石）少量（980℃左右）+ SiO_2（无定型）$$
$$\tag{2-20}$$
$$Al_6Si_2O_{13} \longrightarrow 3Al_2O_3 \cdot 2SiO_2（1250℃左右） \tag{2-21}$$
$$4SiO_2（无定型）\longrightarrow SiO_2（方石英）（1250℃） \tag{2-22}$$

黏土的烧结机理主要是液相烧结过程，主要取决于黏土的 Al_2O_3/SiO_2 比及在高温下产生的溶液数量和性质。显然，这与黏土组成和所含杂质的种类（如 Fe_2O_3、TiO_2、CaO、MgO、K_2O、Na_2O）和数量有关。从烧结温度到开始软化温度之间的范围称为烧结范围，据此可以确定原料适合于制造何种形式的制品以及选择何种形式的窑炉和烧成制度。生产中希望黏土的烧结范围较宽，以利于掌握烧成制度。

8. 什么是黏土熟料？

黏土熟料是将生的块状硬质黏土或粉状黏土所制成的块料或荒坯在一定温度下煅烧的产物，经过煅烧后的黏土熟料又称作焦宝石。我国的黏土熟料大都在原料矿山采用竖窑煅烧而成。世界各国黏土熟料的分类不同，我国除按 Al_2O_3、Fe_2O_3 含量分类外，还按照其杂质含量分类：低铁质、高铁质、高钛质、高钙质等等。耐火材料用的硬质黏土熟料的技术指标主要有 Al_2O_3、Fe_2O_3 含量，耐火度和体积密度。黏土熟料冶金行业标准中仅对 Fe_2O_3 的含量有所限制，但在实际生产中对其他杂质的含量也应作严格的控制。

 9. 什么是焦宝石？

焦宝石是产于中国山东淄博地区的硬质黏土，其主要成分是高岭石，外观呈浅灰色、灰白色或灰色，有贝壳状断面，表面稍有滑润感，经煅烧后的熟料呈白色，近白色层夹杂有淡黄色。化学成分为：Al_2O_3 30%～50%，SiO_2 40%～60%。典型的焦宝石煅烧前 Al_2O_3 38%，煅烧后 Al_2O_3 44%，化学性能稳定。因焦宝石矿系沉积矿床成分稳定，组织结构十分致密，没有层理，颗粒极细，遇水不分散，可塑性指标小于 1.0，易风化碎裂成碎块。焦宝石熟料的理化指标，除生料自身因素外，与所用煅烧设备、煅烧工艺有关。优质焦宝石熟料的理化指标要求：$Al_2O_3 \geq 44\%$，$Fe_2O_3 < 1.2\%$，耐火度 >1750℃，体积密度 >2.50g/cm³，杂质含量 <2.5%。焦宝石是制造黏土砖和高铝砖的主要原料。

 10. 煅烧设备和煅烧工艺对焦宝石的性能有什么影响？

各种煅烧设备及煅烧工艺，由于设备自身的因素，对焦宝石熟料的最终性能影响见表 2-9。

表 2-9　煅烧设备对焦宝石熟料质量影响

煅烧设备	熟料质量					
	Al_2O_3/%	Fe_2O_3/%	吸水率/%	气孔率/%	体积密度/(g/cm³)	真密度/(g/cm³)
鼓风竖窑	45～46	1.0～1.4	—	—	2.37～2.50	<2.66
回转窑	45～46	1.0～1.3	1.8～2.6	4.5～6.5	2.40～2.55	2.65～2.70
圆形外燃式燃煤竖窑	约46.5	1.0～1.3	1.2～1.7	3.0～4.0	2.56～2.63	2.70～2.75
矩形外燃式燃煤竖窑	约46.5	1.0～1.3	0.9～1.5	2.5～3.6	2.56～2.65	2.74～2.78

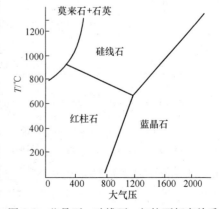 **11. 什么是三石矿物？**

三石是指蓝晶石、硅线石和红柱石三种高铝硅酸盐矿物，也称为蓝晶石族矿物，它们是同质异形体，它们具有同一分子式（$Al_2O_3 \cdot SiO_2$），理论组成为 Al_2O_3 含量为 63.1%，SiO_2 含量为 36.9%。但是因为生长条件不同，晶体结构有所不同。蓝晶石则属于三斜晶系，它的结构式为 $Al_2[SiO_4]O$，而硅线石和红柱石则都属于斜方晶系，它们的结构式分别为 $Al[AlSiO_5]$ 和 $AlO[AlSiO_4]$。它们是三个同质异形体，其之间的相变关系如图 2-2 所示。

蓝晶石，又称"二硬石"，意指轴向硬度差明显。它的希腊文意指"蓝色的晶体"。质地纯净的矿石确实呈现出美丽的天蓝色，硬度为 5.5～7，相对密度 3.53～3.63。蓝晶石粉末的 DTA 和 XRD 分析表明，其在 1325～1350℃已开始分解，在 1350℃形成莫来

图 2-2　蓝晶石、硅线石、红柱石相变关系

石，但仍保持蓝晶石轮廓。温度达到 1450℃ 时，蓝晶石全部相变，分解产物为莫来石和玻璃相。

硅线石的原名为 Sillimanite，是 1824 年以 B·Silliman 教授的姓命名的，由于晶体多呈条柱状和针线状结晶习性，国人曾译成为"矽线石"。颜色为白、灰、黄、粉红和褐色，具有玻璃光泽。硅线石的体膨胀较莫来石低，但非均膨胀因子最高。晶体的长向沿 c 轴，但 b 轴膨胀系数最大，在加热过程中将沿解理开裂，类似于蓝晶石。硬度为 6.5～7.5，相对密度 3.23～3.25，熔点 1850℃。

红柱石显浅玫瑰色、粉红、浅褐色等，多呈柱状，晶体粗大，相对密度 3.1～3.3。在红柱石晶体内有"黑十字"碳质包体。红柱石的开始分解温度为 1410℃，完全分解温度为 1500℃，介于蓝晶石和硅线石之间，它的分解温度可作为判断制品烧结制度的一个标准。当其表面局部分解时，会与周围的氧化铝组分反应，形成二次莫来石化反应带，促进粒间结合。

"三石"原矿也常含有云母、石英、石榴石、绿泥石、云母类等杂质矿物。因此原矿需要经选矿后才能使用。"三石"矿物的一般特性见表 2-10。

"三石"精矿的化学组成除了 Al_2O_3、SiO_2 外，还有少量的杂质成分，而杂质成分及其含量又往往直接影响着它的品质。除主成分外，不仅 Fe_2O_3、TiO_2，还常常包含有 CaO、MgO、K_2O、Na_2O 等杂质成分。一般来说，杂质的总含量以不超过 2%～3% 为宜。

表 2-10　三石矿物的性质

矿物性质	蓝晶石	红柱石	硅线石
成分	$Al_2O_3 \cdot SiO_2$ Al_2O_3 62.92%（63.1%） SiO_2 37.08%	$Al_2O_3 \cdot SiO_2$ Al_2O_3 62.92%（63.1%） SiO_2 37.08%	$Al_2O_3 \cdot SiO_2$ Al_2O_3 62.92%（63.1%） SiO_2 37.08%
晶系	三斜	斜方	斜方
晶格常数	a＝0.710nm，α＝9005 b＝0.774nm，β＝10102 c＝0.557nm，γ＝10544	a＝0.778nm b＝0.792nm c＝0.557nm	a＝0.744nm b＝0.759nm c＝0.575nm
结构	岛状	岛状	链状
晶形	柱状，板状或长条状集合体	柱状或放射状集合体	长柱状，针状或纤维状集合体
颜色	青色，蓝色	红，淡红	灰，白褐
密度 g/cm³	3.53～3.65 （3.56～3.68）	3.13～3.16 （3.1～3.2）	3.23～3.27 （3.23～3.25）
相对硬度	//c 轴 5.5 异向性 ⊥c 轴 6.5～7	7.5	6～7.5
解理	沿 {100} 解理完全 {010} 良好	沿 {110} 解理完全	沿 {010} 解理完全

矿物性质	蓝晶石	红柱石	硅线石
折射率	Ng=1.719～1.734 Nm=1.714～1.723 Np=1.704～1.718	Ng=1.638～1.653 Nm=1.633～1.644 Np=1.629～1.642	Ng=1.673～1.683 Nm=1.658～1.662 Np=1.654～1.661
光 性	(一)	(一)	(十)
比磁化系数 K	1.13	0.23	0.29～0.03
电泳法零电点 (PH)	7.9	7.2	6.8
加热性质	1100℃左右开始转变为 莫来石	1400℃左右开始转变为 莫来石	1500℃左右开始转变为 莫来石
体积变化/%	+18	+5.4	+7.2

 12. 三石矿物的膨胀特性是怎样的?

"三石"矿物的最重要性质是它们的热膨胀性能，由于物理化学性质（包括结晶构造和真比重等）的不同，加热时均产生一定的体积膨胀，蓝晶石的膨胀最大，硅线石次之，红柱石最小。它们的一些基本特性见表 2-11。

表 2-11　三石加热物理化学变化

矿物名称	硅线石	红柱石	蓝晶石
开始转变为莫来石的 温度范围 /℃	1500～1550	1350～1400	1300～1350
转化速度	慢	中	快
转化所需时间	长	中	短
转化后体积膨胀	中，(7%～8%)	小，(3%～5%)	大，(16%～18%)
莫来石结晶过程	在整个晶粒发生	在颗粒表面开始逐步 深入内部	同红柱石
莫来石结晶形态及大小	短柱状，针状，长约3微米	针状、柱状，长约20微米	长针状，长约35微米
莫来石结晶方向	平行于原硅线石晶面	平行于原红柱石晶面	垂直于原蓝晶石晶面

蓝晶石在加热过程中出现永久的体积膨胀而分解，体积密度下降到 $3.1g/cm^3$ 左右。图 2-3 为蓝晶石的热膨胀曲线，可见在 1000℃以前膨胀性能较小，超过此温度线膨胀迅速变大，1500℃时膨胀率可达到 16%。

影响蓝晶石膨胀值的因素除了自身矿物特性及纯度外，还与其结晶尺度及原料颗粒度等因素有关。蓝晶石的纯度是指料中蓝晶石矿物成分的多少。含蓝晶石矿物成分越多时品质越优，其纯度就高，膨胀值就大；相反，含蓝晶石矿物成分越少，其纯度就低，膨胀值就小。蓝晶石的热膨胀性能还与其结晶大小、颗粒度有很大的关系。一般来说，结晶大、颗粒粗的要比结晶小、颗粒细的热膨胀率大。例如在 1400℃时，0.5mm 级蓝晶石精矿的膨胀率为 10%～12%，0.149mm 级为 8%～9%，而 0.074mm 级仅为 6% 左右。由于蓝晶石受热体积膨胀显著，因而常在冶金工业炉中做不定形耐火材料。在不定形耐火材料中加入 5%～15% 的蓝晶石精矿作高温膨胀剂，能保证整个耐火材料的体积稳定。

硅线石具有高温下体积膨胀、冷却后不收缩的永久膨胀性能，并能在高温下（1500～1550℃）不可逆地转化为莫来石和方石英，同时伴随有一定的体积膨胀。随温度的升高，硅线石精矿的线膨胀变化如图 2-4 所示。

可以看到，由于质纯的硅线石矿物在莫来石结晶转化开始前，因无化学分解反应或晶型转化，只是一般的物理性能显示，故其膨胀曲线无明显的变化。当温度上升到使莫来石结晶开始后，膨胀曲线随着温度的变化，才发生急剧的上升，膨胀率显著增大（见图 2-4 中 A）。当硅线石矿物含有一定量的杂质时，其膨胀率会出现波折起伏的变化（见图 2-4 中 B）。由此看出，矿样中硅线石矿物含量高且品质又好时，它就具有较好的高温性能。

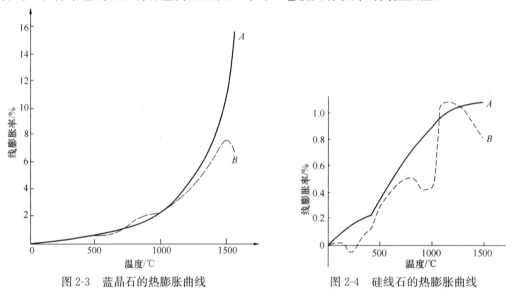

图 2-3　蓝晶石的热膨胀曲线　　　　　图 2-4　硅线石的热膨胀曲线

在"三石"矿物中，红柱石的热膨胀性是最小的。以河南红柱石为例，选取其中的两种组分：红柱石精矿（Al_2O_3 60.03%，SiO_2 38.88%，杂质 1.12%）和红柱石粗晶体（Al_2O_3 54.86%，SiO_2 40.78%，杂质 4.30%），它们的热膨胀曲线如图 2-5、图 2-6 所示。

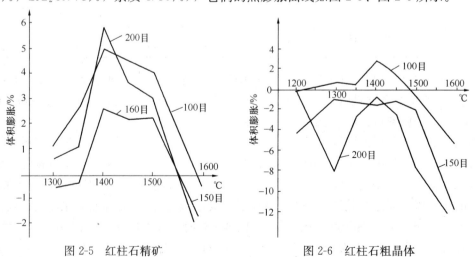

图 2-5　红柱石精矿　　　　　　　　图 2-6　红柱石粗晶体

从图可以看到，红柱石精矿和红柱石粗晶体两种试样的膨胀区域主要是处在 1350～1450℃之间，并在 1400℃左右时都达到最大值，这是因为红柱石转化为莫来石的数量急剧增加，相变因素占据着主导地位。当温度上升到 1550℃以后，试样则有明显的收缩，这是因为相变引起的体积变化要远低于由于烧结作用导致的致密化程度的缘故。进一步比较，还可以发现红柱石从开始分解直至完全莫来石化的温度范围内，粒度的变化起着非常重要的作用，可成为制约其体积变化的因素。另外，原料内杂质的含量也影响着红柱石的热膨胀性，杂质的含量越高，莫来石化温度就越提前，体积膨胀则相对减弱。

13. 三石与高铝矾土熟料有什么不同？

与高铝矾土相比，三石的有害杂质含量低，例如矾土熟料中，TiO_2、Fe_2O_3、RO、R_2O 的含量高达 4.5%～5.0%，而三石中的杂质含量，最高的只有 2.3%。其中红柱石只有约 1%，远远低于矾土的杂质含量，特别是 R_2O 含量，只有 0.1%～0.4%。此外，三石在一定温度下，将会分解成莫来石和熔融状游离 SiO_2，使制品具有耐火度高、抗化学腐蚀性好、热膨胀性低的特点。由于各自不同的热膨胀特性，因而在制砖时，蓝晶石与硅线石需要经过煅烧后方可使用，红柱石则可以不经过煅烧直接制砖，因其不大的膨胀可以抵消结合黏土的收缩。

14. 三石矿物制砖工艺是怎样的？

三石矿物的制砖工艺与高铝砖的基本相同，但是利用三石制成的制品性能还是有所不同。

以三石为主要原料的耐火制品，其最大特点是制品在使用过程中具有持续的抗蠕变性能，这与三石本身的纯度高、抗蠕变性强及其持续的莫来石转化因素有关，有的制品还与三石原料的二次莫来石化有关。

以三石为主要原料的耐火制品，由于原料本身的 Al_2O_3 和 SiO_2 分布均匀，杂质含量低，故而制品的组织结构均匀、致密，加热后的相组成比较接近于热平衡状态时的组成，因此，制品性能优良。三石精矿中的 Al_2O_3 含量直接影响其应用效果，Al_2O_3 含量越接近于理论组成，表明原料的纯度越高，则其应用效果越好，制品在烧成时的收缩越小，其荷重软化温度也越高。与相应组成的高铝砖相比，用三石原料制得的产品的荷重软化温度能提高 100～150℃。以三石为主要原料制得的耐火制品广泛应用于钢铁、玻璃、化工等领域。

15. 什么是莫来石？

莫来石是以 $3Al_2O_3 \cdot 2SiO_2$ 结晶相为主要成分的耐火原料。莫来石分为天然莫来石和人工合成莫来石两大类。天然莫来石很少，一般采用人工合成。

莫来石的化学成分为 Al_2O_3 71.8%，SiO_2 28.2%。矿物结构为斜方晶系，晶体呈长柱状、针状、链状排列，针状莫来石在制品中穿插构成坚固的骨架。莫来石分为 3 种类型：α-莫来石，相当于纯的 $3Al_2O_3 \cdot 2SiO_2$，简称 3∶2 型；β-莫来石，固溶有过剩的 Al_2O_3，晶格略显膨胀，简称 2∶1 型；γ-莫来石，固溶有少量 TiO_2 和 Fe_2O_3。莫来石化学性质稳定，不溶于 HF。其密度为 3.03g/cm^3，莫氏硬度 6～7，熔点 1870℃，导热系数（1000℃）为 13.8W/（m·K），线膨胀系数（20～1000℃）为 5.3×10^{-6}/℃，弹性模量 1.47×10^{10}Pa。

莫来石具有良好的高温力学、高温热学性能，因此合成莫来石及其制品具有密度和纯度较高、高温结构强度高、高温蠕变率低、热膨胀率小、抗化学侵蚀性强、抗热震性好等优点。

评价莫来石质量水平的关键指标是莫来石的相组成和致密度。

16. 莫来石的常见形态有哪几种？

生产莫来石材料，一般可以利用高岭石、硅线石族矿物、氢氧化铝或氧化铝和二氧化硅直接合成。黏土物质与氧化铝或硅线石族矿物与工业氧化铝在加热条件下反应形成一次和二次莫来石，一次莫来石在 $1000\sim1200℃$ 范围内形成，进一步提高温度，仅使结晶增大。二次莫来石的形成通常在 $1650℃$ 时完结。为了制取致密的莫来石制品，常用二步烧结法。

莫来石有两种结晶形态：针状和棱柱状。针状莫来石加固玻璃相、材料化学成分相，同时，针状莫来石材料耐火度高于棱柱状莫来石材料。高岭石快速加热至 $1400℃$ 以上，形成针状莫来石。否则，慢速加热至较低温度就形成棱柱状莫来石。还有报道管状形态和球形的莫来石，前者推测是由于硅氧和铝氧四面体尺寸不协调产生张力引起管状形态，后者即所谓含氮莫来石。莫来石热膨胀各向异性的特点使其具有良好的热稳定性，高级莫来石材料作供料机配件时，可以不用预热直接更换到正在运转的供料机上。

17. 莫来石的合成方法有哪几种？

莫来石合成的方法可分为烧结法和电熔法。烧结法按照原料制备的方式又有干法与湿法之分，干法工艺是将配料共同粉磨，经压球或压坯后用回转窑或隧道窑烧成；湿法工艺是将配合料加水磨成料浆，再压滤脱水成为泥饼，真空挤泥成为泥段或泥坯再经烧成。

电熔法是将配合料加入到电弧炉中，在电弧形成的高温中熔融，冷却析晶而成，采用天然原料配料时（如铝矾土等），可不经粉磨直接将块状原料破碎至 $<1.5mm$ 的颗粒即可，再与其他粉状原料在混合机中混合均匀。

烧结合成莫来石一般在 $1650\sim1700℃$ 下进行。影响烧结法合成莫来石的主要工艺因素是原料的纯度、原料的细度和煅烧温度。烧结法合成莫来石主要依靠 Al_2O_3 和 SiO_2 间的固相反应来完成，因此提高原料的分散度，将会加速固相反应的进程。特别是 $<8\mu m$ 的微粒，对合成莫来石的形成和烧结作用很大。可见原料充分混合细磨，是促使合成莫来石的固相反应充分进行的重要工艺条件。莫来石一般在 $1200℃$ 即开始生成，到 $1650℃$ 时终止。此时呈微晶状，当温度超过 $1700℃$ 时结晶发育好。由此可知，燃烧温度直接影响莫来石的形成和晶体的发育。因此，加热到一定的烧成温度并延长一定的保温时间，是合成莫来石的必要条件。合成莫来石所用原料的纯净度要求很严格，少量杂质成分就会降低莫来石的含量。在工业生产中，不可避免地要带入各种杂质，主要有 Fe_2O_3、TiO_2、CaO、MgO、Na_2O、K_2O，其中危害最大的是 Na_2O、K_2O，它们抑制莫来石的形成，并导致大量的富硅玻璃相的产生，降低莫来石含量。Fe_2O_3 会延缓莫来石化的进程，并增加玻璃相的数量。当 TiO_2 少量存在时，部分 Ti 离子进入莫来石晶格形成固溶体，促进莫来石的形成和晶体发育长大，当 TiO_2 含量过高时，则仍起熔剂作用。

电熔莫来石是将配合料在电弧炉中熔融，莫来石从熔体中冷却析晶而制得，其析晶过程与 Al_2O_3-SiO_2 系统相图的析晶过程相似。当配合料的 Al_2O_3 高于莫来石中的理论组成 71.8% 时，形成溶有过剩 Al_2O_3 的莫来石固溶体，即 β-莫来石，只有 $Al_2O_3>80\%$ 时才会出现刚玉相。电熔莫来石的矿相组成一般为莫来石晶体和玻璃相。与烧结莫来石相比较，电熔莫来石晶体发育完善，晶粒大，缺陷少，晶体尺寸是烧结莫来石的数百倍，因此高温力学性能和抗侵蚀性都相对要好。

 18. 高铝矾土原料如何分类？

高铝矾土的主要矿物组成是水铝石（$\alpha\text{-}Al_2O_3 \cdot H_2O$）和高岭石（$Al_2O_3 \cdot 2SiO_2 \cdot 2H_2O$），次要矿物有波美石（$\gamma\text{-}Al_2O_3 \cdot H_2O$）、迪开石$\{Al_4[Si_4O_{10}](OH)_8\}$、金红石（$TiO_2$）、三水铝石（$Al_2O_3 \cdot 3H_2O$）、含铁矿物及滑石、长石、方解石、云母类矿物等。我国高铝矾土有两个基本类型：一水型铝土矿和三水型铝土矿。其中主要矿区多为高铝矾土一水型铝土矿，根据所含有的主要矿物成分又把它分为五个小类，见表 2-12。研究表明：D-K 型、D-P 型、B-K 型高铝矾土原料质量良好；D-I 型高铝矾土含 R_2O 较高，一般情况下大约在 $1\% \sim 4\%$ 之间；而 D-K-R 型高铝矾土原料，由于其中的 SiO_2 含量及杂质含量都较少，因此这种原料适宜制造莫来石结合的刚玉-钛酸铝质耐火原料；SiO_2 含量及杂质含量较高的矾土原料可用作低档产品或不定形耐火材料的原料。按照所含矿物的种类，矾土矿分类情况见表 2-12。

表 2-12 矾土矿分类

基本类型	亚类型	主要分布地区
一水型铝土矿	1）水铝石-高岭石型（D-K 型）	山西、山东、河北、河南、贵州
一水型铝土矿	2）水铝石-叶蜡石型（D-P 型）	河南
一水型铝土矿	3）勃姆石-高岭石型（B-K 型）	山东、山西
一水型铝土矿	4）水铝石-伊利石型（D-I 型）	河南
一水型铝土矿	5）水铝石-高岭石-金红石型（D-K-R 型）	四川
三水型铝土矿	三水铝石型（G 型）	福建、广东

 19. 高铝矾土如何分级？

按照冶金行业标准，铝矾土（生料）的等级划分见表 2-13。矾土矿石应按级别拣选分级，混级量不应大于总量的 10%。矿石的块度一般为 $50 \sim 300mm$，小于 $50\,mm$ 的碎块不应超过 10%，这对保证矾土熟料的质量，合理使用自然资源很有意义。对于水铝石-高岭石矿物组成的各级矾土，根据 Al_2O_3 含量和 Al_2O_3/SiO_2 比，并考虑其外观特征，又有如表 2-14 所示的划分类型。

表 2-13 耐火材料用铝矾土（生料）的等级划分

级别	化学成分/%			耐火度/℃
	Al_2O_3	Fe_2O_3	CaO	
特级	>75	<2.0	<0.5	>1770
一级	$70 \sim 75$	<2.5	<0.6	>1770
二级	$60 \sim 70$	<2.5	<0.6	>1770
三级	$55 \sim 60$	<2.5	<0.6	>1770
四级	$45 \sim 55$	<2.0	<0.7	>1770

在铝矾土中，Al_2O_3 的含量在 $45\%\sim80\%$ 之间，煅烧后的含量在 $48\%\sim90\%$ 之间波动，其中还含有 $1\%\sim40\%$ 的 SiO_2 和 $2\%\sim6\%$ 的杂质，并且随 Al_2O_3 的含量的增多，杂质有增加的趋势，其中的杂质主要为 TiO_2、Fe_2O_3、CaO、MgO、K_2O 等。通常 TiO_2 为含量最多的杂质，一般在 $1.5\%\sim3.6\%$ 之间，也随着矾土中 Al_2O_3 含量的增加而增加，以金红石形式呈细分散状分布于主要矿物之间。高铝矾土中的 Fe_2O_3 分布不均匀，往往集中分布；CaO、MgO 含量一般较低，普遍在 0.5% 以下，波动范围较小。R_2O 含量通常也较低，但个别地区的高铝矾土中它们的含量有时也达到 1% 以上。

表 2-14　水铝石-高岭石类矾土的分类及特征

矾土等级	$Al_2O_3/\%$	Al_2O_3/SiO_2	外观特征
特等	>76	>20	灰色、重而硬，结构致密均匀
一等	$68\sim76$	$5.5\sim20$	浅灰色、重而硬，结构致密均匀
二等（甲）	$60\sim68$	$2.8\sim5.5$	灰白色、结构尚致密，具有少量鲕状体
二等（乙）	$50\sim60$	$1.8\sim2.8$	灰色、结构疏松，具有较多的鲕状体
三等	$42\sim52$	$1.0\sim21.8$	灰色、质轻又软，易碎，结构均匀

20. 高铝矾土加热后的变化过程是怎样的？

高铝矾土在加热过程中所发生的一系列物理化学变化，实质上是组成矾土的各矿物在加热过程中所引起变化的综合反映。水铝石-高岭石类型矾土的加热变化大致可分为三个阶段，即分解阶段，二次莫来石化阶段，重结晶烧结阶段。

分解阶段：水铝石脱水后出现刚玉假相，此种假相仍保持原有的水铝石外形。高岭石脱水后高温下转化形成莫来石并析出游离 SiO_2。反应方程式如下：

$$\alpha\text{-}Al_2O_3 \cdot H_2O \xrightarrow{400\sim600℃} \alpha\text{-}Al_2O_3 + H_2O\uparrow \tag{2-23}$$

$$Al_2O_3 \cdot 2SiO_2 \cdot 2H_2O \xrightarrow{600℃左右} Al_2O_3 \cdot 2SiO_2 + 2H_2O\uparrow \tag{2-24}$$

$$3(Al_2O_3 \cdot 2SiO_2) \xrightarrow{980℃左右} 3Al_2O_3 \cdot 2SiO_2 + 4SiO_2 \tag{2-25}$$

二次莫来石化：1200℃后，水铝石分解后生成的刚玉相与高岭石转化为莫来石过程中析出的游离 SiO_2 反应形成莫来石的过程。二次莫来石化过程中所形成的莫来石称为二次莫来石。此反应在 1400~1500℃完成，但其完成反应的温度则依矾土中的 Al_2O_3/SiO_2 比值的不同而有所差异。在二次莫来石的生成过程中产生了较大的体积膨胀（10%左右），使得烧成的制品结构疏松，气孔率增大，这是高铝矾土难以烧结的症结所在。同时，矾土中的一部分杂质与 Al_2O_3、SiO_2 反应形成液相。液相的存在，有助于二次莫来石化的进行，也为重结晶烧结阶段准备了条件。

矾土的重结晶烧结，主要是在液相存在下进行的，是以液相烧结为主的烧结过程。影响矾土烧结的主要因素是二次莫来石化以及高温下的液相组成和数量。

从大量学者的研究可知，Al_2O_3 含量在 $65\%\sim70\%$，即 Al_2O_3/SiO_2 质量比接近于 2.55 或略高于 2.55 处，有一个转折点，为莫来石量最高点，其中二次莫来石也达到最大值。实际上，相当于该组成附近的矾土最难烧结，组织结构最不均匀，在烧结过程中产生大的体积膨胀。这是因为：①形成莫来石时产生体积膨胀；②二次莫来石化时，由于体积膨胀使颗粒间相互排斥形成孔隙或裂缝，而这些缺陷又很难靠液相来弥合。

 21. 不同等级的矾土生料有什么烧结特性？

对于不同的矾土，由于铝含量和结果不一样，致使呈现不同的烧结特性，见表 2-15。

表 2-15　不同等级铝矾土生料的烧结性能

等级	Al_2O_3/%	烧结情况	烧结温度	原因
特级	>75	较易烧结	1600～1700℃	因高岭石少，水铝石多，二次莫来石化程度弱
Ⅰ级	70～75	较难烧结	1500～1600℃	一定程度的二次莫来石化
Ⅱ级	60～70	最难烧结	1600～1700℃	二次莫来石化强烈
Ⅲ级	55～60	最易烧结	1500℃左右	因高岭石多，水铝石少，二次莫来石化程度弱

 22. 什么是工业氧化铝？

氧化铝的熔点为 2050℃，呈白色，有许多同质异晶体。工业氧化铝是将铝土矿经过处理取出硅、铁、钛等杂质而制得的。工业氧化铝是纯度很高的氧化铝原料，其 Al_2O_3 含量约为 99%，杂质为 SiO_2、Fe_2O_3、K_2O、Na_2O、TiO_2 等。矿物组成由 γ-Al_2O_3（40%～76%）和 α-Al_2O_3（60%～24%）聚合而成的直径约为 20～70μm 的单个微粒的多孔聚集体，此外尚有由一水铝石向 γ-Al_2O_3 和由硬水铝石向 α-Al_2O_3 转化的中间化合物。工业氧化铝具有如下特点：

（1）工业氧化铝在加热时含有大量难于烧结的 γ-Al_2O_3，且 γ-Al_2O_3 形成单个微粒的多孔聚集体，因而难以制出比较致密的坯体。

（2）分散性高，粒度组成波动范围大。其粒度组成见表 2-16。

表 2-16　工业氧化铝粒度分布

粒度/μm	>60	60～30	30～20	20～10	10～5	<5
含量/%	7～43	3～18	12～43	19～46	7～22	3～8

（3）由于 γ-Al_2O_3 在 950～1200℃ 范围内可转变成刚玉（α-Al_2O_3），并同时发生明显的体积收缩，使用时应考虑是否要预烧。

 23. 工业氧化铝有哪几类？

常见的工业氧化铝有以下几类：

α-Al_2O_3：氧化铝各种变体中最稳定的结晶形态。晶体形状呈柱状、粒状或板状。真密度为 3.96～4.01g/cm^3。在 α 型氧化铝的晶格中，氧离子为六方紧密堆积，Al^{3+} 对称地分布在氧离子围成的八面体配位中心，晶格能很大，故熔点、沸点很高。α 型氧化铝不溶于水和酸，工业上也称铝氧，是制金属铝的基本原料；也用于制各种耐火砖、耐火坩埚、耐火管、耐高温实验仪器；还可作研磨剂、阻燃剂、填充料等；高纯的 α 型氧化铝还是生产人造刚玉、人造红宝石和蓝宝石的原料；还用于生产现代大规模集成电路的板基。

β-Al_2O_3：不是氧化铝的一种变体，而是一种含碱土金属或碱金属的铝酸盐。晶体呈聚片双晶发达的薄片状或板状。真密度 3.30～3.63g/cm^3。

γ-Al_2O_3：氢氧化铝在 140～150℃ 的低温环境下脱水制得，工业上也叫活性氧化铝、铝胶。其结构中氧离子近似为立方面心紧密堆积，Al^{3+} 不规则地分布在由氧离子围成的八面体和四面体空隙之中。γ 型氧化铝不溶于水，能溶于强酸或强碱溶液，将它加热至 1200℃ 就全部转化为 α 型氧化铝。γ 型氧化铝是一种多孔性物质，每克的内表面积高达数百平方米，活性高吸附能力强，工业品常为无色或微带粉红的圆柱形颗粒，耐压性好。在石油炼制和石油化工中是常用的吸附剂、催化剂和催化剂载体；在工业上是变压器油、透平油的脱酸剂，还用于色层分析；在实验室是中性强干燥剂，其干燥能力不亚于五氧化二磷，使用后在 175℃ 以下加热 6～8h 还能再生重复使用。

ρ-Al_2O_3：原子排列有序性很差、电价不平衡，容易发生向非晶态物质的转变，在一定的条件下，非晶态物质再转变为 Al_2O_3。它是 Al_2O_3 变体中唯一在常温下有自发水化能力的形态。能发生如下变化：加热 $\rightarrow \eta$-$Al_2O_3 \rightarrow \theta$-$Al_2O_3 \rightarrow \alpha$-$Al_2O_3$。由于具有常温下自发水化的能力，因此它可以作为一种优异的结合剂，用来生产高级浇注料。

24. 氧化铝的制备方法有哪几种？

目前，制备氧化铝的方法主要有：

(1) 碱石灰法（俗称拜耳法）

$$Al_2O_3 + Na_2CO_3 \longrightarrow NaAlO_2 + CO_2 \uparrow \tag{2-26}$$

$$SiO_2 + CaCO_3 \longrightarrow CaSiO_3 + CO_2 \uparrow \tag{2-27}$$

$$2NaAlO_2 + CO_2 + 3H_2O \longrightarrow Al_2O_3 \cdot 3H_2O \downarrow + Na_2CO_3 \tag{2-28}$$

$$Al_2O_3 \cdot 3H_2O \longrightarrow \gamma\text{-}Al_2O_3 + 3H_2O \tag{2-29}$$

由于采用不同外加剂（如 AlF_3 或 NH_4Cl）使化合物脱水，可使工业纯氧化铝原料的矿物组成发生波动。一般由 40%～76% γ-Al_2O_3 和 60%～24% α-Al_2O_3 组成。

(2) 烧结法

用铝土矿、石灰石和苏打混合制成生料浆，在 1200～1300℃ 进行烧结，生产铝酸钠。铝酸钠浸入稀的碱溶液中成为铝酸钠溶液，经分离、净化、分解得到氢氧化铝，经洗涤、焙烧而成氧化铝。

(3) 联合法

联合法是由拜耳法和烧结法联合的方法，有并联法、串联法和混串法 3 种生产流程。

25. 什么是刚玉？

刚玉是 α-氧化铝的结晶矿物。刚玉为耐火原料，其硬度仅次于金刚石。矿物结构为三方晶系，六方底心格子。晶体呈桶状、短柱状，少数为板状或双锥面上有较粗的条纹，集合体呈致密粒状块体。有多种变体，以 α 刚玉较为稳定。化学性质稳定，耐酸、碱侵蚀，体积密度为 3.95～4.1g/cm³，莫氏硬度为 9，熔点为 2050℃，沸点为 3400～3700℃，熔化热为 246.4kJ/kg，蒸发热 6160.7 kJ/kg，导热系数（1000℃）为 21.1W/（m·K），线膨胀系数（20～1000℃）为 8.0×10^{-6}/℃，电导率（567℃）2.71/（Ω·m）、（1230℃）1.96×10^4/（Ω·m）；弹性模量为 36.3×10^{10} Pa。

26. 刚玉如何分类？

刚玉有天然刚玉和人造刚玉两种。天然刚玉常见的有蓝灰色或黄灰色，透明而颜色鲜艳的称为宝石，如有微量铬，呈红色，称为红宝石，含钛呈蓝色为蓝色石。人造刚玉有电熔刚玉和烧结刚玉两种。电熔刚玉有棕刚玉、白刚玉、单晶刚玉、铬刚玉、微晶刚玉、锆刚玉等。其理化性质是 Al_2O_3 94%以上，密度为 $3.65\sim4.05g/cm^3$，显微硬度（HV）为 $17640\sim24010MPa$。烧结刚玉 Al_2O_3 86%以上，密度为 $3.75g/cm^3$，显微硬度（HV）16660MPa。耐火行业使用得比较多的是棕刚玉、白刚玉、致密电熔刚玉、板状刚玉等。刚玉的理化指标见表2～17。

表 2-17　刚玉的理化指标

项　目		棕刚玉	矾土基刚玉		电熔刚玉		板状刚玉	
			烧结	电熔	普型	致密	烧结	电熔
化学成分	Al_2O_3	≥95.0	98.7	98.8	98.1	98.9	99.2	99.3
	SiO_2	≤1.8	0.01	0.30	0.50	0.68	0.20	0.18
	Fe_2O_3	≤1.0	0.12	0.31	0.30	0.06	0.10	0.1
	TiO_2	≤3.5	0.01	0.08	0.20	0.10		
	CaO	≤0.25	0.02		0.29	0.08	0.04	
	MgO	≤0.22	0.02		0.14	0.10	0.06	
	K_2O		0.02	0.10	0.05	0.01		
	Na_2O		0.05	0.04	0.41	0.09	0.30	0.28
颜色		棕褐色	灰白色	灰白色	白色	灰黑色		
真密度/（g/cm³）		≥3.9		≥3.9	3.94	3.95		
体积密度/（g/cm³）		≥3.80	3.67	3.80		3.81	3.66	3.76
显气孔率/%			1.8	≤4.0		3.5	2.9	2.6
耐火度		≥1850	≥1850	≥1850	≥1850	≥1850	≥1850	≥1850

27. 什么是棕刚玉？

棕刚玉俗名又称金刚砂，是用矾土、碳素材料、铁屑三种原料在电炉中经过熔化还原而制得的棕褐色人造刚玉，故为此名。棕刚玉主要化学成分是 Al_2O_3，其含量在 $94.5\%\sim97\%$ 之间，另含有少量的 Fe、Si、Ti 等。其主要应用有：

（1）由于有耐高温、耐腐蚀、高强度等性能，故用浇钢滑动水口、冶炼稀贵金属、特种合金、陶瓷、炼铁高炉的内衬（墙和管）；理化器皿、火花塞、耐热抗氧化涂层。

（2）由于有硬度大、耐磨性好、强度高的特点，在化工系统中，用做各种反应器皿和管道、化工泵的部件；做机械零部件，各种模具，如拔丝模、挤铅笔芯模嘴等；做刀具、模具磨料、防弹材料、人体关节、密封模环等。

（3）刚玉保温材料，如刚玉轻质砖、刚玉空心球和纤维制品，广泛应用于各种高温炉窑的炉墙和炉顶，既耐高温又保温。棕刚玉粒度砂是由人工精选棕刚玉块，采用对辊、球磨、巴马克等设备加工而成，粒度由F8～F325，主要用于抛光、研磨、工业磨削等，还可以按客户要求进行水洗、酸洗处理等方法加工，能够满足客户的不同需求。

低碳棕刚玉经过炉前和特殊工艺的再处理，降低棕刚玉中残余碳的含量，使产品在使用中不粉化、不爆裂、韧性大，是磨料磨具行业、耐火材料行业的首选原料。主要用于陶瓷磨

具、高档磨具、有机磨具、砂带、涂附磨具等，根据残碳含量分为：煅烧棕刚玉 C≤0.05%、低碳棕刚玉 C≤0.10%、普通棕刚玉 C≤0.15%。

棕刚玉以优质铝矾土为原料，与无烟煤、铁屑在电弧中经 2000℃ 以上高温熔炼制成，经自磨机粉碎整形，磁选去铁，筛分成多种粒度，其质地致密，硬度高，粒形成球状，适用于制造陶瓷、树脂高固结磨具以及研磨、抛光、喷砂、精密铸造等，还可用于制造高级耐火材料。棕刚玉主成分是氧化铝，分等级也就用铝含量来区分。

28. 什么是白刚玉？

白刚玉以工业氧化铝粉为原料，于电弧中经 2000℃ 以上高温熔炼制成，经粉碎、筛分、磁选去铁，筛分成多种粒度，其质地致密，硬度高，粒形成球状，白刚玉适用于制造陶瓷、树脂固结磨具以及研磨、抛光、喷砂、精密铸造等，还可用于制造高级耐火材料，代号"WA"与国际通用标准、国家标准一致，多数供出口，也有一定量供应国内用户。

产品粒度按国际标准以及各国标准生产，可按用户要求粒度进行加工。通用粒度号为 F4～F320，其化学成分视粒度大小而不同。突出的特点是晶体尺寸小，耐冲击，因用自磨机加工破碎，颗粒多为球状颗粒，表面干洁，易与结合剂结合。

白刚玉密度分为两种，一是白刚玉堆积密度，二是白刚玉真密度。堆积密度为 1.53～1.99g/cm³，磨料的堆积密度与磨料的粒度、粒度组成、品种、颗粒形状等因素都有关。一般来说，粗粒度磨料比细粒度磨料堆积密度大，混合粒度磨料的堆积密度大于单一的粒度密度。

29. 什么是致密电熔刚玉？

致密电熔刚玉也称为低气孔率电熔刚玉，它是一种新型的高级耐火材料。主晶相以 $\alpha\text{-}Al_2O_3$ 为主，其氧化铝含量在 98% 以上。耐酸、碱，在高温下具有良好的耐磨性、抗侵蚀性及体积稳定性，广泛用于冶金、建材等行业。主要用作高炉出铁沟捣打料、浇注料、滑板、铁水预处理及炉外精炼用整体喷枪、连铸用到达塞棒及浸入式水口和各种刚玉砖等。由于纯氧化铝熔液 2200℃ 时比 $\alpha\text{-}Al_2O_3$ 晶体的密度（真密度）3.99g/cm³ 小，因而在结晶过程中产生收缩，从而产生气孔，其中气孔少的刚玉为致密刚玉。致密刚玉又分为两种：致密白刚玉（氧化铝基致密刚玉）和致密亚白刚玉（矾土基致密刚玉）。

30. 什么是板状刚玉？

是一种纯净的、不添加如 MgO、B_2O_3 等任何添加剂而烧成收缩彻底的烧结刚玉，具有结晶粗大、发育良好的 $\alpha\text{-}Al_2O_3$ 晶体结构。板片状晶体结构，气孔小且闭气孔较多而气孔率与电熔刚玉大体相当，纯度高，体积稳定性好，极小的重烧收缩。体积密度≥3.70g/cm³，Al_2O_3≥99%，Na_2O＜0.3%。板状刚玉是一种理想的耐火原料，具有良好的加热体积稳定性和良好的抗热震能力，既可以作为骨料应用在各种铝质耐火材料中，也可以添加到其他铝质不定形耐火材料中。凡是电熔刚玉或白刚玉应用的部位都可以用板状刚玉替代，并使耐火材料的性能得到改进。

31. 电熔刚玉的生产过程是怎样的？

电熔的生产过程是个还原熔融过程，目的是通过还原作用，去掉杂质成分中的 Fe_2O_3、

TiO_2 和 CaO 等，以得到完整的结晶体和致密结构组织。熔炼时用含碳物质（无烟煤、焦炭、石油焦等）作为还原剂。反应原理如下：

$$SiO_2 + C \longrightarrow Si + 2CO \qquad (2-30)$$
$$Fe_2O_3 \ (FeO) + C \longrightarrow 2Fe + 3CO \qquad (2-31)$$
$$Si + Fe \longrightarrow Si\text{-}Fe \text{ 合金} \qquad (2-32)$$
$$TiO_2 + 2C \longrightarrow Ti + 2CO \qquad (2-33)$$
$$TiO_2 + 2C \longrightarrow Ti_2O_3 + CO \qquad (2-34)$$
$$TiO_2 + 2C \longrightarrow TiO + CO \qquad (2-35)$$
$$CaO \longrightarrow CaO \cdot 6Al_2O_3, \ CaO \cdot Al_2O_3 \cdot 2SiO_2 \qquad (2-36)$$

被还原的铁、硅、钛等金属进入硅铁合金中，硅铁合金的密度比 Al_2O_3 大，沉于炉底，与 Al_2O_3 熔液分离。

在还原熔融过程中，部分 TiO_2 被还原成一些含钛矿物，如：$\gamma\text{-}TiO_2$、$m\text{-}TiO_2$、TiC 等，这些矿物在冷却到 400～600℃ 间时产生剧烈膨胀而使熔块出现裂纹，这是由于氧化物形成金红石所致。因此，可以在熔炼结束时，加入氧化物（轧钢皮），使已被还原的钛及其化合物氧化，以消除这种影响。

32. 什么是锆刚玉？

锆刚玉是以氧化铝、氧化锆为原料在电弧炉中经 2000℃ 以上高温冶炼而成的。锆刚玉根据 ZrO_2 的含量，一般有低锆刚玉（ZrO_2 10%～15%）、中锆刚玉（ZrO_2 25%）和高锆刚玉（ZrO_2 40%）。锆刚玉主晶相为 $\alpha\text{-}Al_2O_3$，次晶相为斜锆石，还存在少量玻璃相。

锆刚玉质地坚韧，结构致密，强度高，抗热震性好，一般呈灰褐色，而且锆刚玉耐熔体侵蚀性好。作为一种高级磨料，可制造高性能的重负荷砂轮，对钢件、铸铁件、耐热钢以及各种合金材料有很好的磨削作用。另外，锆刚玉还是一种高级耐火原料，是制作高性能的滑动水口及浸入式水口的理想材料，还可用于制作玻璃熔窑用锆刚玉砖。

33. 什么是碳化硅？

碳化硅的分子式为 SiC，含微量的 Al、Ca、Mg、Fe 等元素。碳化硅一般是用石英砂、石油焦（或煤焦）、木屑（生产绿色碳化硅时需要加食盐）等原料在电阻炉内经高温冶炼而成。目前我国工业生产的碳化硅分为黑色碳化硅和绿色碳化硅两种，均为六方晶体，相对密度为 3.20～3.25，显微硬度为 2840～3320kg/mm^2。

碳化硅具有高硬度、能导电、耐高温、强度大等性能，被广泛用于磨料、发热体、结构陶瓷和耐火材料。

34. 什么是镁砂？

镁砂是由菱镁矿、水镁矿或从海水中提取的氢氧化镁经高温煅烧而成，系菱镁矿等镁质原料经高温处理达到烧结程度的产物的统称。用竖窑、回转窑等高温设备一次煅烧或二步煅烧工艺，以天然菱镁矿为原料烧制的镁砂称为烧结镁砂；以菱镁矿等为原料经电弧炉熔炼达到熔融状态冷却后形成的镁砂称为电熔镁砂；从海水中提取氧化镁制成的镁砂称为海水镁砂。镁砂是耐火材料最重要的原料之一，用于制造各种镁砖、镁铝砖、捣打料、补炉料等。

含有杂质较多的，用于铺筑炼钢炉底等。

高纯镁砂是选用天然特级菱镁矿石浮选提纯经轻烧、细磨、压球、超高温油竖窑煅烧而成，是制砖、不定耐火材料的优质原料。

中档镁砂是以 MgO 含量为 97% 的轻烧氧化镁为原料，经压球、高温竖窑煅烧等工艺生产而成。产品烧结程度好，结晶致密，是生产中档镁质耐火制品的优质原料。

电熔镁砂是用精选的特 A 级天然菱镁石或高纯轻烧镁颗粒，在电弧炉中熔融制得。该产品具有纯度高、结晶粒大、结构致密、抗渣性强、热震稳定性好等优点，是一种优良的高温电气绝缘材料，也是制作高档镁砖、镁碳砖及不定形耐火材料的重要原料。

35. 镁砂如何分类？生产方式有哪几种？

镁砂分为烧结镁砂和电熔镁砂两大品种，又分为普通镁砂和优质镁砂两大品种；根据原料的不同又可分为镁石镁砂、海水镁砂和盐湖镁砂；根据用途不同又可分为制砖、不定形耐火材料用镁砂和炼炉底工作层、补炉或捣打炉衬用冶金镁砂。

镁砂的生产方法有烧结和电熔两种。

36. 什么是烧结镁砂？

将天然菱镁矿石或轻烧氧化镁粉在回转窑或竖窑中于 1500～2000℃ 温度范围内煅烧，使 MgO 通过晶体长大和致密变化，转变为几乎惰性的烧结镁砂，亦称重烧镁砂。烧结镁砂是镁质制品中的重要原料。

烧结镁砂的主要组成位于 $MgO-CaO-SiO_2$ 三元系统中。三元系中与 MgO 共存的矿物，随着 CaO/SiO_2 比的不同而改变，具体变化见 $MgO-CaO-SiO_2$ 三元系统。

37. 什么是电熔镁砂？

电熔镁砂是以纯净的天然镁石或轻烧氧化镁为原料，经过电弧炉的高温熔融，再经自然冷却得到的原料。在电熔过程中，熔融温度高、冷却时间长，方镁石晶体有充分时间发育。

38. 电熔镁砂与烧结镁砂有什么不同？

电熔镁砂与烧结镁砂相比，电熔镁砂具有结晶完善、晶粒粗大、结构致密的特点。例如，烧结镁砂中方镁石晶粒的尺寸为 60～200μm，普通电熔镁砂中方镁石晶粒的尺寸为 200～400μm，大晶粒电熔镁砂中方镁石晶体可达 1000～5000μm，甚至 10000μm 以上，因为这一特征使电熔镁砂具有比烧结镁砂更好的耐高温、抗侵蚀和抗蠕变性能，从而被广泛用于制造高中档碱性耐火材料。

39. 什么是再生镁砂？

再生镁砂，俗称黑镁砂，是对镁砂使用废料的回收加工技术，目的是节省生产成本，回收资源，充分利用资源。

利用废镁碳回收镁砂（镁砂再生）是一项节能减排、节省成本的新思路新技术，现在已经在生产中成功应用。通过特殊工艺方法使镁碳砖中的碳自燃，这个过程不需要燃料，燃烧后颗粒自然分解。回收的镁砂颗粒整体含量通常情况下在 92% 以上，镁碳砖一般使用的是电熔镁砂，虽然镁砂颗粒含量只达到了中档镁砂的水平，但其他的成分并非完全是杂质，而是含有铝镁碳中氧化铝和一部分残碳，做中包干式振动料，氧化铝的存在，在高温下可以生成尖晶石，因此明显提高了材料的性能。

再生镁砂产品系列一般分为：再生镁砂、再生镁砂细粉、再生镁砂骨料。在再生镁砂基础上提炼出 0～2mm、3～5mm、5～8mm 电熔镁砂颗粒，部分加入用于生产镁碳和铝镁碳砖等不烧产品，效果很好，经济效益显著。

40. 什么是轻烧氧化镁粉？

轻烧氧化镁粉又叫苛性苦土，活性镁砂，常常称为轻烧镁粉。是一种天然菱镁矿石、海水、盐湖中提取的镁 $[Mg(OH)_2]$，经过 700～1100℃ 温度下煅烧所获得的活性氧化镁。

轻烧氧化镁质地疏松，具有很高的比表面积，化学活性很大，常温下就易与水反应。水化物 $Mg(OH)_2$ 在空气中硬化。

轻烧氧化镁粉是一种具有中等碱度及化学活性的工业原料，除了用作耐火原料和胶凝材料外，还应用于制药工业、化学工业等领域。另外，随着转炉炼钢溅渣护炉技术的发展，进一步扩展了轻烧氧化镁的应用范围。

41. 衡量镁砂性能有哪几种方式？

衡量镁砂的性能可以从以下几点着手：

（1）镁砂的纯度。镁砂的纯度越高，性能越好。按照镁砂的纯度，可以将镁砂分为几大类，见表 2-10。

表 2-10　镁砂分类

档次	MgO/%
高档镁砂	98
中档镁砂	95～97
低档镁砂	95

（2）$n(CaO)/n(SiO_2)$ 比。一般要求 $n(CaO)/n(SiO_2)$ 比 $\leqslant 0.93$ 或者 $\geqslant 1.87$，只有在此范围内，镁砂才具有高熔点结合相。当 $n(CaO)/n(SiO_2)$ 比低时，硅酸盐包围氧化镁成膜或外壳；当 $n(CaO)/n(SiO_2)$ 比高时，硅酸盐成膜差，成孤立状，方镁石直接结合。

（3）体积密度。这是评判镁砂的烧结程度和致密度的一个指标。体积密度越高，说明烧结得越好，抗水化性能也越好。

（4）方镁石晶粒的大小。方镁石晶粒的大小主要取决于烧成温度和加热时间。方镁石晶粒尺寸增大，镁砂的抗水化性能相应提高。

42. 镁砂性能对耐火材料有什么影响？

镁砂性能分为化学性能与物理性能。镁砂的化学性能主要指镁砂是以方镁石 MgO 为主成分，方镁石是水泥熟料中的常见矿物之一，方镁石能够和水泥熟料中四种主要矿物 C_3S、C_2S、C_3A、C_4AF 共存。所以，方镁石对于水泥熟料具有极其良好的抗侵蚀性。

方镁石是等轴晶系矿物，可以与 FeO、NiO 及 MnO 形成完全固溶体。莫氏硬度 6，相对密度 3.58，熔点高达 2800℃，0～1000℃热膨胀系数为 $13.5 \times 10^{-6} K^{-1}$，100～1000℃的导热率为 3.39～4.19W/(m·K)。这些物理性质使得水泥回转窑中镁质耐火材料常常表现出下列现象：①方镁石熔点很高，因此使得许多的镁质耐火材料都具有相当好的耐高温性。②方镁石导热性很好，使用高 MgO 的耐火材料，又挂不上窑皮时，窑体表面温度升高。这时，不仅散热损失很大，而且还容易烧坏筒体。③方镁石热膨胀系数高，致使镁质耐火材料的抗热震性不足，使用中，镁质耐火材料常常发生剥落。

43. 生产镁砂的原料有哪些？

生产镁质耐火材料的主要原料是镁砂，镁砂是指具有一定颗粒组成的烧结镁石。它是由烧结镁石破碎而成的，烧结镁石可由菱镁矿煅烧得到。

此外，烧结镁石还可以从海水、盐湖卤水、白云石、蛇纹石以及水镁石中提炼。但是到目前为止，我国的烧结镁石主要仍然是通过煅烧天然菱镁矿得到的，盐湖提镁工程还在建设中。

我国电熔镁砂的生产，主要集中在辽宁和山东一带，均以菱镁矿为主。

44. 什么是菱镁矿？

菱镁矿是化学组成为 $MgCO_3$、晶体属三方晶系的碳酸盐矿物。常有铁、锰等替代镁，但天然菱镁矿的含铁量一般不高。1960 年，在中国发现的河西石是一种 Ni 含量高达 29.64％的菱镁矿变种。菱镁矿通常呈现晶粒状或隐晶质致密块状，后者又称为瓷状菱镁矿。菱镁矿的颜色为白或灰白色，含铁的呈黄至褐色，玻璃光泽。具完全的菱面体解理，瓷状菱镁矿则具贝壳状断口。莫氏硬度为 3.5～4.5，相对密度 2.9～3.1。

菱镁矿是一种碳酸镁矿物，理论组成（w％）：MgO 47.81，CO_2 52.19。$MgCO_3$-$FeCO_3$ 之间可形成完全类质同相，天然菱镁矿的 FeO 含量一般<8％。含 FeO 约 9％者称铁菱镁矿；更富含 Fe 者称菱铁镁矿；有时含 Mn、Ca、Ni、Si 等混入物，致密块状者常含有蛋白石、蛇纹石等杂质，它是镁的主要来源。含有镁的溶液作用于方解石后，会使方解石变成菱镁矿，因此菱镁矿也属于方解石族。富含镁的岩石也会变化成菱镁矿。如果呈现出晶体就是粒状，如果不显出晶体则是块状。菱镁矿除提炼镁外，还可用作耐火材料和制取镁的化合物。

45. 菱镁矿如何分类？

菱镁矿矿物的工业利用价值，是通过对自然界菱镁矿矿石的利用来实现的。因此，对菱镁矿矿石进行分类并确定工业指标十分重要。

按照矿物组合构造分类。把菱镁矿矿石的自然类型按照矿物组合及镁、钙、硅的构造形态可以划分为纯镁型、硅镁型和钙镁型。这种分类有利于矿体开采中对各品级菱镁矿赋存部位有较为准确的判定。

按照菱镁矿晶体结晶程度分类。由于成矿条件不同，菱镁矿晶体结晶程度也不尽相同，按照矿物晶体颗粒大小，可以分为细粒、中粒、粗粒和巨粒，如表 2-11 所示。这一分类对菱镁矿矿石分类进行高温热处理具有指导意义。

表 2-11　菱镁矿矿石按旱矿物晶粒大小分类

名　称	菱镁矿晶体粒级	晶体颗粒尺寸/mm
细粒菱镁矿矿石	细粒型	<5
中粒菱镁矿矿石	中粒型	$5\sim10$
粗粒菱镁矿矿石	粗粒型	$10\sim50$
巨粒菱镁矿矿石	巨粒型	>50

菱镁矿矿石的工业标准。在工业生产中，不同的使用目的对菱镁矿矿石的化学组成有着不同的要求，为科学、合理、经济地利用矿产资源，满足工业要求，国家相关部门制定了菱镁矿矿石的工业标准 YB/T 5208—2004《菱镁石》，为开发利用菱镁矿矿石资源提供了依据。

46. 菱镁矿如何提纯？

提高矿石主成分 MgO 含量，降低 SiO_2、CaO、Fe_2O_3、Al_2O_3 等有害杂质含量，是提高矿石品位，改善原料使用性能的前提条件。依据矿石中脉杂石的性质，可以分别采用手选、热选、浮选、磁选等方法，我国目前主要采用的是热选法、浮选法和手选法。

菱镁矿热选提纯原理是利用菱镁矿经过热处理后，主矿物的强度与易磨性不同的特点，在细磨中按照粒度分级实现提纯目的的。利用菱镁矿和杂质矿石受热的强度变化，将矿石轻烧（小于 1100℃），菱镁矿强度降低，变成易磨细的疏松状物料，而滑石等矿石的强度明显提高，不易磨细，形成粗粒，通过边细磨边风选的方法，可以将矿石中的高硅颗粒分离出去。

菱镁矿的浮选原理是利用矿物润湿性的差异。滑石不易被水润湿，属于疏水性矿物，极易浮起，而菱镁矿白云石表面离子键能强，易润湿，不易浮起。可以利用表面活性剂对矿物颗粒表面进行改性来改变其润湿性，实现分选的目的。

根据我国菱镁矿的矿物构成特性，事实证明，浮选除硅、铝效果明显，而除铁、钙效果有限。用浮选方法处理三级和级外矿时，不仅能得到高级菱镁矿精矿，而且级外矿的尾矿精选后还可以得到滑石精矿粉，实现资源的综合利用。

47. 菱镁矿煅烧过程是怎样的？

由于菱镁矿中除含有 MgO 外，还含有 Fe_2O_3、Al_2O_3、SiO_2 等杂质，因此可以通过煅烧促使菱镁矿分解，方镁石晶体长大。另外，在高温作用下，杂质氧化物之间或杂质氧化物与 MgO 相互作用形成新的矿物。

菱镁矿的煅烧大致要经过四个阶段：

（1）500℃时，菱镁矿晶粒出现裂纹。

（2）550℃时，菱镁矿颗粒周围出现均质的氧化镁向菱镁矿晶粒的内部深入。

（3）650℃时，菱镁矿消失，氧化镁局部呈现非均质性。

（4）1100℃时，在方镁石周围形成微小的镁铁矿包裹体，其颜色也因此变成褐色，温度继续升高直至 1400℃，基本无变化，只是方镁石褐色加深。

48. 海水镁砂的生产原理是怎样的？

海水镁砂的生产是利用 $Mg(OH)_2$ 的溶解度很小，易在海水中形成过饱和溶液，从而析

出 $Mg(OH)_2$，析出的 $Mg(OH)_2$ 经过高温煅烧即可得到海水镁砂。该过程的反应方程式如下：

$$CaMg(CO_3)_2 \longrightarrow CaO + MgO + CO_2 \uparrow \tag{2-37}$$

$$CaO + H_2O \longrightarrow Ca(OH)_2 \tag{2-38}$$

$$(MgCl_2, MgSO_4) + Ca(OH)_2 \longrightarrow Mg(OH)_2 \downarrow + (CaCl_2, CaSO_4) \tag{2-39}$$

$$Mg(OH)_2 \longrightarrow MgO + H_2O \tag{2-40}$$

目前主要采用海水-石灰法生产氢氧化镁。获得优质氢氧化镁的方法有：

（1）取出原料石灰石中的杂质。

（2）去除海水中的杂质以及碳酸成分。

（3）改善生成氢氧化镁的沉淀性和过滤性。

用贝肯巴哈竖窑等烧成的生石灰在旋转消石灰器中熟化成石灰乳，但是这种石灰乳的质量对生成的氢氧化镁质量有很大的影响，因此没有热分解而残留下来的碳酸钙和粗粒部分的杂质用离心式分离机等去除这种精制的石灰乳。

去除海水中 CO_2 成分的方法：第一是碱法，即加石灰乳，生产碳酸钙除去；第二是酸法，即添加酸作为碳酸气除去。酸性法去除 CO_2 成分的比率高（95%）。碱性法具有的优点是：当海水通过碳酸钙沉淀槽时，可同时降低 SiO_2 和 Al_2O_3 等杂质成分，CO_2 含量可降低到 10mg/kg 以下。

海水-石灰法所生成的氢氧化镁是浆液状，一次颗粒直径较小，为 $0.1\mu m$ 左右，其存在的问题是于浓缩机中的浓缩性、沉淀性、去除盐类以及过滤性不好。为此，通过氢氧化镁的晶种循环和添加凝结剂，使二次颗粒直径为 $2\sim3\mu m$，从而使问题得到解决。

镁砂的烧结工艺与菱镁矿的煅烧工艺相差不大。根据镁砂的质量可分为一级烧结法和二级烧结法。从海水镁砂工业开发之初到 1955 年，一直是将氢氧化镁块直接投入烧成炉进行烧结。投入氢氧化镁块料，为了提高烧结性，对添加矿化剂和高温烧成进行了研究。1955年开始采用将氢氧化镁块料干燥、加压成型后进行烧结的方法。随着氧化镁含量的提高，自 1957 年开始将氢氧化镁块轻烧，将所得氧化镁进行加压成型、烧结，以实现高密度化。轻烧时使用的高温窑炉多膛焙烧炉和回转窑；成型机使用的是压球机等高压成型机；烧成炉使用的是竖窑和回转窑。氧化镁含量 97% 以下的镁砂在 $1500\sim1800℃$ 进行烧结；98% 以上的高纯镁砂在 $1900\sim2100℃$ 进行烧结。

一般而言，每 300t 海水才能生产 1t 海水镁砂。

49. 什么是水镁石？

水镁石又叫氢氧镁石，化学式为 $Mg(OH)_2$。硬度 2.5。单晶体呈厚板状，常见者为片状集合体，有时成纤维状集合体，称为纤水镁石（nemalite）或水镁石石棉。水镁石还常形成方镁石的假象。

理论组成（w%）：MgO 69.12，H_2O 30.88。常有 Fe、Mn、Zn、Ni 等杂质以类质同相存在。其中 MnO 可达 18%，FeO 可达 10%，ZnO 可达 4%；可形成铁水镁石（$FeO \geqslant 10\%$）、锰水镁石（$MnO \geqslant 18\%$）、锌水镁石（$ZnO \geqslant 4\%$）、锰锌水镁石（MnO 18.11%，ZnO 3.67%）、镍水镁石（$NiO \geqslant 4\%$）等变种。

水镁石的可靠使用温度为 400℃。纤水镁石的导热系数为 $0.46W/(m \cdot K)$，松散纤维为

$0.131\sim0.213W/(m\cdot K)$（体积密度 $0.47g/cm^3$）。纤水镁石热膨胀性纵向为 $16.7\times10^{-7}/℃$，横向为 $8.8\times10^{-7}/℃$，且热膨胀行为基本上呈线性。纤水镁石还具有阻燃、抵抗明火和高温火焰的性质。纤水镁石分解温度为 $450℃$。纤水镁石是天然无机纤维中抗碱性最优者。但在强酸中可全部溶解，在草酸、柠檬酸、乙酸、混合酸、$Al(OH)_3$ 溶液中，均可以不同的速度溶解。在潮湿或多雨气候下，纤水镁石易受大气中的 CO_2、H_2O 侵蚀，故水镁石制品表面需有防水保护层。

水镁石矿石可分为球状型、块状型和纤维型三种主要类型。球状型，由方镁石水化而成，呈结核状产出，直径由数毫米至 20cm 以上，结核由隐晶质水镁石和极少量方解石、蛇纹石胶结，矿石质量好。块状型，为富镁岩石热液蚀变产物，矿石为结晶粒状的块状集合体，与蛇纹石、方解石、菱镁矿等共生，水镁石含量为 $30\%\sim40\%$。纤维型，呈脉状产于蛇纹岩中，纤水镁石含量一般为 $1\%\sim9\%$，夹石矿物为蛇纹石和磁铁矿，纤水镁石纯度很高。

提取 Mg 和 MgO 原料：以水镁石提取 Mg 和 MgO，矿石中的 MgO 含量高，杂质少；分解温度低，加热时产生的挥发分无毒无害，因而可从水镁石中提取 Mg 和 MgO 等产品。

重烧镁砂：主要用于生产镁质耐火材料。现代钢铁工业大量需用镁碳砖、镁铬砖等。这类 MgO 用量已超过其产量的 1/2。由水镁石制得的重烧镁砂具有高密度（$>3.55\ g/cm^3$）、高耐火度（$>2800℃$）、高化学惰性和高热震稳定性等优点。

轻质氧化镁：美、俄、加、英等国采用化学方法从低品位的水镁石岩中提取轻质 MgO。

电熔方镁石：为高技术电子产品要求的特纯品。以水镁石经电熔法炼制的方镁石集合体，具有高导热系数和良好的电绝缘性，产品寿命提高 $2\sim3$ 倍。

化学纯镁试剂：采用电热方法，可提取金属镁，制取 $MgCl_2$、$MgSO_4$、$Mg(NO_3)_2$ 等化学纯试剂。

补强材料：纤水镁石可在某些领域用作温石棉的代用品，用于微孔硅酸钙、硅钙板等中档保温材料中。基本配方是：硅藻土、石灰浆、水玻璃、纤水镁石。纤维含量为 $8\%\sim10\%$，产品白度高，外观美观，容重低。

阻燃剂：以聚丙烯为基体制作阻燃剂的试验表明，纤水镁石具有较好的阻燃效果，是理想的无毒、无烟、无污染、高温型阻燃剂。同时可起到填料的增强效果。

造纸填料：水镁石白度高，剥片性好，黏着力强，吸水性较差。将其与方解石配合用作造纸填料，可使造纸工艺由酸法改为碱法，并减小浆水的污染。

50. 稳定剂在生产镁质耐火制品时有什么作用？

镁质耐火材料中一般存在 C_2S，特别是镁钙系列耐火材料中 C_2S 含量更高。C_2S 晶体具有四种变体（α、β、α'、γ），当 C_2S 从 β 形式转化为 γ 形式时，体积增大 10%，晶体粉碎。这对含有 C_2S 的镁质耐火材料的生产和使用具有重要的影响，尤其是在 C_2S 含量较高的制品中，生产和使用都不可避免地发生粉化。为了避免 β-C_2S 转化成 γ-C_2S，可以在配料中加入适当的稳定剂，如 B_2O_3、P_2O_5 等，以防止晶型转变。

51. 什么是镁质材料中的硅酸盐相？

在镁质天然原料中，往往还含有 CaO、SiO_2 等杂质，故在镁质耐火材料中同方镁石共存的还有一些硅酸盐相，这些硅酸盐相可以在 MgO-CaO-SiO$_2$ 三元系统清楚地看出。

在 MgO-CaO-SiO$_2$ 三元系统中，当系统中的 $n(CaO)/n(SiO_2)$ 由 0 到 2 时，同方镁石共存的硅酸盐相为镁橄榄石（2MgO·SiO$_2$，简写为 M$_2$S）、钙镁橄榄石（CaO·MgO·SiO$_2$，简写为 CMS）、镁蔷薇辉石（3CaO·MgO·2SiO$_2$，简写为 C$_3$MS$_2$）和硅酸二钙（2CaO·SiO$_2$，简写为 C$_2$S）。其中，镁橄榄石的熔点较高，为 1890℃，M$_2$S-MgO 最低共熔温度为 1860℃；镁橄榄石在 1498℃ 即分解熔融，镁蔷薇辉石在 1575℃ 分解熔融；硅酸二钙熔点最高，为 2130℃，C$_2$S-MgO 共熔温度为 1800℃。当镁质制品由硅酸盐相结合时，制品出现的液相温度很低，远低于方镁石的熔点。

52. 什么是尖晶石？

尖晶石质耐火原料主要包括天然铬矿和以铬矿、菱镁矿、矾土或工业氧化铝为原料经过烧结或电熔法所制成的一类尖晶石族原料矿物。其通式为 AB$_2$O$_4$，A，B 分别代表 2 价和 3 价阳离子。狭义的尖晶石即镁铝尖晶石（MgAl$_2$O$_4$），只是这族矿物的一个典型代表。

53. 什么是镁铝尖晶石？

镁铝尖晶石（Magnesium aluminate spinel，简称 Spinel）的化学式为 MgAl$_2$O$_4$ 或 MgO·Al$_2$O$_3$，理论含 MgO28.3%，Al$_2$O$_3$71.7%。天然镁铝尖晶石极少发现，工业上应用的全部是人工合成产品。镁铝尖晶石具有良好的抗侵蚀能力，热震稳定性好。其最主要的用途：一是代替镁铬砂制造镁铝尖晶石砖用于水泥回转窑，不但避免了铬公害，而且具有极好的抗剥落性；二是用于制作钢包浇注料，大大提高钢包衬的抗侵蚀能力。其应用范围还在不断扩大，如镁铝尖晶石制品用于有色冶金、玻璃工业等。镁铝尖晶石是极具发展前景的高级耐火原料。

尖晶石是镁铝氧化物组成的矿物，因为含有镁、铁、锌、锰等元素，它们可分为很多种，如铝尖晶石、铁尖晶石、锌尖晶石、锰尖晶石、铬尖晶石等。由于含有不同的元素，不同的尖晶石可以有不同的颜色，如镁尖晶石在红、蓝、绿、褐或无色之间，锌尖晶石则为暗绿色，铁尖晶石为黑色等等。尖晶石呈坚硬的玻璃状八面体或颗粒和块体。它们出现在火成岩、花岗伟晶岩和变质石灰岩中。有些透明且颜色漂亮的尖晶石可作为宝石，有些作为含铁的磁性材料。用人工的方法已经可以造出 200 多个尖晶石品种。

54. 镁铝尖晶石的生产方法有哪几种？

合成镁铝尖晶石的方法主要有烧结法和电熔法。烧结法是指将氢氧化铝、烧结氧化铝等原料与碳酸镁、氢氧化镁等含镁原料，按照要求组成配料，共同细磨，压球（坯），于 1750℃ 以上的回转窑或竖窑中高温煅烧，即可得到烧结法合成的镁铝尖晶石，具体而言，可以分为一步法、一步半法和二步法。

一步法烧结合成菱镁矿＋铝矾土生料→干法共磨→成型→烧成→尖晶石熟料。

一步半法烧结合成轻烧镁粉＋铝矾土生料→干法共磨→成型→烧成→尖晶石熟料。

二步法烧结合成菱镁矿＋铝矾土生料→干法共磨→成型→轻烧（1300℃左右）→破碎→成型→烧成→尖晶石熟料。

另外，将压制的合成尖晶石生料球在 1200～1300℃ 的低温下煅烧，可以制得活性尖晶石，与烧结尖晶石不同，活性尖晶石中含有未反应的 $w(Al_2O_3)10\%\sim15\%$，$w(MgO)$ $5\%\sim10\%$。

烧结法合成的尖晶石，由于原料含有 SiO_2、CaO、Fe_2O_3 等杂质，所以合成砂中除含有 $MgAl_2O_4$ 外，常常含有 $MgSi_2O_4$、$CaMgSiO_4$ 等杂质矿物以及多余的 Al_2O_3 和 MgO。

电熔法合成镁铝尖晶石砂，可以选用各种纯度的含镁含铝原料。在合成尖晶石的原料中，$w(MgO)$ 含量一直在 $35\%\sim50\%$ 范围内选定。MgO 含量过高或过低都对合成砂的熔化不利，由于黏度高而使熔体难以浇注，而加入铬矿对熔体的熔化和浇注都有益。

配制的混合料可以在倾动式电炉或漩涡熔化炉中熔化。漩涡式熔化炉可以熔制各种配方的电熔尖晶石，它是将选定比例的混合料在该炉内加热到高于熔化温度 $150\sim250℃$（熔池的极限温度是 $2300℃$），所以可以熔制熔点不高于 $2150℃$ 的材料。电熔块的位置不同，其结构是不同的，一般在上部和周边的蜂窝形气孔较多，其中符合尖晶石理论组成的熔块气孔率最大，但是含有过量的 MgO 或加 Cr_2O_3 熔块的气孔率较低。因此，生产电熔尖晶石砂的关键是如何获得具有均匀结构的产品，同时适当排除气孔以减少产品的气孔率偏析。另外，加入 Cr_2O_3 还可以提高熔融材料的耐高温性能。

尖晶石熔块的尖晶石质量分数在 80% 以上，其余为硅酸盐和玻璃状物质。尖晶石熔块中，高于最低共熔点温度下结晶的无杂质尖晶石为一次尖晶石，而在低于最低共熔点温度下析出的尖晶石固溶体称为二次尖晶石。通常，二次尖晶石在熔块上部结晶，而一次尖晶石在熔块下部结晶。

无 Cr_2O_3 电熔尖晶石的晶格参数同正常尖晶石相近，加 Cr_2O_3 时则发现晶格明显畸变，表明 Cr_2O_3 按照置换型固溶体溶于尖晶石晶格中。

通过控制出炉体的冷却速度，可以制得结晶程度不同的电熔尖晶石。用结构缺陷较高的尖晶石生产镁尖晶石制品时，可以保证在烧成时具有所要求的烧结活性。

55. 合成镁铝尖晶石的主要途径是什么？

由于镁铝尖晶石的热膨胀系数小，因而以其为结合相的耐火制品热震稳定性相对较高。另外，由于尖晶石具有硬度大，化学稳定性好，熔点高等良好的性质，在高温下抵抗各种熔体侵蚀作用的能力非常强，所以在制品中由于尖晶石矿物的存在，改善了制品的高温性能。尽管尖晶石具有上述性质，但天然的镁铝尖晶石却很少，不能满足要求，因此近代一般采用人工合成的方法。

人工合成的镁铝尖晶石主要是采用 MgO 和 Al_2O_3 原料，以电熔法、烧结法或在煅烧过程中获得。

56. 什么是铁铝尖晶石？

铁铝尖晶石（FA）的化学式为 $FeO \cdot Al_2O_3$，其中 FeO 占 41.34%，Al_2O_3 占 58.66%，为等轴晶系黑色矿物，莫氏硬度 7.5，相对密度 4.39，$1750℃$ 时不一致熔融为含铁液相和刚玉。

铁铝尖晶石 FA 需严格控制成分、温度、气氛才能合成。方镁石 M-铁铝尖晶石砖也需要严格控制工艺条件才能制造。制砖时，铁铝尖晶石以细粉形式加入；烧成中，铁铝尖晶石和基质中的氧化镁反应：FA 中的 FeO 氧化扩散至镁砂中，形成 $MgO \cdot Fe_2O_3$ 或（Mg，

Fe）O·Fe_2O_3，以提高耐火材料的挂窑皮性；M中Mg^{2+}扩散进入FA，在FA的边缘形成MA，减缓了FA中FeO的进一步氧化，并提高耐火材料的抗热震性。不过，铁铝尖晶石的熔点较低，方镁石-铁铝尖晶石砖的$Fe_2O_3+Al_2O_3$含量又高达7％～11％，所以，铁铝尖晶石砖不耐烧蚀，必须维护好窑皮才能使这种材料获得足够的使用寿命。

57. 什么是镁铁尖晶石？

当方镁石与铁的氧化物在氧化气氛下，方镁石与Fe_2O_3在600℃即可形成铁酸镁（MgO·Fe_2O_3）。当温度提高到1200～1400℃，反应更加活跃，铁酸镁具有尖晶石类结构，故又称镁铁尖晶石。

铁酸镁是MgO-Fe_2O_3系统中的唯一二元化合物。其理论组成是$w(MgO)=20.1\%$，$w(Fe_2O_3)=79.9\%$。与其他尖晶石类晶体相同，均属于等轴晶系，其晶格常数为0.836nm。真密度较方镁石重，为4.20～4.49g/cm^3。热膨胀系数较高，但是较方镁石低，25～900℃为（12.7～12.8）$\times10^{-6}$/℃，在1713℃分解为镁方铁矿和液相。

铁酸镁在1000℃以上可以显著地固溶在方镁石中，使方镁石形成镁方铁矿。溶解量随温度升高而增大，接近1713℃时，最高可以熔解70％的Fe_2O_3。铁酸镁向方镁石的熔解，虽然可以使得方镁石出现液相和完全液化的温度降低，但是与方镁石熔解FeO的情况类似，影响不甚严重，方镁石吸收Fe_2O_3仍具有较高的耐火度。

当固溶铁酸镁的方镁石由高温向低温冷却时，所熔解的铁酸镁可以再从方镁石晶粒中以各向异性的枝状晶体或晶粒包裹体沉析出来。此种尖晶石沉析于晶体表面，多见于晶粒的解理、气孔和晶界处。通常称此种由晶体中沉析来的尖晶石为晶内尖晶石。如果温度再次升高，在冷却时沉析出来的晶内尖晶石，可能发生可逆熔解。如此温度循环，会发生熔解与沉析之间的可逆转化，并伴随有体积效应。

58. 什么是白云石？

白云石为制造镁钙耐火材料的主要原料。白云石为$CaCO_3$和$MgCO_3$的富盐，化学表达式为CaMg（CO_3）$_2$，含CaO 30.4％，MgO 21.7％，CO_2 47.9％。加热后，白云石中的$MgCO_3$在750℃左右分解；$CaCO_3$在950℃左右分解。白云石为三方晶系矿物，相对密度2.8～2.9，莫氏硬度3.5～4。

白云石矿床属于沉积型矿床，其成因又分为海相沉积白云石矿床和泻湖相沉积白云石矿床。其中海相沉积的白云石矿床规模巨大，矿石质量较高，如辽宁营口陈家堡矿床、河北遵化魏家井矿床、江苏南京幕府山矿床、湖南湘乡白云石矿床。泻湖相沉积的白云石矿床规模较小，矿石质量也较差。

我国白云石资源丰富，且多产于震旦纪的岩层中，如东北的辽河群、内蒙古的桑干群、福建的金瓯群中都有白云岩产出。其次，震旦-寒武纪中白云石矿床也比较广泛，如辽东半岛、冀东、内蒙古、山西、江苏等地也有大型矿床产出。石炭、二叠纪中的白云石矿床多分布于湖北、湖南、广西、贵州等地。

由于白云石组成含有47.9％的CO_2，它受热分解后，能使白云石产生极大的失重或收缩，而且各氧化物之间也要发生一系列的反应，因此必须先将白云石煅烧成性质和体积稳定、质地致密的烧结白云石熟料，才能用于制砖。

59. 白云石的烧结过程是怎样的？

白云石的烧结过程首先是随着温度升高，主晶相方钙石（CaO）、方镁石（MgO）晶格缺陷得到矫正，晶体发育长大。由于聚集再结晶致密度大大提高，当温度达到 1600℃时，气孔率从原来的 50%下降到 15%左右，体积密度达 3.3g/cm³。煅烧温度达到 2000℃以上时，密度可达 3.4～3.5g/cm³。同时二者的活性也都明显下降。白云石在 1700～1800℃温度下煅烧后，方钙石、方镁石晶粒尺寸增大，使体积温度、密度提高，一般可达 3.0～3.4g/cm³，具有抗水化能力。

其次，天然白云石煅烧过程中产生的杂质氧化物 SiO_2、Al_2O_3、Fe_2O_3 等和 CaO 反应，形成一系列含钙化合物，并随温度升高伴有液相产生，最终实现天然白云石在液相参与下的烧结。白云石在加热过程中的主要变化是：一、主体矿物分解；二、新生矿物的形成，晶体长大和烧结。白云石在加热过程中分解，逸出 CO_2。分解作用分两段进行，反应过程基本如下：

$$CaMg(CO_3)_2 \longrightarrow MgO + CaCO_3 + CO_2 \uparrow (730～760℃) \tag{2-41}$$

$$CaCO_3 \longrightarrow CaO + CO_2 \uparrow (880～940℃) \tag{2-42}$$

由于原料的化学组成、晶体结构和岩石构造上的差异，各种白云石之间的分解温度不完全一致。在 900～1000℃之间分解产物 CaO、MgO 呈游离态，晶格缺陷较多，发育不完全，结构疏松，密度较低，仅为 1.45g/cm³ 左右，气孔率较大（大于 50%），外观呈白色粉末，化学活性很高，在大气中极易水化。通常称这种产品为轻烧白云石或苛性白云石。

60. 白云石砂的制造工艺有哪几种？

白云石的制砂工艺分电熔制砂、一步烧砂、掺杂烧砂、二步烧砂（轻烧水化、轻烧压球）等。其中，最有工业价值的有一步法和二步法中的轻烧压球工艺。

一步法的关键需要寻找纯度适中、烧结性良好的白云石矿石，原德国吾尔发公司就是采用这一工艺。一步法烧砂工艺所用的白云石矿石应具有如下特征：①杂质总量为 0.6%～1.2%；②杂质分布均匀；③细晶粒结构；④熔剂物质 Al_2O_3 和 Fe_2O_3 的含量均≤0.2%。

二步法压球煅烧是将白云石轻烧、粉碎、细磨、成型后，再经高温煅烧制得致密原料。例如，将高纯白云石轻烧，在 200MPa 下等静压成型后，在 1600℃煅烧可获得体积密度大于 3.34g/cm³ 的熟料。

简而言之，制取镁钙砂的要点是提高原料的灼烧基密度，减少粒子半径，减少团聚和使杂质均匀分布。制取镁钙砂可以采用下述工艺：①采用易烧结原料，用一步法通过回转窑生产白云石砂；②采用二步法活化煅烧用隧道窑烧制镁白云石砂；③采用二步压球法生产镁白云石或白云石砂。

61. 白云石烧结的影响因素有哪些？

白云石的烧结程度取决于煅烧温度和烧结时间，也与其所含杂质的种类和数量相关联。为达到一定的体积密度，可以采用提高煅烧温度或者延长烧结时间的方法来实现。白云石中杂质含量高时，煅烧温度即使低一些也可以达到良好的烧结，但是高杂质含量会影响原料的纯度。

添加物可以降低白云石的烧结温度。例如加入 3‰的铁磷，可以使白云石的烧结温度下降 150～200℃。

天然白云石的结晶状态对烧结程度也有重要影响，在原矿物组成接近时，粗晶白云石较细晶白云石难烧结。

62. 白云石砂有什么性质？

白云石砂又叫烧结白云石。烧结白云石的性质可以通过其化学组成和烧结程度来评价。白云石的化学组成与其制品的性能有密切关系，其中 $w(CaO)/w(MgO)$ 比在 （40～20）/（60～80）范围内能获得较好的使用效果。化学组成对制品性能的影响主要表现在以下几个方面：

（1）杂质的种类，杂质中形成低熔点矿物相组分和数量增多，其本身的自熔性增强，耐高温和抗侵蚀性变差。

（2）杂质数量低，低熔点矿物相组分含量少，烧结白云石时结构中可以实现 CaO-CaO、MgO-MgO 和 CaO-MgO 晶粒之间的直接结合，提高其制成品的高温强度，减少炉渣侵蚀和渗透能力，提高其使用寿命。

在白云石中，Al_2O_3、Fe_2O_3 是最有害的杂质成分，它们基本都形成低熔点的矿相，尤其是 Al_2O_3。当然，这些低熔点矿物质在游离 CaO 表面形成保护膜可以提高烧结白云石的抗水化能力。

63. 什么是轻烧？

轻烧是指在较低温度下焙烧耐火原料，使其完成一部分物理化学反应并使原料活化的一种工艺方法。

轻烧温度根据材料在热处理过程中可能发生分解和挥发的状况以及工艺要求而定。对于已确定的物料有一最佳的轻烧温度，轻烧温度过高会使结晶程度增高，粒度变大，比表面积和活性下降，轻烧温度过低则可能有残留的未分解的母盐而妨碍烧结。

轻烧产品中晶格缺陷较多，晶粒之间的结合较差，孔隙较多，强度低，化学活性较高，一般不宜直接用来制砖。

用焦油沥青或其他有机物作结合剂的耐火制品在进行浸渍处理前，先进行轻烧。耐火制品二步煅烧的第一步往往就是轻烧。

64. 什么是二步煅烧？

将原料的烧结过程分两步进行。即首先将原料在较低的温度下轻烧，制成坯体或团块，再采用高温使其烧结，从而制成高致密熟料。

65. 什么是活化烧结？

活化烧结是指将原料充分细磨（一般小于 $10\mu m$）后在较低的温度下烧结，制备成熟料的方法。用活化烧结法制备的熟料来生产制品，其产品具有体积密度高，气孔率低，经过长时间保温残余收缩小等特点，因而，在高温状态使用，其稳定性好。

值得一提的是，采用活化烧结，其工艺与设备相对要复杂些，例如要求有高效率的振动磨，温差小、温度高的隧道窑等。

66. 什么是轻烧白云石和死烧白云石？

白云石原料在1000℃以下反应得到的产物为轻烧白云石，又叫苛性白云石。轻烧白云石的密度很低，只有1.45左右，机械强度很小，气孔率和化学活性较高，极易吸水潮解，生产$Ca(OH)_2$和$Mg(OH)_2$，使颗粒粉化，故而不能直接用作制砖原料。它主要是海水镁砂生产过程中作为制取海水氢氧化镁的碱性反应剂。

当白云石经过1700～1800℃煅烧后，石灰、方镁石的晶体尺寸达到较大值，而且体积稳定，具有抗水化性，不含或含有少量的游离CaO，体积密度达到3.0～3.4g/cm³时，就叫死烧白云石。

烧结白云石的主晶相是石灰和方镁石，它们均是高熔点矿物的化合物，二者的含量加起来有90%～97%，其中，石灰占25%～60%，方镁石占30%～65%或大于65%，低熔点矿物为C_4AF和C_3A，总量为5%～15%，优质白云石在5%以下。

67. 死烧白云石如何制备？

死烧白云石的制取有两个途径：一是将天然白云石直接在高温煅烧窑内煅烧，即一步烧成法；二是将轻烧白云石经粉碎和高压成球后再经过高温煅烧，即二步煅烧法。二步煅烧法比一步煅烧法的烧结温度可以下降150～200℃。例如，原矿白云石压球料在1850～1920℃的烧结程度，如果使用由800～1200℃轻烧的原料制取的白云石压球料，在1600～1800℃就可以达到同样的烧结状态。

68. 什么是合成镁白云石砂？

合成镁白云石砂是在充分分析白云石化学组成$CaO\text{-}Fe_2O_3\text{-}Al_2O_3\text{-}SiO_2$五元系高温下的相互关系与熔融关系的基础上，针对各矿物相的特点和制造与使用中的作用，通过优化原料，人工控制其组成与结构而开发的一种白云石砂。实践表明，合成镁白云石砂与普通白云石砂相比，具有许多优越性。

由于天然白云石往往含有SiO_2、Al_2O_3和Fe_2O_3等杂质，当白云石分解后，随着温度的提高，将与CaO、MgO反应生成低熔点的化合物，而采用优质菱镁矿与石灰石合成镁质白云石砂，就可以避免上述反应发生，制出性能更好的制品。

合成镁质白云石砂一般是分两步煅烧制得的。第一步是将优质菱镁矿、石灰石原料在1000℃以下低温轻烧，经轻烧后得到活性的CaO、MgO，然后消化CaO，再将石灰和轻烧镁石按照要求的MgO/CaO（一般按照MgO/CaO=75/20）进行配料，共同细磨，陈化，混合成型，干燥，再经过高温煅烧，即可获得合成镁白云石砂。

69. 影响镁白云石砂显微结构的因素有哪些？

影响镁白云石砂显微结构的主要因素有杂质成分和温度。杂质成分少，纯度高，有利于形成MgO-MgO的直接结合，反之亦然。在各种杂质成分中Fe_2O_3与Al_2O_3能与CaO、MgO形成低熔点熔物或连续固溶体，能活化晶格，增加晶格缺陷，促进方镁石的结晶长大和物料的烧结。所以，少量Fe_2O_3和Al_2O_3的存在是有益的，尤其是少量Fe_2O_3的存在应视为有益组成。至于 SiO_2 在 $MgO-CaO-SiO_2$ 系统中，除生产方镁石外，由于合成镁质白云石砂中的 CaO 很高，导致了高的 CaO/SiO_2，而且原料粒度细小，均匀性好，反应产物主要是 C_3S，少量的 C_2S。虽然 C_3S 熔点高，有利于制品的高温性能，但是 SiO_2 的存在使液相的黏度高，对提高制品直接结合程度和改善高温强度不利。

至于温度，尽可能高的烧成温度有利于提高制品的直接结合程度。同时，为使反应完全，还需要在高温阶段保温一段时间。

70. 合成镁白云石砂的性能是什么？

（1）合成镁白云石砂化学纯度高，MgO/CaO 合理（通常控制在 75/20），矿物组成更加理想。主晶相方镁石和方钙石的含量都在 90％以上，纯度高者在 95％以上。而基质中以高熔点的 C_3S 为主，低熔点的 C_4AF 和 C_2F 含量较少。

（2）显微结构好。由于合成砂原料经过轻烧充分混合细磨和高温煅烧，使得方镁石、方钙石结晶发育良好，方镁石晶粒之间直接结合程度高，连成网络，方钙石充分分布在方镁石基底之中，均匀填充在方镁石晶间空隙之中，为其所包围。基质相 C_3S 粒状或不规则晶体多是聚集出现。少量 C_4AF 和 C_2F 分布在上述晶体之间。呈现不规则孤立状。

（3）耐高温、高温强度高和抗水化性能好。这主要是由其显微结构决定的。

71. 什么是铬铁矿？

铬铁矿的一般化学式为 $(Mg, Fe)(Cr, Al, Fe)_2O_3$。该类矿物的 R_2O_3 中广泛存在 Cr_2O_3、Al_2O_3、Fe_2O_3 之间的替换，RO 之间广泛存在 FeO、MgO 之间的替换。主要的矿物有纯铬铁矿 $FeCr_2O_4$、镁铬铁矿$(Mg, Fe)Cr_2O_4$、铝铬铁矿 $Fe(Cr, Al)O_4$ 和铁富铬尖晶石$(Mg, Fe)(Cr, Al)_2O_4$。在各种铬铁矿中，Cr_2O_3 的含量为 18％～62％，FeO 为 0～18％，MgO 为 6％～16％，Al_2O_3 为 0～33％，Fe_2O_3 为 2％～30％。此外，铬铁矿还含少量≤2％的 TiO_2，≤1％的 MnO 和≤0.2％的 V_2O_5。铬铁矿为等轴晶系矿物，相对密度 4.0～4.8，硬度 5.5～5.7。

铬铁矿是工业用铬的唯一矿物原料。铬铁矿主要用于提纯铬金属，用来生产各种含铬合金。品质稍次的铬铁矿用于耐火材料行业，主要用来提高镁质耐火材料的耐高温、抗侵蚀、耐热震性能。

世界铬铁矿储量充足，铬铁矿的储量基础为 68 亿吨，但是铬铁矿主要集中分布在南非、津巴布韦、独联体、印度、芬兰、巴西、土耳其和菲律宾等国和地区。其中，南非占有世界储量的 68.5％，津巴布韦占有 10.1％，独联体占 9.2％，印度占 4.2％，芬兰占 2.1％。但是，中国铬铁矿的储量只占世界总储量的 0.7％。

我国铬铁矿资源主要位于西藏、内蒙古、新疆和甘肃，上述四省区铬铁矿石储量合计占全国总储量的 85％左右。我国铬铁矿床规模较小，目前尚未发现有储量大于 500 万吨的大型矿床，即使资源储量超过 100 万吨的中型矿床也只有 4 个，其余均为资源储量在 100 万吨以下的小型矿床，矿山位于边远地区，运输线长，交通不便，开发利用条件不佳。目前，我国每年需要大约使用 300 万吨铬铁矿石，其中 94％需要进口。

72. 什么是镁铬砂？

镁铬砂是用天然镁质原料如菱镁矿、轻烧镁粉与铬铁矿，按设计要求进行配合、细磨、压球、煅烧或经过电熔得到的以镁铬尖晶石为主成分的原料。

制造烧结镁铬砂时,将轻烧镁粉和精选铬矿按设计要求配比,经过进一步磨细、压球后,在氧化性气氛下经 $1700\sim1900℃$ 煅烧,制得煅烧镁铬砂。电熔镁铬砂以轻烧镁粉和精选铬矿为原料,经配合、熔融后制成。电熔镁铬砂结晶完善、组织致密、气孔率低、直接结合程度高。因此,熔铸再结合镁铬砖具有极好的耐侵蚀性,被广泛用于侵蚀十分苛刻的场合。但是,熔铸再结合镁铬砖的抗热震性能次于由镁砂和铬铁矿制得的直接结合镁铬砖。

73. 铬矿中的铁离子对制品性能有什么影响?

铬矿中的铁虽然能以 Fe^{2+} 和 Fe^{3+} 两种形式存在,然而 FeO 却是普遍存在的形式。含铁量高的铬矿加热到适当温度时迅速氧化得到过量的 R_2O_3。在铬镁砖中,Fe 开始氧化,随后当窑内氧分压在更高的温度下降时,就发生还原,三氧化二铁固溶体的这种还原引起了很大的体积膨胀,从而生成易碎的多孔砖。而且铁的氧化物含量一定时,还原产生的体积增加随着 Cr_2O_3 含量的提高而加大,随着 Al_2O_3 的提高而减小。

74. 铬矿的化学矿物组成对制品性能有什么影响?

铬矿或者铬铁矿是一种在化学和物理性质方面变化很大的矿物。它通常含有两种成分:铬晶粒和脉石矿物。其特征是脉石包围着铬晶粒,并占据着它们当中的缝隙。脉石通常为镁的硅酸盐,如蛇纹岩、橄榄石等。MgO/SiO_2 一般小于 2,铬矿中的含镁硅酸盐能显著降低制品的耐火性能,在使用过程中吸收铁的氧化物生产低熔点的铁橄榄石。因此,可以适当加入氧化镁,把蛇纹岩转化为耐火度较高的镁橄榄石来改善制品的性能。

75. 烧结法合成镁铬砂有什么要求?

制造合成镁铬砂用原料有菱镁石、海水镁砂或轻烧镁砂及铬矿精石。选择含镁原料要求 MgO 含量高,SiO_2、Al_2O_3、Fe_2O_3 等杂质含量要低。铬矿要精选,$w(SiO_2)$ 含量要控制在 2.5% 以内。合成镁铬砂的质量与选用的初始原料纯度、配比、细磨粒度、压球密度、煅烧温度等因素有关。

76. 电熔法如何合成镁铬砂?

电熔法合成镁铬砂是指将含镁原料与铬铁矿按照要求配料,在电弧炉内熔炼而成。生成中按照原料的特点,其配料方式有:将菱镁矿和铬铁矿块料直接混入炉内;轻烧镁砂和铬铁矿细粒,以卤水为结合剂,混合压制成球(坯),经过干燥后入炉;轻烧镁砂与铬铁矿混合均匀后直接入炉。

77. 什么是铬铁矿尖晶石?

铬铁矿尖晶石是指组成铬矿颗粒的具有通式 AB_2O_4 的一组尖晶石固溶体。在这个固溶体中由于 2 价、3 价阳离子的不同,各尖晶石组分的性质不尽相同,因此,铬矿的性质在很大程度上取决于它们之间的组合和分布特征。

组成铬铁矿尖晶石固溶体的尖晶石有 6 种典型的结构。这 6 种尖晶石常温下均为立方晶系,Fd3m 空间群。晶格的单位晶胞为 $A_8B_{16}O_{32}$。每个晶胞内共有 96 个阳离子位置,其中只有 24 个位置被占据。2 价阳离子 A^{2+} 只是占据四面体空隙的 1/8，3 价阳离子 B^{3+} 占据八面体空隙的 1/2。24 个阳离子和 32 个 O^{2-} 离子组成的面心立方晶胞，晶胞常数为 a_0。这六种可以任意比例互溶。在 6 种铬铁矿的尖晶石固溶体中，任何一种都没有阳离子的有序性。

78. 什么是耐热钢纤维？

耐热钢纤维可分为 330、310、304、446 和 430 五个牌号，其物理、力学、热腐蚀性能见表 2-12。

表 2-12　耐热不锈钢纤维的物理、力学、热腐蚀性能对比

性能 ＼ 牌号	330	310	304	446	430
熔点范围/℃	1400～1425	1400～1450	1400～1425	1425～1510	1425～1510
870℃时的弹性模量/GPa	13.4	12.4	12.4	9.65	8.27
870℃时的抗拉强度/MPa	193	152	124	52.7	46.9
870℃时的热线胀系数/%	17.64	18.58	20.16	13.14	13.68
500℃时的热传导/[W/(m·K)]	21.6	18.7	21.5	24.4	26.3
室温下的比重	8.0	8.0	8.0	7.5	7.8
982℃循环氧化 1000h 后的质量损失/%	18	13	70 (100h)	4	70 (100h)
空气中的激剧循环态氧化温度/℃，连续态	1035 1150	1035 1050	870 982	1175 1095	870 815
H_2S 中的腐蚀率/%	—	100	200	100	200
SO_2 中推广的最高使用温度/℃	—	1050	800	1025	800
825℃天然气中腐蚀率/%	—	3	—	4	12
982℃焦炉煤气中的腐蚀率/%	75	25	225	14	236
525℃无水氨中氮化率/%	20	55	80	175	<304♯ >446♯
454℃ H_2 腐蚀率/%	—	2.3	4.8	8.7	21.9
982℃，25h，10 次循环，固体碳化后，合金增碳量/%	0.08	0.02	1.40	0.07	1.03

79. 什么是 446♯ 钢纤维？

446♯ 是钢纤维的一种牌号，除 446 之外，以 4 字开头的还有 430 等；凡是以 4 字开头的钢纤维，都是不锈钢纤维，因为它们有一个共同的特点，就是含有铬（Cr）。

不锈钢纤维是采用最新冶金工艺——熔体快淬法，将耐热不锈钢熔体一次抽取而成，它与通常冶金工艺的钢纤维相比，具有以下优点：

（1）工艺流程短，价格便宜。

（2）快淬工艺使钢纤维具有微晶结构，强度和韧性高。

（3）纤维的横截面呈不规则月牙形，表面自然粗糙，与耐火料基体结合力强。

（4）有良好的高温强度和高温耐腐蚀性。

4 字头钢纤维都含有耐蚀性贵金属铬（Cr），因为 Cr 的强耐蚀性，所以被广泛用于冶金行业、耐材行业、化工行业。具体来说就是被钢厂、冶金厂和化工厂广泛使用。比如钢厂的钢水槽、电极，冶金厂的炉壁、炉门、炉顶封盖等。

80. 什么是波化微珠？

玻化轻质空心微珠是唯一可使多种行业的产品提高质量降低成本的多功能、珍贵的填充物质。玻化轻质空心微珠外观为白色或浅白色，松散，流动性好，在显微镜下观察为具有银白色光泽的球体，中空，有坚硬的外壳。

（1）空心球体。微珠为颗粒直径 $50\sim500\mu m$ 的中空圆形微球，其流动性极好，是填充材料的首选。

（2）空心微珠具有低堆积密度，在 $0.1\sim0.3g/cm^3$ 之间。作为聚合物填充材料，较其他矿物性填充品用量少得多，装载质量小，节省聚合物用量，因此可降低产品成本。

（3）低价格。基于空心微珠很小的堆积密度，与其他填充材料相比，以同样质量装载于聚合物中，生产成本降低，价格较人工玻璃珠便宜至少 2/3，较国外同类产品价格便宜 4/5。

（4）空心微珠强度高。由于其坚硬的外壳，可承受 $0.5\sim5MPa$ 的压缩强度。

（5）低的热传导系数。导热系数在 $0.036\sim0.054W/(m \cdot K)$，空心微珠可用于隔热材料和绝热材料。

（6）隔声。空心微珠能阻隔和吸收声音，可用于隔声材料。

（7）耐酸碱。空心微珠主要成分是 SiO_2 和 Al_2O_3，在各种溶剂、酸、碱、盐中性质稳定。

（8）电绝缘性。空心微珠良好的电绝缘性，作为填充材料可用于各种电气开关设备和绝缘材料。

（9）热稳定性好。热稳定性超过 $1280℃$，尤其适用于耐火、防火、阻燃材料。

（10）阻燃。空心微珠为无机金属氧化物，熔点大于 $1450℃$，高温下不分解，不易变形，作为聚合物填充材料可提高聚合物的阻燃特性，用于建筑材料和油漆涂料行业中。

（11）低吸水率。

（12）低收缩率。空心微珠是当今可满足填充材料行业需要的少数几个低收缩率填充材料之一，当大比例装载于聚合物中时，这个问题尤为重要。

81. 什么是珍珠岩？

珍珠岩是一种火山喷发的酸性熔岩，经急剧冷却而成的玻璃质岩石，因其具有珍珠裂隙结构而得名。珍珠岩矿包括珍珠岩、黑曜岩和松脂岩。受热后，这些岩石的体积可膨胀数倍到数十倍，适于制作超轻质材料。一般珍珠岩的化学成分为：SiO_2 68%～74%，Al_2O_3 约12%，Fe_2O_3 0.5%～3.6%，MgO 约 0.3%，CaO 0.7%～7%，K_2O 约 2%～3%，Na_2O 4%～5%，H_2O 2.3%～6.4%。其中，含水量高、含铁低、玻璃质纯净度较高的矿石，膨胀倍数大。我国主要使用珍珠岩、松脂岩生产膨胀珍珠岩。三者的区别在于珍珠岩具有因冷凝作用形成的圆弧形裂纹，称珍珠岩结构，含水量 2%～6%；松脂岩具有独特的松脂光泽，含水量 6%～10%；黑曜岩具有玻璃光泽与贝壳状断口，含水量一般小于 2%。

膨胀珍珠岩的生产工艺分为破碎、筛分、预热、焙烧等几步。其中，破碎的作用是使矿石满足焙烧的要求，以达到最大的膨胀。筛分的作用是保持焙烧时矿石粒度均匀，防止矿石在破碎时被过粉碎。预热的作用是排除裂隙水，将结合水控制在 $2\%\sim4\%$ 的范围，预热温度为 $400\sim450℃$，保温时间 8min。焙烧在瞬间将珍珠岩加热到 $1250\sim1300℃$，保持 $2\sim3s$，以便珍珠岩料粒产生最大的膨胀。珍珠岩原砂经细粉碎和超细粉碎，可用于橡塑制品、颜料、油漆、油墨、合成玻璃、隔热胶木及一些机械构件和设备中作填充料。

珍珠岩经膨胀而成为一种轻质、多功能新型材料。具有表观密度轻、导热系数低、化学稳定性好、使用温度范围广、吸湿能力小，且无毒、无味、防火、吸声等特点，广泛应用于多种工业部门。

珍珠岩的安全使用温度一般为 800℃。

82. 什么是球形闭孔珍珠岩？

传统的珍珠岩生产中，预热后的矿砂直接与火焰相接触。由于温度高（1400℃左右），矿砂受热快，加热不均匀，膨胀温度下滞留时间较短、滞留时间又不易控制等原因，矿砂颗粒受热后，其表面迅速软化，内部的结合水骤然蒸发，水蒸气冲破表面的软化层，使膨胀颗粒具有大量的开放性气孔，从而致使使用膨胀珍珠岩的材料吸水多、强度低、收缩大，大为影响所制隔热产品的性能。

闭孔珍珠岩采用电炉膨化，矿砂以一定速度从炉顶下落，炉壁四周布置有电加热元件和测温热电偶，按预定速度进行加热，这样，矿粒在膨胀前，表面有一较长的塑变软化期，矿粒膨胀温区的滞留时间较长（$5\sim20s$），当内部水分蒸发后，表面熔融，将气孔封闭，使珍珠岩内部保持空心状态。

83. 什么是陶粒？

陶粒，顾名思义，就是陶质的颗粒。陶粒的外观特征大部分呈圆形或椭圆形球体，但也有一些仿碎石陶粒不是圆形或椭圆形球体，而呈不规则碎石状。陶粒形状因工艺不同而各异。它的表面是一层坚硬的外壳，这层外壳呈陶质或釉质，具有隔水保气作用，并且赋予陶粒较高的强度。陶粒的外观颜色因所采用的原料和工艺不同而各异。焙烧陶粒的颜色大多为暗红色、赭红色，也有一些特殊品种为灰黄色、灰黑色、灰白色、青灰色等。

陶粒的粒径一般为 $5\sim20mm$，最大的粒径为 25mm。陶粒一般用来取代混凝土中的碎石和卵石。

因为生产陶粒的原料很多，陶粒的品种也很多，因而颜色也就很多。免烧陶粒因所用固体废弃物不同，颜色各异，一般为灰黑色，表面没有光泽度，不如焙烧陶粒光滑。

轻质性是陶粒许多优良性能中最重要的一点，也是它能够取代重质砂石的主要原因。陶粒的内部结构特征呈细密蜂窝状微孔，这些微孔都是封闭型的，而不是连通型的。这是由于气体被包裹进壳内而形成的，这是陶粒质轻的主要原因。

陶粒的细小颗粒部分称为陶砂。在陶粒中有许多小于5mm的细颗粒，在生产中用筛分机将这部分细小颗粒筛分出来，习惯上称之为陶砂。陶砂的密度略高，化学和热稳定性好，主要品种有黏土陶砂、页岩陶砂和粉煤灰陶砂等。陶砂主要用于代替天然河砂或山砂配制轻骨料混凝土、轻质砂浆，也可作耐酸、耐热混凝土细骨料，使用陶砂的目的也是为降低建筑物自重。陶砂也可用于无土栽培和工业过滤。

陶粒具有以下特性：

（1）密度小、质轻。陶粒自身的堆积密度小于 1100kg/m³，一般为 300～900kg/m³。陶粒的最大特点是外表坚硬，而内部有许许多多的微孔，这些微孔赋予陶粒质轻的特性。

（2）保温、隔热。陶粒由于内部多孔，故具有良好的保温隔热性，用它配制的混凝土导热系数一般为 0.3～0.8W/（m·K），比普通混凝土低 1/2 倍。

（3）耐火性优异。普通粉煤灰陶粒混凝土或粉煤灰陶粒砌块集保温、抗震、抗冻、耐火等性能于一体，特别是耐火性是普通混凝土的 4 倍多。对相同的耐火周期，陶粒混凝土的板材厚度比普通混凝土薄 20%。此外，粉煤灰陶粒还可以配制耐火度 1200℃ 以下的耐火混凝土。在 650℃ 的高温下，陶粒混凝土能维持常温下强度的 85%。而普通混凝土只能维持常温下强度的 35%～75%。

按照原料的种类，陶粒可以分为以下几种类型：

（1）粉煤灰陶粒。以固体废弃物为主要原料，加入一定量的胶结料和水，经加工成球，烧结烧胀或自然养护而成，粒径在 5mm 以上的轻粗骨料，简称粉煤灰陶粒。

（2）黏土陶粒。以黏土、亚黏土等为主要原料，经加工制粒，烧胀而成的，粒径在 5mm 以上的轻粗骨料，称为黏土陶粒。

（3）页岩陶粒。又称膨胀页岩。以黏土质页岩、板岩等经破碎、筛分，或粉磨后成球，烧胀而成的粒径在 5mm 以上的轻粗骨料为页岩陶粒。页岩陶粒按工艺方法分为：经破碎、筛分、烧胀而成的普通型页岩陶粒；经粉磨、成球、烧胀而成的圆球形页岩陶粒。

粉煤灰陶粒、黏土陶粒、页岩陶粒适用于保温用的、结构保温用的轻骨料混凝土，也可用于结构用的轻骨料混凝土。目前页岩陶粒的主要用途是生产轻骨料混凝土小型空心砌块和轻质隔墙板。

（4）垃圾陶粒。随着城市不断发展壮大，城市的垃圾越来越多，处理城市垃圾，成为一个日益突出的问题。垃圾陶粒是将城市生活垃圾处理后，经造粒、焙烧生产出烧结陶粒，或将垃圾烧渣加入水泥造粒，自然养护，生产出免烧垃圾陶粒。垃圾陶粒具有原料充足、成本低、能耗少、质轻高强等特点。垃圾陶粒除了可制成墙板、砌块、砖等新型墙体材料外，还可用于保温隔热、楼板、轻质混凝土、水处理净化等，具有广阔的市场。

（5）煤矸石陶粒。煤矸石是采煤过程中排出的含碳量较少的黑色废石，是我国排放量最大的固体废弃物，其排放与堆积不仅占用大量耕地，同时对地表、大气造成了很大污染。煤矸石的化学成分与黏土比较相似，煤矸石含有较高的碳及硫，烧失量较大。只有在一定温度范围内才能产生足够数量黏度适宜的熔融物质，具有膨胀性能。根据它的特点，我国已研制出煤矸石陶粒。

（6）生物污泥陶粒。污水处理厂处理完污水后产生大量的生物污泥，有的制成农用肥，有的直接用于绿化，也有的排放到海里或者焚烧，这样会造成二次生态环境污染。目前，以生物污泥为主要原材料，采用烘干、磨碎、成球、烧结制成的陶粒，称为污水处理生物污泥陶粒。用生物污泥代替部分黏土来烧制陶粒既节省黏土，又保护农田，也起到了一定的环保作用。

（7）河底泥陶粒。大量的江河湖水经过多年的沉积形成了很多泥沙，利用河底泥替代黏土，经挖泥、自然干燥、生料成球、预热、焙烧、冷却制成的陶粒称为河底泥陶粒。利用河底泥制造陶粒，不但会减少建材制造业与农业用地争土，而且还为河底泥找到了合理出路，

解决了河底泥的二次污染问题，达到了废弃物资源化利用的目的。

84. 陶粒的主要性质有哪些?

陶粒是一种在回转窑中经发泡生产的轻骨料，它具有球状的外形，表面光滑而坚硬，内部呈蜂窝状，有密度小、导热低、强度高的特点，在耐火材料行业，陶粒主要用作隔热耐火材料的骨料。

陶粒分为黏土陶粒、页岩陶粒、粉煤灰陶粒和煤矸石陶粒。耐火材料主要使用页岩陶粒，其化学成分为 SiO_2 58%～62%，Fe_2O_3 7%～8%，Al_2O_3 19%～22%。物理性能：堆积密度 $400～510kg/m^3$，筒压强度 2.5MPa，耐火度 1290℃，粒度 10～5mm、5～3mm、3～1mm、1.2～0.3mm。

85. 如何制造陶粒?

陶粒的生产包括原材料处理、配料、成型、预烧、焙烧、冷却和筛分等过程。其中，最为重要的是焙烧过程。焙烧过程中，料球软化并具有一定的黏度，料球中的发泡物质产生气体，促使料球膨胀，随后冷却形成多孔轻质料。

陶粒中的熔质物质为 SiO_2、Al_2O_3，熔剂物质为 CaO、MgO、Fe_2O_3、K_2O、Na_2O 等。熔质物质含量越低，需要焙烧温度越低。但比值过小时，液相黏度太小，膨胀气体易溢出，对发泡不利。熔质与熔剂比值越高，需要焙烧温度越高，液相黏度太高，也对发泡不利。经验表明，熔质和熔剂的比例为 3.5～10 时，有良好的膨胀性能。SiO_2 的含量宜控制在 55～65%，Al_2O_3 的含量宜控制在 13～23%，CaO、MgO 的含量宜控制在 6～8%。钙、镁是助熔物质，起稀释液相的作用。但是，钙、镁含量过高，会缩小焙烧温度范围，降低发泡性能，并导致结圈。同理，K_2O+Na_2O 的含量以 2.5%～5.0% 为佳，如果钾、钠过高，液相黏度太低，不利于膨胀。Fe_2O_3 的含量控制在 4%～10%，Fe_2O_3 含量过高，缩小焙烧温度范围，Fe_2O_3 含量过低，发泡物质含量不足，致使陶粒的体积密度偏高。陶粒的膨胀类似于漂珠，也是炭-铁氧化还原反应。

生产陶粒的主体设备主要包括：原料贮存仓、降尘室、引风机、主窑体、喷煤系统、控制柜等。其中原料仓下部的喂料器、窑体转速和供煤量均为无级调速，以便调整其工艺参数，在保证产品质量的前提下获得最大的产量。

生产页岩陶粒的辅助设备有：破碎机、筛选机、皮带输送机、上料机、出料机等。

生产粉煤灰及黏土陶粒的辅助设备有：轮碾机、双轴搅拌机、制粒机、筛选机、上料皮带机等。

页岩陶粒的生产工艺流程如下：

采矿 — 一次破碎 — 二次破碎 — 筛选 — 暂存 — 喂料 — 烧结 — 成品分级筛选 — 堆放 — 运输（装袋）。

在操作中，应注意喂料量、给煤量、窑体转速、引风量它们之间的匹配关系，使它们调整到最佳的工艺状态。

用粉煤灰及其他工业废渣生产陶粒是许多相关人士多年研制的课题。如今高强、轻体粉煤灰陶粒已经成功问世，各项性能指标均优于页岩和黏土陶粒。这其中除掌握其工艺要求外，外加剂也是影响其性能的主要原因，外加剂主要包括胶粘剂、膨化剂和矿化剂等，不同成分的粉煤灰其外加剂成分也不尽相同。

粉煤灰陶粒的生产工艺如下：

原料（粉煤灰＋定量的外加剂）混磨 — 制粒 — 烧胀 — 堆放 — 运输（装袋）。

生产粉煤灰陶粒宜采用双筒回转窑，即窑体的预热段和干燥段可单独控制其转速，以便根据原料的状态控制其预热时间。

黏土陶粒近年来由于受到土地资源的限制，在某些地区已被禁止生产和使用。但有些地区可以利用河道淤泥、废弃山土等进行生产。其工艺过程为：

原料搅拌 — 制粒— 筛选 — 烧结 — 堆放 — 运输（装袋）。

在操作中应注意观察，防止物料在窑内结团而影响质量。

目前我国陶粒的生产设备都采用的是工业回转窑。圆筒形的主窑体与水平呈 3°左右的倾角放置在托辊上。物料在高的一端进入窑内，在窑体做回转运动的作用下，物料从高处（窑尾）滚落至低处（窑头），同时，在窑头处，高压风机将煤粉（或天然气等其他燃料）喷入窑内，并使其充分燃烧，产生的热量使物料发生物理和化学变化，产生膨胀现象，冷却后既为陶粒。

86. 什么是漂珠？

漂珠是一种能浮于水面的粉煤灰空心球，呈灰白色，壁薄中空，质量很轻，容重为 $720kg/m^3$（重质），$418.8kg/m^3$（轻质），粒径约 0.1mm，表面封闭而光滑，导热系数小，耐火度 $\geq 1610℃$，是优良的保温耐火材料，广泛用于轻质浇注料的生产和石油钻井方面。漂珠的化学成分以二氧化硅和三氧化二铝为主，见表 2-13，具有颗粒细、中空、质轻、高强、耐磨、耐高温、保温绝缘、绝缘阻燃等多种功能，现已广泛用作耐火材料原料。

表 2-13 漂珠化学成分

成 分	SiO_2	Al_2O_3	Fe_2O_3	SO_3	CaO	MgO	K_2O	Na_2O
含量/％	56～62	33～38	2～4	0.1～0.2	0.2～0.4	0.8～1.2	0.5～1.1	0.3～0.9

漂珠具有如下特性：

（1）高耐火度。漂珠的主要化学成分为硅、铝的氧化物，其中二氧化硅为 50％～65％，三氧化二铝为 25％～35％。因为二氧化硅的熔点高达 1725℃，三氧化二铝的熔点为 2050℃，均为高耐火物质。因此，漂珠具有极高的耐火度，一般达 1600～1700℃，使其成为优异的高性能耐火材料。

（2）质轻，保温隔热。漂珠壁薄中空，空腔内为半真空，只有极微量的气体（N_2、H_2 及 CO_2 等），热传导极慢极微。所以漂珠不但质轻（密度 $250～450kg/m^3$），而且保温隔热优异[导热系数常温 $0.08～0.1W/(m\cdot K)$]，这为其在轻质保温隔热材料领域大显身手奠定了基础。

（3）硬度大，强度高。由于漂珠是以硅铝氧化物矿物相（石英和莫来石）形成的坚硬玻璃体，硬度可达莫氏 6～7 级，静压强度高达 70～140MPa，真密度 $2.10～2.20g/cm^3$，和岩石相当。因此，漂珠具有很高的强度。一般轻质多孔或中空材料如珍珠岩、沸岩、硅藻土、海浮石、膨胀蛭石等均是硬度差、强度差，用其制的保温隔热制品或轻质耐火制品，都有强度差的缺点。他们的短处恰恰是漂珠的长处，所以漂珠就更有竞争优势，用途更广。

（4）粒度细，比表面积大。漂珠自然形成的粒度为 $1 \sim 250\mu m$。比表面积 $300\sim360m^2/kg$，和水泥差不多。因此，漂珠不需粉磨，可直接使用。细度可满足各种制品的需要，其他轻质保温材料一般粒度都很大（如珍珠岩等），如果粉磨就会大幅度增加容量，使隔热性大大降低。在这方面，漂珠有优势。

（5）电绝缘性优异。选去磁珠后的漂珠，是性能优异的绝缘材料，不导电。一般绝缘体的电阻均随温度的升高而降低，漂珠则相反，随温度的升高电阻增大。这一优点是其他绝缘材料都不具备的。所以，它可以制作高温条件下的绝缘制品。

87. 漂珠的形成和回收

漂珠是指从发电厂燃煤锅炉粉煤灰中含有的、能漂浮在水面上被分离出来的空心微珠。大多数电厂排放的低钙粉煤灰中，漂珠含量一般占 $1\%\sim3\%$。我国燃煤热电厂每年排放粉煤灰逾 1 亿吨。漂珠总量达数百万吨。但是，近年来环保的要求越来越严格，各大型火电厂都在不断进行技术改造，漂珠的生产受到一些影响。

煤粉燃烧时，先解离出挥发分，再燃烧固定碳。当燃烧进行到熔融液膜包裹未燃尽煤粒时，就可能产生氧化-还原反应，发气，起泡。如果产生的气体被封闭在液膜中，就会形成空心微珠。

漂珠产率受燃烧条件和煤灰成分的影响。首先，漂珠产率与炉内的温度和空气量有关。当锅炉的空气过剩系数 α 在 1.25 时，对漂珠的形成最为有利。当 α 从 1.0 增加时，燃烧从不完全燃烧向完全燃烧过渡，炉膛温度升高，对漂珠的形成有利。其次，灰中的 Fe_2O_3 含量高时，能够发气的物质增多，形成空心微珠的倾向增大，漂珠的产率提高。最后，熔化的煤灰被吹成起泡后，当烟气的冷却速度合适时，起泡收缩、固化后形成漂珠。锅炉烟气中的粉煤灰被收尘装置收集后，用水冲入灰沟。灰水混合物在分离塔内喷射汇合，灰浆与漂珠开始分离，漂珠比重较轻，浮于塔内水面，随清水通过分离塔顶部溢流而出，经导流入分离池，聚集于分离池水面上被回收。

88. 漂珠与沉珠有什么区别？

电厂粉煤灰是煤粉燃烧后，由烟气自锅炉中带出的粉状残留物。它是一种人工火山灰质材料，即一种硅质或硅铝质材料。粉煤灰的性能具有较大的波动性，它不仅与煤种、煤源有关，同时亦取决于锅炉的类型、运行条件、收尘及排灰方式。粉煤灰的化学组成：SiO_2 38% $\sim54\%$，Al_2O_3 $23\%\sim38\%$，Fe_2O_3 $4\%\sim6\%$，CaO $3\%\sim10\%$，MgO $0.5\%\sim4\%$，SO_3 $0.1\%\sim1.2\%$。由于煤粉各颗粒间的化学成分并不完全一致，因此燃烧过程中形成的粉煤灰在排出的冷却过程中，形成了不同的物相。比如：氧化硅及氧化铝含量较高的玻璃珠在高温冷却的过程中逐步析出石英及莫来石晶体，氧化铁含量较高的玻璃珠则析出赤铁矿和磁铁矿。另外，粉煤灰中晶体矿物的含量与粉煤灰冷却速度有关。一般来说，冷却速度较快时，玻璃体含量较多；反之，玻璃体容易析晶。可见，从物相上讲，粉煤灰是晶体矿物和非晶体矿物的混合物，其矿物组成的波动范围较大。一般晶体矿物为石英、莫来石、磁铁矿、氧化镁、生石灰及无水石膏等，非晶体矿物为玻璃体、无定形碳和次生褐铁矿，其中玻璃体含量占 50% 以上。

火电厂排放的粉煤灰中，含有一种颗粒微小，呈圆球状，颜色由浅到深的透明、半透明的中空或实心的玻璃体。它们的主要组成为 SiO_2、Al_2O_3、Fe_2O_3、CaO 等。它在粉煤灰中赋存状态有五种形式：①薄壳微珠；②厚壳微珠；③实心微珠；④富铁微珠；⑤复合微珠。其中，薄壳微珠能浮于水面上，故俗称"漂珠"，含量占灰渣总量的 1% 左右，其他四种形式的微珠均能沉于水中，故俗称"沉珠"，在粉煤灰中的含量为 30%～80%。微珠具有活性高、质轻、绝热、电绝缘性好、耐高低温、耐腐蚀、防辐射、隔声、耐磨、抗压强度高、分散性好、流动性好、热稳定性好、罕见的电阻热效应、防水防火、无毒等优异功能，是新型复合材料工业的优质原料及填充剂。漂珠的物理性能，色泽为银灰色，容量 330～360kg/m³，密度 0.57g/cm³，粒径 20～160μm，壁厚 2～10μm，耐压强度 5.9～7.9MPa，耐火度 1700℃，熔点 1300～1600℃，比表面积 0.36m²/g，导热系数[kJ/(m·h·℃)]在常温下是 0.42，500℃下是 0.45，1000℃下是 0.67。一般讲，漂珠和沉珠从物理性能相比较，漂珠壁较薄、密度小、强度低、耐磨性差、粒度较大，而沉珠壁较厚、密度大、强度高、粒度小、耐磨性好、呈中心珠体、浑圆度好、粒径为 0.25～150μm，有的在 200μm 左右。沉珠产品中 ≤5μm 的占 3%，<1μm 的占 20%。漂珠壁厚为直径的 6%～20%。化学成分分析表明，漂珠中 SiO_2 和 Al_2O_3 的含量达 90% 以上，比沉珠高；漂珠的 Fe_2O_3、CaO、TiO_2 含量均比沉珠的低。

89. 如何制取漂珠？

粉煤灰微珠的干法分选工艺根据粉煤灰的矿物组成和理化特性，从中分选玻璃微珠。目前工艺处理主要有两种方法，一种是利用空气为介质的干法分选工艺，一种是利用水为介质的湿法分选工艺。干法分选其原理是利用反选矿的方法，先行除去粉煤灰中的碳灰等杂质，然后利用漂珠与沉珠的相对密度上的差异，用分选机选出漂珠与沉珠。亦可根据用户及产品需要，在分选原则流程中增加其他的选矿方法，获得富铁微珠。该工艺的微珠的回收率可达 85%，获得的产品质量符合相关行业标准。干法分选玻璃微珠工艺的特点是：①工艺参数调整方便，控制简单，工艺流程简洁，便于操作；②玻璃微珠的回收率高，产品质量稳定；③占地面积少，生产成本低；④投资省，见效快；⑤可根据市场需求调整产品种类；⑥整个工艺过程连接采用密闭管道，避免粉尘泄漏，造成环境污染。

干法分选工艺的主要工艺参数：处理量（T/H）：5～10；（粉煤灰）玻璃微珠回收率：≥85%；电耗：3～6kWH/t。干法工艺流程的主要设备选配：分级筛、除杂设备、风力分级机、风力分选机等为主要生产设备，输送连接设备为料封泵、提升机及干灰过渡仓、成品仓、打包机等。

90. 什么是膨胀玻化微珠？

膨胀玻化微珠是一种球形闭孔珍珠岩。玻化微珠采用珍珠岩、松脂岩为原料，将矿砂加工至特殊要求的粒径，在电炉加热下膨化，通过对空间的温度分布和原料滞留时间的控制，使产品表面熔融，气孔封闭，得到表面玻化封闭，内部多孔空腔结构的细粒径球状颗粒。这种颗粒具有质轻、绝热、耐高温、抗老化、吸水率小的特性，用于中档隔热材料。

91. 什么是多孔熟料？

多孔熟料是将天然原料利用增孔技术成球或压坯，经高温煅烧而成的。其内部呈多孔状或蜂窝状，具有堆积密度小、颗粒强度高等特性，是制备轻质隔热耐火材料的优质原料。按照材质可以分为叶蜡石质、硅质、黏土质等。目前，国内使用量较多的有黏土质、高铝质和莫来石质，使用温度一般为 $1300\sim1600℃$。因为其组成可调，使用温度较高，因此多孔熟料是将来生产轻质不定形材料的主要原料。

92. 多孔熟料的生产方法有哪几种？

多孔熟料的生产是将相关的耐火粉料成球或压坯后，经高温煅烧而成，但是其中要引入添加物以增加气孔，降低密度。按照生产原理的不同可以分为可燃物烧尽法、低熔物加入法、泡沫法、化学法等。目前国内主要采用前两种方法。

可燃物烧尽法。这是最传统的方法，是指在配料时加入木屑、煤粉和焦末等可燃物，其颗粒一般控制在不大于 $0.05mm$ 的粒度内，加入量为 $5\%\sim30\%$。近年来，也有加入聚苯乙烯球来制造多孔熟料的，其粒度为 $1\sim2mm$，加入量为 $5\%\sim15\%$。

低熔物加入法。该方法是制造优质轻质原料的重要方法。常用的低熔物有粉煤灰、漂珠、膨润土、页岩和珍珠岩等，其粒度一般视多孔熟料的性能要求而定。

泡沫法的关键是选用的泡沫剂。常用的泡沫剂有松香皂、皂素脂和烷基磺酸盐等。在配料时加入泡沫剂并以机械方法使之产生气泡，经烧成后可获得多孔熟料。化学法是利用物料在高温下进行的化学反应生成适量气体而形成的孔洞制成了多孔熟料，如用白云石或方镁石加石膏，以硫酸作发泡剂来制取多孔熟料。

93. 气孔对耐火材料导热有什么影响？

固体的导热分声子和光子导热，气孔的传热分对流和辐射。低温下，声子导热为主，高温下，光子导热为主。声子传导时，影响热传导的主要因素是声子的平均自由程，光子导热时，影响热传导的主要因素是光子的平均自由程。

耐火材料中气孔对热传导的影响，依气孔数量、大小、联通程度和耐火材料的透光率而异。低温下，增多气孔就减小了声子的平均自由程，降低材料的导热率，但随着温度增高，辐射和对流越来越重要。对于光子导热，气孔尺寸越小，孔壁阻断辐射的几率越高，对于气体导热，气孔尺寸越小，阻断对流传热的几率也越高。

94. 多孔熟料中成孔方式有哪几种？

多孔熟料的生产可以采用烧尽法、化学法和泡沫法成孔。很多情况下，可采用生产轻质耐火制品的下脚料作轻质熟料。

烧尽法是在配料时加入木屑、焦炭、煤粉等可燃物，粒度 $<50\mu m$，加入量 $5\%\sim30\%$，或者加入 $1\sim2mm$，数量 $5\%\sim15\%$ 的聚苯乙烯球来制作多孔耐火材料。化学法指加入氢氧化铝、碳酸钙、碳酸镁等原料，高温下加入成孔物质分解，脱除气体后形成了多孔组织。化学法也可以采用酸、碱和金属铝粉、硅粉、碳酸盐反应的办法，产生泡沫。泡沫法指加入松香皂、皂素脂、烷基苯磺酸钠等起泡剂，用机械的办法打出泡沫，经固化、烧成后制得多孔熟料。

95. 什么是耐火空心球?

耐火空心球为一种制作高级隔热耐火材料的重要原料。与普通隔热材料相比，耐火空心球制品具有密度小、孔隙多、连通少、强度大、耐压荷重软化温度高、重烧线收缩率低的特点。耐火空心球的制作方法分为电熔法和烧结法。

电熔成球法是在电炉中将耐火材料熔融成液态，倾倒出来时，用压缩空气吹成空心球。例如，以粒度<0.15mm 的棕刚玉为骨料，加入 2%～3% 的 CaF_2，倒入电弧炉中熔融，待棕刚玉完全熔融，熔体不断有气泡冒出后，精炼 20min，至炉温达 1900℃以上，提起电极，倾炉喷吹，采用空气压力为 $10kg/cm^3$ 的压缩空气，喷嘴直径 40mm，喷嘴宽度 5mm，喷嘴固定在炉子下方 75mm，喷嘴与炉嘴夹角 68°。所得空心球氧化铝含量为 92.1%，粒度 0.2～5mm 空心球的堆积密度为 $750kg/cm^3$。

烧结法采用可燃物作为球核，将球核放入成球盘，调整好成球盘的转速后，使球核在盘内一边翻转、滚动，一边加入结合剂与耐火原料干粉，让球核吸附结合剂，裹上干粉成球，然后经烘干、煅烧而制成陶瓷空心球。裹粉成型工艺制成的空心球具有堆积密度小、球壁均匀、光滑、成球率高、成本低、效率高、性能好的优点。裹粉烧结制球工艺解决了生产高档轻质耐火材料制品所需体积密度小于 $0.6g/cm^3$ 耐火空心球原料的问题。

耐火材料常用空心球是利用氧化铝或氧化锆等原料熔化成液态，以一定的速度流出，用压缩空气将高温熔融液体吹成小液滴，在表面张力和离心力的作用下形成一个个空心小球。主要材质有氧化铝质、莫来石质、镁铝质、铝铬质、铬质和锆质等。国内常见的主要有氧化铝质和氧化锆质。

氧化铝质和氧化锆质空心球是不定形材料中应用最多的空心球原料，因其使用温度可以分别高达 1800℃和 2000℃，所以常常用于与火焰接触的部位。但是由于其壁薄易碎，所以不宜捣打成型。氧化铝空心球是制造高档隔热耐火材料的优质原料。

第三节　新型干法水泥窑用耐火材料主要品种

1. 传统水泥窑用耐火材料有哪几种类型?

170 年前人们开始用立窑生产水泥熟料，全窑使用含 Al_2O_3 30%～40% 的单一品种——黏土砖。120 年前，转窑开始被用于生产水泥熟料，仍然沿用立窑上的这一经验。20 世纪 30 年代中叶，少数转窑烧成带内开始采用高铝砖，出现了按熟料生产工艺要求来分带选用不同材质耐火材料的新观念。20 世纪 40 年代起开始采用碱性砖用于烧成带，两侧配有高铝砖，其余部位使用黏土砖。进入 20 世纪 50 年代，这一基本格局开始奠定，并沿袭至今。

到目前为止，回转窑用耐火材料经历了黏土砖、高铝砖、磷酸盐砖、磷酸盐耐磨砖、镁砖、聚磷酸盐结合镁砖、普通镁铬砖、直接结合镁铬砖、白云石砖以及现在正在发展的镁-尖晶石砖等阶段。从发展趋势上可以概括为低耐火的高铝质制品向高耐火的镁质制品的发展，从可以带来环境危害的含铬材料向环境友好的无铬类耐火材料的发展。10 余年来，国内外耐火材料界在寻找镁铬砖的替代材料方面做了大量工作，研制的无铬产品分为镁铝、镁铝铁、镁铝锰、镁锆和镁钙五大系列。简单来说，方镁石镁铝尖晶石材料具有良好的高温性

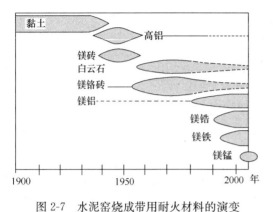

图 2-7　水泥窑烧成带用耐火材料的演变

能、抗热震性，对氧化还原气氛变化不敏感，但是抗 CaO 侵蚀和挂窑皮性能差。方镁石铁铝复合尖晶石材料具有优良的抗热震性，良好的中短期挂窑皮性能，但耐高温性能较差。方镁石铝锰复合尖晶石材料是镁铁尖晶石材料的代用品，但抗热震性不及后者。镁锆材料用于高温、耐烧蚀场合，可以有良好的抗热震性和挂窑皮性能，但或者价格很高，或者导热率很高。镁钙材料的耐高温、抗 CaO 侵蚀和挂窑皮性能很好，但抗水化、抗酸性气体的侵蚀能力和抗热震性很差，只能用于窑皮稳定的区域。图 2-7 和表 2-14 显示了水泥窑烧成带用耐火材料的演变。

表 2-14　水泥回转窑用耐火材料的发展历程

1900~1950 年	黏土砖、高铝砖、磷酸盐砖、镁砖
1950~1970 年	普通镁铬砖
1970~1980 年	普通镁铬砖，死烧的镁铬砖，直接结合镁铬砖 白云石砖 纯镁-尖晶石砖
1985 年以来	新趋向是无铬砖
1985~1993 年	加氧化铝的特殊镁砖 特殊镁-尖晶石砖 白云石砖 普通镁铬砖，死烧的镁铬砖，直接结合的镁铬砖
1993 年后	加 ZrO_2 的纯镁砖 新型 MgO-ZrO_2-CaO 砖 白云石砖 特殊镁-尖晶石砖

2. 新型干法水泥窑用耐火材料有哪几种类型？

新型干法水泥窑具有窑温较高、窑速较快、碱侵蚀较严重、结构复杂和节能要求较高等工艺特点，促使为之服务的耐火材料及其使用技术全面更新。20 世纪 80 年代初这些材料的制造和使用技术基本定型，大体说来在大型 SP 窑和 PC 窑的窑筒内，直接结合镁铬砖用于烧成带，尖晶石砖或易挂窑皮且抗热震性能较好的镁铬砖用于过渡带，高铝砖用于分解带，隔热性耐碱黏土砖或普通型黏土砖用于窑筒体后部，耐火浇注料或适用的耐火砖用于前后窑口；在预热器系统内，普通型耐碱黏土砖及耐碱浇注料用于拱顶，高强型耐碱黏土砖用于三次风管，并配用大量的耐火浇注料，系列隔热砖和系列硅酸钙板，在窑门罩和冷却机系统内，除选用上述部分使用材料外，还配用碳化硅砖和碳化硅复合砖、系列隔热砖、系列耐火浇注料、系列硅酸钙板和耐火纤维材料等 7 大类 30 余种耐火材料。

简单来说，新型干法水泥窑用耐火材料可大致分为硅铝质耐火材料、高温带烧结碱性耐火材料、不定形耐火材料及预制件、隔热耐火材料制品等几大类型。

 3. 水泥窑铝硅系耐火材料的主要品种有哪些?

定型铝硅质耐火材料方面,有耐碱黏土砖、高强耐碱砖、拱顶耐碱砖、耐碱隔热砖、磷酸盐结合高铝砖、磷酸盐结合耐磨砖、钢纤维增强磷酸盐结合耐磨砖、高荷软砖、蓝晶石砖、抗剥落高铝砖、硅莫砖、硅莫红砖以及其他特种高铝砖。

 4. 什么是耐碱砖?

水泥窑用耐碱砖是指以低铝耐火黏土为主要原料制成的,具有在水泥窑系统中耐碱侵蚀特性的黏土质耐火砖。

耐碱砖可分为普通型、高强型、拱顶型和隔热型四类,理化指标见表 2-15。

表 2-15　耐碱砖理化性能指标

项目 \ 类型	普通型耐碱砖	高强型耐碱砖	拱顶型耐碱砖	隔热型耐碱砖	
Al_2O_3/%	25～30	25～30	30～35	25～30	25～30
SiO_2/%	60～70	60～70	60～65	60～67	60～67
显气孔率/%,≤	25	20	25	30	30
常温耐压强度/MPa,≥	25	60	30	15	20
荷重软化温度 $T_{0.6}$/℃,≥	1350	1300	1400	1250	1250
热震稳定性(1100℃,水冷)/次,≥	10	5	10	—	—
导热系数(1000℃)/[W/(m·K)],≤	1.30	1.40	1.30	0.75	0.75
热膨胀率(900℃)/%	0.70	0.70	0.65	0.60	0.60

 5. 各类耐碱砖的适用部位是什么?

普通型耐碱砖主要用于水泥窑预热器、分解炉、三次风管等部位。

高强型耐碱砖主要用于水泥窑预热器、分解炉、三次风管、垂直上升烟道、旋风筒直筒及锥部等部位。

拱顶型耐碱砖主要用于水泥窑预热器、分解炉三次风管等部位。

隔热型耐碱砖主要用于水泥窑后窑口、窑门罩及冷却机等部位。

 6. 耐碱砖耐碱机理是什么?

耐碱砖的耐碱机理是其在高温下会与碱金属氧化物反应生成高黏度的液相,形成一层釉化状保护层,覆盖在砖的表面堵塞表面气孔,以阻止碱金属熔融物的渗透和侵蚀,起到耐碱侵蚀的目的。

 7. 耐碱砖用主要原料是什么?

耐碱砖所用主要原料有耐火黏土、焦宝石、叶蜡石、硅石等。

8. 什么是磷酸盐结合高铝砖?

磷酸盐结合高铝砖是以致密的特级或一级高铝矾土熟料为主要原料,磷酸溶液或磷酸铝溶液为结合剂,经半干法机压成型后,于400~600℃热处理而制成化学结合耐火制品。它属于免烧砖,为避免在高温使用过程中制品收缩较大,配料中一般需要引入加热膨胀性原料,如蓝晶石、硅线石、叶蜡石、硅石等。与陶瓷结合的烧成高铝砖相比,其抗剥落性更好,但其荷重软化温度较低,抗侵蚀性较差,因此需加入少量的电熔刚玉、莫来石等,以强化基质。

表2-16 磷酸盐砖性能指标

指标 \ 牌号	P		PA	
	一等品	合格品	一等品	合格品
$Al_2O_3/\%$, $\geqslant$	75		77	
$Fe_2O_3/\%$, $\leqslant$	3.2		3.2	
$CaO/\%$, $\leqslant$	0.6		0.4	
高温耐压强度/MPa, $\geqslant$	70	60	75	65
体积密度/ (g/cm^3), $\geqslant$	2.70	2.65	2.75	2.70
荷重软化温度 $T_{0.6}$/℃, $\geqslant$	1350	1300	1300	1250
耐火度/℃, $\geqslant$	1780			

9. 什么是抗剥落高铝砖?

采用高铝矾土为主要原料,引入少量ZrO_2(因ZrO_2呈单斜和四方形之间的相变,可提高制品的热震稳定性),加入一定量的复合结合剂和添加剂,通过控制泥料的颗粒级配,经成型和高温烧成制得的耐火制品称为抗剥落高铝砖。

抗剥落机理是由于引入ZrO_2后,其微观结构特征决定了具有抗剥落性能:

(1) ZrO_2集合体周围有明显的微裂纹,该集合体与周围的刚玉、莫来石有明显的间隙脱皮。

(2) 发育良好的ZrO_2集合体呈柱状,在空间形成层状分布,ZrO_2之间有细小狭缝,其尺寸只有$1\sim5\mu m$,形成沟道结构。这种结构乱层叠加,迂回曲折,有利于应力传递和分散。

(3) 莫来石发育良好,呈纤维状,与ZrO_2和刚玉等在空间交错存在,形成复合增强结构。显然,$ZrSiO_4$在高温下分解时与周围的Al_2O_3反应,生成ZrO_2与莫来石,ZrO_2晶体的存在阻止了纤维状莫来石晶体及板柱状刚玉的生长,并被其包裹,因此在ZrO_2周围呈乱层状态。

(4) 岩相分析表明刚玉和莫来石结构的交错,ZrO_2间插其中,在周围存在微裂纹,较大ZrO_2晶体自身及周围有放射状微裂纹。

抗剥落高铝砖的上述结构在承受应力时会起到能量逸散,提高热稳定性及高温强度的效果。

抗剥落高铝砖应具有较高的荷重软化温度,高温结构性能好,热震稳定性能好,抗水泥熟料侵蚀性能强,抗剥落、耐碱蚀、低导热等性能优良,见表2-17。

表 2-17　抗剥落高铝砖性能指标

项　目	指　标	
	GKBL-70	KBL-70
$Al_2O_3/\%$，$\geqslant$	70.0	70.0
$ZrO_2/\%$，$\geqslant$	6.0	—
$Fe_2O_3/\%$，$\leqslant$	1.5	1.5
体积密度/（g/cm^3），$\geqslant$	2.55	2.55
显气孔率/%，$\leqslant$	22	20
常温耐压强度/MPa，$\geqslant$	60	60
荷重软化温度 $T_{0.6}$/℃，$\geqslant$	1470	1470
热震稳定性（1100℃，水冷）/次，$\geqslant$	20	15

10. 什么是硅莫砖？

硅莫砖是以莫来石（$3Al_2O_3 \cdot 2SiO_2$）和碳化硅（SiC）为主要矿物组成的烧成砖。硅莫砖所用原料有特级高铝矾土、莫来石、SiC、生矾土、结合黏土、白刚玉等。

按荷重软化温度来分，硅莫砖分为 GM1650、GM1600 和 GM1550 三个品种。

硅莫砖具有热震稳定性好、强度高、耐磨性能好、抗高温化学侵蚀性能好等特点。

表 2-18　硅莫砖性能指标

项　目	指　标		
	GM1650	GM1600	GM1550
$Al_2O_3/\%$，$\geqslant$	65	63	60
体积密度/（g/cm^3），$\geqslant$	2.65	2.60	2.55
显气孔率/%，$\leqslant$	17	17	19
常温耐压强度/MPa，$\geqslant$	85	90	90
荷重软化温度 $T_{0.6}$/℃，$\geqslant$	1650	1600	1550
热震稳定性(1100℃，水冷)/次，$\geqslant$	10	10	12
常温耐磨性/cm^3	5		

11. 什么是硅莫红砖？

硅莫红砖石根据大中型水泥回转窑对耐火材料的苛刻要求而研制开发的过渡带用砖。它在常规硅莫砖的基础上，通过添加红柱石原料，进一步强化抗热震性能和隔热性能，提高荷重软化温度。

硅莫红砖所用原料主要有特级高铝矾土、SiC、红柱石、电熔白刚玉、生矾土、结合黏土等。根据所用原料不同，其荷重软化温度、体积密度均略有不同。

硅莫红砖有以下性能特点：

（1）荷软高，抗高温性能优良。

（2）强度大，不易剥落侵蚀。

（3）导热率低，隔热效果良好。

（4）柔韧性强，抗热震性能优良。

（5）密度适中，减轻筒体负荷。

 12. 新型干法水泥回转窑高温带烧结碱性耐火材料主要有哪些品种？

烧结碱性耐火材料方面，有普通镁铬砖、直接结合镁铬砖、低铬镁铬砖、方镁石-镁铝尖晶石砖、镁铝尖晶石锆砖、镁铝尖晶石锆镧砖、镁铁尖晶石砖、铁铝尖晶石砖、含铬镁铝尖晶石砖、白云石砖、镁白云石砖、白云石锆砖、镁白云石锆砖、方镁石锆酸镧砖、复合碱性砖等品种。

 13. 什么是镁铬砖？

镁铬砖是含 MgO55％～80％、$Cr_2O_3$8％～20％，以方镁石和尖晶石为主要矿物组分的耐火材料制品。这类砖耐火度高，高温强度大，抗碱性渣侵蚀性强，热稳定性优良，对酸性渣也有一定的适应性。

镁铬砖在 20 世纪 60 年代以后由于原料纯度和烧成温度的提高而得到迅速发展，目前镁铬砖按生产方法的不同可分为普通砖、直接结合砖、共同烧结砖、再结合砖和熔铸砖等。制造镁铬砖的主要原料是烧结镁砂和铬铁矿。镁砂原料的纯度要尽可能高，铬铁矿化学成分的要求为：$Cr_2O_3$30％～45％，CaO 不大于 1.5％。制作镁铬砖的生产工艺与镁质砖大体相仿。

（1）普通镁铬砖

这是传统产品，以铬矿做粗颗粒，镁砂做细粉，或者是两种材料采用级配颗粒组成，烧成温度一般为 1550～1600℃。这种砖的显微结构表现为铬矿颗粒和方镁石之间很少直接结合，多为硅酸盐（CMS）胶结或裂隙隔离。方镁石中脱溶相少，基质中很少直接结合，这种砖的机械性能差，抗渣蚀性能差。

（2）直接结合镁铬砖

直接结合镁铬砖是在普通镁铬砖的基础上发展起来的，其生产特点主要有两点，一是采用较纯的原料，二是采用较高的烧成温度。所谓的直接结合是指砖中铬矿颗粒与方镁石之间有效多的直接接触，因为原料中 SiO_2 较少（控制在 2％以下），硅酸盐生成量少，通过高温烧成手段使硅酸盐挤压到固相颗粒的角落里，从而提高固相的直接结合。

直接结合镁铬砖由于直接结合程度高，从而使砖具有较高的高温强度、抗渣性、抗侵蚀、耐冲刷、耐腐蚀及优良的热震稳定性和在 1800℃下的体积稳定性等特点。

（3）共同烧结的镁铬砖

这种制品生产工艺的特点是将按一定配比的镁砂和铬矿细粉的混合料高温燃烧，实现生成二次尖晶石和镁砂-铬矿直接结合为目的的固相反应，制取共同烧结料，用此料制造烧成制品或化学结合制品。

共同烧结镁铬砖的直接结合和显微结构的均一性较直接结合砖更好，方镁石脱溶相和晶间二次尖晶石量更多，共同烧结镁铬砖具有一系列较直接结合砖更好的性能，尤以高温强度、耐温度急变性和抗渣性著称。

共同烧结砖还可以分为两个品种，一是全共同烧结砖，颗粒和细粉全系共同烧结料，无论是烧成或化学结合其显微结构基本上是相似的；二是部分共同烧结砖，配料中有一部分，例如粗颗粒用共同烧结料，而细粉部分可用细铬矿和镁砂细粉按一定比例混合配入砖中，这样烧成的和化学结合的制品便在显微结构上有所差异。

（4）再结合镁铬砖

以电熔法使镁铬混合粉料熔融，通过熔体析晶，形成显微结构相当均匀的、以镁铬尖晶石和方镁石混晶为主要相组成的原料，把这种电熔镁铬料粉碎成一定颗粒粒度，混合成型，经烧成以制备再结合砖，或直接用做化学结合砖。

再结合砖的显微结构特征是高度的直接结合和含有大量的尖晶石脱溶相。含有大量脱溶相的基晶，从本质上改变了方镁石的物理化学性质，如降低热膨胀系数，提高抗热震性，改善对酸-碱性渣侵蚀的抵抗能力。再结合砖有同熔铸砖使用效果相似的性状，但有比熔铸砖更好的耐温度急变性和更均匀的显微结构。

再结合镁铬砖为气孔分布均匀的细粒基质，并具有微小裂纹，对温度急变的敏感性优于熔铸转。制品高温性能介于熔铸砖和直接结合砖之间。

（5）熔铸镁铬砖

把镁砂和铬矿混合物置于电弧炉内完全熔融，然后将熔体注入耐火铸模内铸造成型。在凝固过程中生成稳定的方镁石和尖晶石晶相，同时形成细致的结晶组织，所以熔铸镁铬砖具有优异的高温强度和抗渣蚀性。

熔铸镁铬砖和电熔镁铬料一样，具有高度的直接结合和含有大量的尖晶石脱溶相，这种制品致密度高，熔渣不易渗透，故抗渣性能比直接结合砖更好，但抗热震性比以上两种制品差。

14. 直接结合镁铬砖有什么特点？

直接结合镁铬砖是为了适应水泥生产大型化而发展起来的一种优质镁铬质耐火材料，因为大型窑内 1700℃ 的高温是传统水泥窑用耐火材料所不能胜任的。直接结合镁铬砖是以优质菱镁矿石和铬铁矿石为原料，先烧制成轻烧镁砂，按一定级配后经高压成球，在 1900℃ 高温下烧制成重烧镁砂，再配入一定比例的铬铁矿石，加压成型，经 1700～1850℃ 隧道窑煅烧而成。目前在新型干法水泥回转窑中直接结合镁铬砖是性价比最好的一种耐火材料，故被广泛使用，占据着新型干法水泥回转窑中的高温部位。

JC/T 497—2013《建材工业窑炉用直接结合镁铬砖》规定直接结合镁铬砖理化指标如下：

表 2-27 直接结合镁铬砖理化指标

项 目	理化指标				
	DMC-12	DMC-9B	DMC-9A	DMC-6	DMC-4
$MgO/\%$，$\geqslant$	60	70	70	75	80
$Cr_2O_3/\%$，$\geqslant$	12	9	9	6	4
$SiO_2/\%$，$\leqslant$	3.2	3.0	2.8	2.8	2.5
显气孔率/%，$\leqslant$	19	19	19	18	18
体积密度/（kg/m^3），$\geqslant$	3000	2980	2980	2950	2930
常温耐压强度/MPa，$\geqslant$	35	40	40	40	40
0.2MPa 荷重软化温度/℃，$\geqslant$	1580	1580	1600	1600	1600
抗热震性（1100℃，水冷）/次，$\geqslant$	4	4	4	4	4
线膨胀率	由生产厂定期检测，并提供给用户				

直接结合镁铬砖的成功得益于其具有的优异性能，主要是：

（1）耐侵蚀性好。直接结合镁铬砖以 MgO 为主，含有适当的 Cr_2O_3，所以容易抵抗主要由 CaO 和 SiO_2 构成的水泥矿物造成的侵蚀。

（2）耐剥落性好。为了抑制剥落，直接结合镁铬砖中添加了适量的铬矿，因此耐剥落性好。

（3）挂窑皮附着性好。适量铬矿的存在有助于烧成带窑皮层的附着，使耐火砖表面粘挂的窑皮能够稳定牢固地存在。

（4）导热系数低。相对于普通镁砖来说，直接结合镁铬砖的导热系数低，能减少向窑壳的热传递，因此能抑制散发热量，保护窑箍等。

（5）体积稳定性好。在直接结合镁铬砖中，存在着镁铬尖晶石，提高了耐火砖的体积稳定性。

虽然直接结合镁铬砖具有非常优异的性能，但是它却有着一个致命的弱点，那就是镁铬砖内原本无害的 Cr_2O_3 组分与窑料和窑气中的碱相结合形成水溶性有毒的 Cr^{6+} 化合物。新型干法水泥窑内碱的富集更加重了这一损毁效应。

15. 什么是白云石砖？

白云石砖是由单一原料即烧结白云石（MgO·CaO）制成的。纯原料的理论组成是 MgO 为 42%，CaO 为 58%，SiO_2、Al_2O_3、Fe_2O_3 的总量小于 3%。

目前经常使用的白云石砖主要有：

（1）焦油白云石砖

焦油白云石砖是以冶金白云石作原料，加入焦油或沥青（7%～10%）作结合剂，经过捣打而成的。一般不经过烧成工序，可直接使用。

这种砖在高温使用过程中，作为粘结剂的焦油和沥青进行分解，放出挥发分，残留固定碳。后者不仅存在于白云石颗粒之间，而且渗入颗粒的毛细孔中，组成完整的固定碳网，将白云石颗粒联结成高强度的整体。此外，固定碳的化学稳定性好，有助于整个耐火制品抗渣能力的提高。

焦油白云石的主要特性有：①水化性。白云石砖的水化性比镁砖更厉害，CaO 与 H_2O 起作用，化合成 $Ca(OH)_2$，体积膨胀一倍，使砖遭到破坏。白云石原料虽经高温煅烧，水化性有所降低，但由于砖中有大量游离的 CaO，若在空气中放置太久，则不可避免会吸收空气中水分，而逐渐被水化。因此，应尽快使用。②强的抗碱性渣侵蚀性。③较好的抗热震稳定性。焦油白云石砖的耐急冷急热性比普通镁砖好得多，可达风冷 20 次。这与结合剂（固定碳）具有好的热稳定性有关。使用不烧结的焦油白云石砖时，由于焦油或沥青在低温下加热即软化，故烘炉时在 500℃下不能停留时间过长，以防止砖软化变形。

（2）稳定性白云石砖

为克服 CaO 水化这一缺点，可在制砖配料中加入 SiO_2 的硅石粉、硅藻土等物料，砖坯经煅烧后，CaO 与 SiO_2 结合成稳定性化合物 $3CaO·SiO_2$ 和 $2CaO·SiO_2$。CaO 不处于游离状态，故不再与水起反应。这样的砖，称为稳定性白云石砖。

白云石砖的优点是挂窑皮性能好、成本低。

白云石砖的缺点主要是难烧结和遇潮易水化。如果烧结不致密，白云石砂中的 CaO 的结晶就不够完整，砂中还会具有很多开放气孔。这样，大气中的 H_2O 气体或窑气中的 CO_2、SO_2 等酸性气体就会钻入材料内部，和容易发生水化的 CaO 反应，致使材料快速损毁。所以，为提高镁钙耐火材料的抗水化性和抗 CO_2、SO_2 等酸性气体的侵蚀性以及高温体积稳定性，特别要求使用烧结良好的高纯、致密、低气孔率的镁钙或白云石砂作为制砖原料。

 ## 16. 什么是镁铝尖晶石砖？

为了改善镁砖的热震稳定性，在配料中加入氧化铝而生成的以镁铝尖晶石（MgO·Al_2O_3）为主要矿物的镁质砖称为镁铝尖晶石砖。镁铝尖晶石砖具有如下优点：

（1）弹性模量小，镁铝砖 $0.12×10^5 \sim 0.228×10^5$ MPa，而镁砖为 $0.6×10^5 \sim 5×10^5$ MPa。

（2）MA 能从方镁石中转移出 MF，能够扫荡 FeO，反应如下：

$$FeO + MgO·Al_2O_3 \longrightarrow MgO + FeAl_2O_4 \tag{2-43}$$
$$FeO + MgO \longrightarrow (Mg·Fe)O \tag{2-44}$$

MA 吸收 Fe_2O_3 发生较小膨胀。

（3）高熔点，尖晶石熔点 2135℃，与方镁石的始熔温度较高，为 1995℃，二者的结合会提高镁砖的结合性能。

（4）荷重软化温度高，但是，尖晶石生成伴随体积膨胀，并且聚集再结晶能力较弱，因而需要较高的烧成温度。

（5）抗热震性能优良。

（6）强度高。

（7）抗侵蚀能力强。

镁铝尖晶石砖性能典型数值见表 2-19。

表 2-19　镁铝尖晶石砖性能典型数值

产品名称	产品 1	产品 2
MgO/%	85～89	88～92
Al_2O_3/%	9～12	4～7
SiO_2/%	0.5	1.0
Fe_2O_3/%	0.5	0.5
CaO/%	1	2
显气孔率/%	17	17
体积密度/（g/cm³）	2.90	2.90
常温耐压强度/MPa	45	45
荷重软化温度/℃	＞1700	＞1700

 ## 17. 什么是镁铁尖晶石砖？

镁铁尖晶石砖是以镁砂和镁铁砂为主要原料，化学组成为 $MgO + Fe_xO_y \geqslant 95％$ 的镁质碱性耐火材料。优点是对工况条件不敏感，挂窑皮性能优良，无铬环保，机械性能优良。主

要原料为高纯镁砂、电熔镁砂、电熔镁铁砂等。相关性能指标见表 2-20。

表 2-20　某企业生产的镁铁尖晶石砖性能指标

产品名称	RT-MFe-80	RT-MFe-85	RT-MFe-90
MgO/%，≥	80	85	90
SiO$_2$/%，≤	2.0	1.0	1.5
Fe$_2$O$_3$/%，≤	7.5	7.5	4.5
显气孔率/%	17	17	16
体积密度/（g/cm^3）	2.90	3.00	2.85
常温耐压强度/MPa	45	50	50
荷重软化温度 $T_{0.6}$/℃	1550	1600	1650

 18. 什么是铁铝尖晶石砖？

铁铝尖晶石砖是以高纯镁砂和预合成铁铝尖晶石为主要原料，经高温烧结制备的化学组成为 MgO＋Al$_2$O$_3$＋Fe$_x$O$_y$≥95％的镁质碱性耐火材料。优点是挂窑皮性能优良，常温高温机械性能优异，结构柔韧性好，对工况条件不敏感，无铬环保等。主要原料为高纯镁砂、预合成铁铝尖晶石砂。铁铝尖晶石砖典型数据见表 2-21。

表 2-21　铁铝尖晶石砖典型数据

产品名称	产品 1	产品 2
MgO/%	92.0	85.0
Al$_2$O$_3$/%	3.4	3.0
SiO$_2$/%	0.3	1.0
Fe$_2$O$_3$/%	3.8	7.4
CaO/%	0.7	1.9
显气孔率/%	14	16
体积密度/（g/cm^3）	3.06	3.06
常温耐压强度/MPa	70	80

19. 什么是方镁石锆酸镧砖？

方镁石锆酸镧砖为了提高镁铝尖晶石砖的粘挂窑皮能力，改善抗水泥熟料侵蚀能力，降低了镁铝尖晶石中镁铝尖晶石的加入量，但是这样材料的抗热震性将会降低，因此在材料中添加少量的氧化锆给予补偿。氧化镧是一种稀有金属氧化物，可以与氧化锆反应生成锆酸镧，锆酸镧熔点高达 2300℃，不会对材料的高温性能造成任何不利影响。另外氧化镧可以稳定 C$_2$S，使之难以发生 β-C$_2$S 向 γ-C$_2$S 相变，从而提高了耐火材料的挂窑皮性。方镁石锆酸镧砖典型数据见表 2-22。

表 2-22　方镁石锆酸镧砖典型数据

产品名称	RT-MAZL-90	RT-MAZL-85
MgO/%，≥	90.0	85.0
Al_2O_3/%，≥	5.0	5.0
SiO_2/%，≤	1.0	2.0
ZrO_2，≥	1.0	1.0
La_2O_3，≥	1.0	1.0
显气孔率/%，≤	18	18
体积密度/（g/cm³），≥	2.95	2.90
常温耐压强度/MPa，≥	50	50
荷重软化温度 $T_{0.6}$/℃，≥	1700	1700

20. 水泥窑用不定形耐火材料主要有哪些品种？

不定形耐火材料方面，有普通耐火浇注料、低水泥耐火浇注料、超低水泥耐火浇注料、无水泥耐火浇注料、钢纤维耐火浇注料、防爆裂浇注料、抗结皮浇注料、磷酸盐耐火浇注料、耐碱浇注料、隔热浇注料。此外，还有自流料、泵送料、喷射料等各种新型不定形耐火材料。

21. 什么是耐碱浇注料？

能抵抗中、高温下碱金属氧化物（如 K_2O 和 Na_2O）侵蚀的可浇注耐火材料称为耐碱耐火浇注料。这类浇注料的组成同普通铝酸钙水泥结合的浇注料相似，它是由耐碱耐火骨料和粉料、结合剂和外加剂组成的混合物。

根据使用环境和条件不同，耐碱耐火浇注料有轻质和重质之分，气孔率大于 45% 的为轻质耐碱浇注料，气孔率小于 45% 的为重质耐碱浇注料。而重质的又可分为中温耐碱浇注料和高温耐碱浇注料。

轻质耐碱耐火浇注料所用的骨料有耐碱陶粒、黏土质多孔熟料、废瓷器料、高强度膨胀珍珠岩等，结合剂用铝酸钙水泥或水玻璃。耐碱性料可用高硅质耐火原料，该类材料在高温下会与碱金属氧化物反应生成高黏度的液相，形成一层釉化状致密保护层，以阻止碱金属熔融物的进一步渗透和侵蚀。其化学成分一般为：Al_2O_3 30%～55%，SiO_2 25%～45%。传统耐碱浇注料水泥用量为 25%～30%，则加水量为 20%～25%。由于在中温（800～1000℃）下水泥胶结构破坏，引起强度大幅度下降，只为烘干强度的 50% 左右。因此，可引入超微粉及合适的分散剂，使水泥用量降到 10%～20%，加水量降为 15%～20%。典型低水泥轻质耐碱耐火浇注料的物理性能如下：温度为 110℃，16h 烘干，体积密度 1.5～1.6g/cm³，抗折强度 3～6MPa，耐压强度 30～40MPa；温度 1100℃，3h 烧后，体积密度 1.4～1.5g/cm³，抗折强度 6.0～6.5MPa，耐压强度 40～45MPa，烧后线变化率 −0.3%～−0.5%；温度为 350℃，导热系数 0.4～0.5W/（m·K）。

重质耐碱耐火浇注料所用骨料有矾土熟料、黏土熟料等，结合剂和耐碱性粉料与轻质耐碱浇注料相同。其主要化学成分为：Al_2O_3 35%～60%，SiO_2 35%～60%。传统重质耐碱耐火浇注料水泥用量 20%，加水量 10%～15%；低水泥型重质耐碱耐火浇注料水泥用量 5%～15%，加水量 6.5%～7.5%。低水泥重质耐碱耐火浇注料结合剂采用铝酸钙水泥加氧化硅微粉（烟尘硅），加入氧化硅微粉既有助于提高浇注料的中温结合强度，也有助于在使用中浇注料衬体表面形成防渗透釉层，其特点是中温（1000～1200℃）烧后强度与烘干（110℃）后强度相当，耐碱侵蚀性能良好。典型的低水泥重质耐碱耐火浇注料的物理指标如下：温度为 110℃，16h 烘干，体积密度 2.20～2.59g/cm^3，抗折强度 4～8MPa，耐压强度 40～60MPa；温度 1100℃，3h 烧后，体积密度 2.20～2.40g/cm^3，抗折强度 6～10MPa，耐压强度 35～55MPa，烧后线变化率 −0.3%～−0.4%，热震稳定性（1100℃，水冷）大于 20 次；温度为 350℃，导热系数 1.2～1.3W/(m·K)。

重质耐碱浇注料主要用在焙烧氧化铝回转窑和水泥回转窑的窑尾、窑头、预热器、出料口、风口等部位。轻质耐碱耐火浇注料主要用于上述回转窑的预热器顶盖、筒体及窑内隔热衬里。耐碱浇注料也可用于钢铁、有色、玻璃、机械、石油化工等行业的有碱腐蚀的工业窑炉上。

耐碱浇注料性能指标见表 2-23。

表 2-23　耐碱浇注料性能指标

项目		普通型 GT-13N	高强型 GT-13NL
化学成分/%	Al_2O_3%	48	48
	SiO_2%	50	50
体积密度/（kg/m^3）	110℃，24h	2100	2200
常温耐压强度/MPa	110℃，24h	≥50	≥70
	1100℃，3h	≥50	≥70
常温抗折强度/MPa	110℃，24h	≥5	≥7
	1100℃，3h	≥5	≥7
永久线变化率/%	1100℃，3h	−0.1～−0.5	−0.1～−0.5
耐 碱 性		一级	一级
最高使用温度/℃		1300	1300

22. 耐碱浇注料耐碱机理是怎样的？

耐碱浇注料的耐碱机理是其在高温下会与碱金属氧化物反应生成高黏度的液相，形成一层釉化状保护层，以阻止碱金属熔融物的渗透和侵蚀。

23. 耐碱浇注料所用主要原料有哪些？

轻质耐碱耐火浇注料所用的骨料有耐碱陶粒、黏土质多孔熟料、废瓷器料、高强度膨胀珍珠岩等，结合剂用铝酸钙水泥或水玻璃。

重质耐碱耐火浇注料所用骨料有黏土熟料、废瓷器料等，结合剂和耐碱性粉料与轻质耐碱浇注料相同，结合剂一般使用铝酸钙水泥。

24. 什么是抗结皮浇注料？

以 SiC 为主要原料，添加高效减水剂与超微粉，以纯铝酸钙水泥作结合剂，可以大幅度降低结皮次数的浇注料称为抗结皮浇注料。

抗结皮浇注料耐磨性和耐蚀性好，高温强度大，导热系数高，线膨胀系数小，抗热震性好，不与水泥生料反应，具有良好的抗结皮性。

SiC 是一种优质的合成原料，目前在耐火材料行业的使用越来越广泛。SiC 由于其自身的独特性能，与水泥生料的黏附性很小，水泥生料一般很难附着在 SiC 浇注料表面，从而大大降低了由于水泥生料在窑尾下料斜坡等部位结块，而造成水泥生产线产量下降，甚至不得不停窑对结圈进行清理的情况的发生。

抗结皮浇注料根据体系内 SiC 含量一般可以分为两类：SiC-30（SiC 含量大于 30%）和 SiC-50（SiC 含量大于 50%）。两类抗结皮浇注料都可用于大中型新型干法水泥窑预热器下料斜坡、上升烟道、分解炉锥体等易结皮部位。

抗结皮浇注料骨料主要有低铝矾土骨料、废陶瓷、废电瓷、碳化硅，结合剂主要使用铝酸盐水泥。抗结皮浇注料性能指标见表 2-24。

表 2-24　抗结皮浇注料性能指标

产品名称		SiC-50	SiC-30
化学成分/%	Al_2O_3	≤25	≤35
	SiC	≥50	≥30
体积密度/（kg/m³）	110℃，24h	2500	2400
常温耐压强度/MPa	110℃，24h	≥70	≥80
	1100℃，3h	≥80	≥80
常温抗折强度/MPa	110℃，24h	≥8	≥9
	1100℃，3h	≥9	≥9
永久线变化率/%	1100℃，3h	±0.4	±0.4
耐碱性		一级	一级
最高使用温度/℃		1400	1350
施工参考用水量/%		5.5~6.5	6.0~7.0

25. 什么是高铝质耐火浇注料？

高铝质耐火浇注料是指主要以各级高铝矾土为骨料的一系列耐火浇注料，结合剂可以是水泥、磷酸或水玻璃等，高铝质耐火浇注料在水泥窑系统中应用非常广泛，如分解炉、前后窑口、窑门罩、箅冷机、余热发电系统、垃圾焚烧系统中都大量使用高铝质耐火浇注料。

高铝质耐火浇注料所用主要原料有各级高铝矾土，为了调节高温体积稳定性，还可以加入蓝晶石、硅线石、红柱石等原料，另外，为了提升抗热震性、耐磨性等，也可以引入莫来石、刚玉等组分。高铝浇注料性能指标见表 2-25。

表 2-25　高铝浇注料性能指标

产品名称		LC-160	GJ-15B
化学成分/%	Al_2O_3	≥75	≥70
体积密度/（kg/m³）	110℃，24h	≥2700	≥2600
常温耐压强度/MPa	110℃，24h	≥100	≥80
	1100℃，3h	≥110	≥100
	1500℃，3h	≥150	—
常温抗折强度/MPa	110℃，24h	≥14	≥10
	1100℃，3h	≥15	≥12
	1500℃，3h	≥15	—
永久线变化率/%	1100℃，3h	±0.4	±0.4
	1300℃，3h	±0.5（1500℃）	±0.5
耐碱性		—	二级
最高使用温度/℃		1600	1500
施工参考用水量/%		5.5～6.0	5.5～6.5

 ## 26. 什么是莫来石质耐火浇注料?

　　莫来石质耐火浇注料是指主要以莫来石为骨料或基质的一系列耐火浇注料。与高铝质耐火浇注料相比，具有体积稳定性好、抗热震性能好、耐磨性好等优点，一般水泥窑系统中可以使用高铝质耐火浇注料的部位，都可以使用莫来石质浇注料。

　　莫来石质浇注料的主要原料有电熔莫来石、烧结莫来石、黏土、刚玉、碳化硅、高铝矾土、铝酸盐水泥、硅灰、磷酸等。莫来石浇注料性能指标见表 2-26。

表 2-26　莫来石浇注料性能指标

产品名称		莫来石质浇注料	莫来石高强耐火浇注料
化学成分/%	Al_2O_3	≥65	≥75
	SiO_2	≤25	≤20
最高使用温度/℃		1500	1600
体积密度/（g/cm³）		≥2.65	≥2.75
耐压强度/MPa	110℃，24h	≥100	≥100
	1100℃，3h	≥110	≥120
	1500℃，3h	≥120	≥130
抗折强度/MPa	110℃，24h	≥10	≥12
	1100℃，3h	≥11	≥12
	1500℃，3h	≥12	≥12
线变化率/%	1100℃，3h	−0.1～0.3	−0.1～0.3
施工参考用水量/%		5.5～6.0	5.5～6.5

27. 什么是刚玉质浇注料?

刚玉质浇注料主要指骨料部分使用各类刚玉质原料的耐火浇注料。刚玉质浇注料与高铝质耐火浇注料相比具有体积稳定性好、耐磨性好等特点。由于刚玉质浇注料成本较高,性能好,所以一般只用于水泥使用条件苛刻的部位,如窑口、三次风管弯头等部位。

刚玉质浇注料所用主要原料有电熔白刚玉、电熔棕刚玉、烧结刚玉、煅烧氧化铝等,为了调节刚玉质浇注料的抗热震性能也可以加入锆英砂、莫来石等原料,结合剂可以使用磷酸、纯铝酸钙水泥、可水化氧化铝等。刚玉质浇注料性能指标见表 2-27。

表 2-27 刚玉质浇注料性能指标

产品名称		GJ-18S
化学成分/%	$Al_2O_3 + SiC$	≥90
体积密度/(kg/m³)	110℃,24h	≥3000
常温耐压强度/MPa	110℃,24h	≥150
	1100℃,3h	≥160
	1500℃,3h	≥160
常温抗折强度/MPa	110℃,24h	≥15
	1100℃,3h	≥20
	1500℃,3h	≥20
永久线变化率/%	1100℃,3h	±0.3
	1500℃,3h	±0.5
最高使用温度/℃		1750
施工参考用水量/%		4.5~5.0

28. 什么是耐磨浇注料?

耐磨浇注料主要指在常温和特定温度下具有良好耐磨蚀能力的浇注料,耐磨浇注料常温耐磨性的测定可以按照国家标准 GB/T 18301—2012《耐火材料 常温耐磨性试验方法》的试验方法进行测定,磨损量越小,表示该浇注料的耐磨性越好。

耐磨浇注料在水泥熟料烧成系统中主要承受水泥生料、熟料或含尘高温气体的剧烈磨损,所以耐磨浇注料所选用的原料必须具备体积密度大、机械强度高等特点。

耐磨浇注料适用于大中型水泥窑前窑口、喷煤管、三次风管弯头、闸板、篦冷机喉部等部位。

耐磨浇注料所用主要原料有电熔刚玉、烧结刚玉、电熔锆刚玉、碳化硅、氮化硅等。另外,为了提高材料的韧性和耐磨性,一般还需加入耐热钢纤维。

表 2-28 耐磨浇注料性能指标

产品名称		RT-92K	RT-85	RT-75	RT-65
化学成分/%	$Al_2O_3 + SiC$	≥92	≥85	≥75	≥65
体积密度/(kg/m³)	110℃×24h	≥3100	≥3000	≥2750	≥2650

续表

产品名称		RT-92K	RT-85	RT-75	RT-65
常温耐压强度/MPa	110℃，24h	≥150	≥150	≥120	≥110
	1100℃，3h	≥120	≥120	≥110	≥100
常温抗折强度/MPa	110℃，24h	≥15	≥15	≥11	≥10
	1100℃，3h	≥18	≥16	≥12	≥12
永久线变化率/%	1100℃，3h	±0.2	±0.2	±0.4	±0.4
施工参考用水量/%		4.0～5.0	4.5～5.5	5.5～6.5	5.5～6.5

29. 新型干法水泥回转窑定型隔热耐火材料主要有哪些品种？

定型隔热耐火材料方面，有普通硅酸钙隔热制品、硬钙硅石隔热耐火制品、耐火纤维制品，以及采用漂珠、陶粒、硅藻土、膨胀珍珠岩、空心球、其他轻质原料以及添加可燃物质制成的多种多样的隔热制品。

30. 隔热耐火材料如何分类？

隔热耐火材料是指气孔率高、体积密度低、导热率低的耐火材料。隔热耐火材料又称轻质耐火材料，它包括隔热耐火制品、耐火纤维和耐火纤维制品。

隔热耐火材料的特征是气孔率高，一般为 40%～85%；体积密度低，一般低于 $1.5g/cm^3$；导热系数低，一般低于 $1.0W/(m·K)$。它用作工业窑炉的隔热材料，可减少炉窑散热损失，节省能源，并可减轻热工设备的质量。隔热耐火材料机械强度、耐磨损性和抗渣侵蚀性较差，不宜用于炉窑的承重结构和直接接触熔渣、炉料、熔融金属等部位。

隔热耐火材料分类方法主要有以下几种：

（1）按使用温度分为低温隔热耐火材料（使用温度为 600～900℃）、中温隔热耐火材料（使用温度为 900～1200℃）和高温隔热耐火材料（使用温度大于 1200℃）。

（2）按体积密度分为一般轻质耐火材料（体积密度为 $0.4～1.0g/cm^3$）和超低轻质耐火材料（体积密度低于 $0.4g/cm^3$）。

（3）按原料分为黏土质、高铝质、硅质和镁质等隔热耐火材料。

（4）按生产方法分为燃尽加入法、泡沫法、化学法和多孔材料法等隔热耐火材料。

（5）按制品形状分为定形隔热耐火制品和不定形隔热耐火制品。

31. 隔热耐火材料的生产工艺有哪几种？

隔热耐火制品和致密耐火制品有所不同，主要方法有燃尽加入物法、泡沫法、化学法和多孔材料法。

（1）燃尽加入物法。该法是将锯木屑等可燃或可升华添加物放入泥料中，均匀混合，然后用挤坯法、半干法或泥浆浇注法成型，干燥后烧成。可燃或可升华添加物在烧成过程中烧掉，留下空孔，成为隔热耐火制品。

（2）泡沫法。该法是将泡沫剂放入打泡机中加水搅拌而制得细小均匀的泡沫，再将泡沫加入泥浆中共同搅拌成泡沫泥浆，注入模型，连同模型一同干燥，脱模，在 1320～1380℃

（对高铝隔热耐火砖而言）下烧成，经过加工整形即成制品。

（3）化学法。它是在制砖工艺中利用化学反应产生气体而获得一种多孔砖坯的方法。通常利用的化学反应如碳酸盐和酸、金属粉末加酸、苛性碱和铝粉等。可以利用的化学反应必须是比较缓慢而能控制，否则在倾注入模时受机械扰动气泡即行消失。如反应太快，可加入抑制剂如过氧化氢与二氧化锰。在细粉原料泥浆中混入发生气泡的反应物获得稳定的泡沫泥浆，注入模型，干燥后烧成。此法制造纯氧化物隔热耐火制品，其气孔率可达到55%～75%。

（4）多孔材料法。该法是利用膨胀珍珠岩、膨胀蛭石和硅藻土等天然轻质原料，通过人工制造的各种空心球为原料，加一定的结合剂，通过混合、成型、干燥和烧成等工序而制成隔热耐火制品。

32. 什么是硅酸钙板？

硅酸钙板是以硅藻土和石灰为主要原料，加入增强纤维制成的隔热耐火制品，又称硅钙板。硅酸钙板可锯可钉，可制成板、块或套管等形状。硬钙硅石制品的一次粒子是纤维状硬钙硅石、二次粒子是一次粒子互相缠绕形成栗壳状空心球。硬钙硅石制品本质是一种空心球制品，又是一种纤维制品。低温下，硅酸钙制品具有一定的机械强度，也有很好的隔热性能。高温下，硅酸钙制品的隔热性能逐渐变差。受中温长期作用，硅酸钙制品也会变质，逐渐丧失其隔热性能。

33. 硅酸钙板的生产工艺是怎样的？

硅酸钙保温材料是以氧化硅（石英砂粉、硅藻土等）、氧化钙（也有用消石灰、电石渣等）和增强纤维（如石棉、玻璃纤维等）为主要原料，经过搅拌、加热、凝胶、成型、蒸压硬化、干燥等工序制成的一种新型保温材料。生产工艺如下：

石灰加水消解，经过三道滤网过滤后，放入存浆桶，用泥浆泵输送至混合桶内，和硅藻土、水玻璃、石棉（或其他纤维）及水一起进行混合搅拌，然后用泵将混合后的稠胶液送到凝胶桶进行加热凝胶，送至中间均液储槽，再分别送往油压机加压成型，成型后的湿制品进蒸压釜蒸压硬化，然后再送至烘房干燥脱水，经抽样质检后成品入库。整个工艺流程可概括地分为：石灰消解、混合配料、加热凝胶、加压成型、蒸压硬化及干燥脱水等几个步骤。硅酸钙制品的成型工艺分为浇注成型和压制成型。浇注成型，模具较简单，生产成本较低，但蒸养后制品必须经过整形阶段，仍有结构松紧不均，外形残缺的现象；压制成型，需有专用的压力机和造价昂贵的模具，但蒸养后制品外形完整，结构均匀。

34. 硅酸钙绝热保温材料制品如何分类？

根据 GB/T 10699—1998《硅酸钙绝热制品》规定的技术要求有：外观质量、密度、质量含湿率、抗压强度、抗折强度、导热系数（平均温度为 $100℃$、$200℃$、$300℃$、$400℃$、$500℃$、$600℃$，通常取工作温度范围内 3～5 个温度点）、最高使用温度（包括匀温灼烧试验温度、线收缩率、裂缝、剩余抗压强度）、燃烧性能、腐蚀性和憎水率。目前，硅酸钙保温材料可以分为以下几种：

（1）有石棉硅酸钙。以石棉纤维作为增强纤维制得的硅酸钙。

（2）无石棉硅酸钙。一种用耐碱玻璃纤维代替石棉纤维制得的硅酸钙。无石棉硅酸钙在导热系数、机械强度和线收缩等主要性能上，均较有石棉硅酸钙有所提高。尤其是机械强度和脆性的改善，有利于工程施工安装和损耗的降低。

（3）超轻硅酸钙。硅酸钙生产工艺采用的是静态法，而超轻硅酸钙所采用工艺是动态法，只是静态法中的胶化凝胶过程在动态法中，改为高压下加热搅拌制成（数量多、体积大）非晶质或亚结晶质的水合物，然后与静态法一样加压成型、蒸压硬化，再进入烘房干燥，这样成型的硅酸钙称为超轻硅酸钙，其导热系数、抗折强度等性能均优于有石棉硅酸钙，特别是密度要轻 1/2，使用温度也由 650℃ 提高到 1000℃。

（4）高强度硅酸钙。高强度硅酸钙是以硅质材料与钙质材料通过水化反应合成，以托贝莫来石为主要结晶体的材料，并用胶粘剂及增强材料来提高制品的强度，同时控制压缩比来达到密度要求，改变工艺条件来控制导热系数，增加减缩剂来控制收缩率。

根据使用温度可分为两种，温度不大于 650℃（Ⅰ型）和温度不大于 1000℃（Ⅱ型）；根据其加入的增强纤维，分为有石棉和无石棉两种；按密度分为 270、220、170 和 140 四种。理化性能指标见表 2-29。

表 2-29 硅酸钙绝热制品的物理指标

产品类型		Ⅰ型			Ⅱ型			
		240号	220号	170号	270号	220号	170号	140号
密度/（kg/m³）		≤240	≤220	≤170	270	≤220	≤170	≤140
质量含湿率/%		≤7.5						
抗压强度/MPa	平均值≥	0.50		0.40	0.50		0.40	
	单块值≥	0.40		0.32	0.40		0.32	
抗折强度/MPa	平均值≥	0.30		0.20	0.30		0.20	
	单块值≥	0.24		0.16	0.24		0.16	
导热系数/（W/m·K）≤								
平均温度	100℃	0.065		0.058	0.065		0.058	
	200℃	0.075		0.069	0.075		0.069	
	300℃	0.087		0.081	0.087		0.081	
	400℃	0.100		0.095	0.100		0.095	
	500℃	0.115		0.112	0.115		0.112	
	600℃	0.130		0.130	0.130		0.130	
最高使用温度	灼烧试验温度/℃	650			1000			
	线收缩率/%≤	2			2			
	裂缝	无贯穿缝			无			
	剩余抗压强度/MPa≥	0.40		0.32	0.40		0.32	

 35. 什么是耐火纤维？

耐火纤维是一种纤维状轻质耐火材料，具有质量轻、耐高温、导热系数低、热容小等优点。耐火纤维按其矿物组成主要分为玻璃态纤维和多晶纤维两大类。玻璃态纤维的生产采用电阻法喷吹（或甩丝）成纤和干法针刺制毯工艺；多晶纤维生产采用胶体法喷吹（或甩丝）成纤及高温热处理工艺。此外，随着湿法真空成型技术、纤维织造技术、纤维喷涂技术以及纤维不定形材料技术的发展，使耐火纤维及其二次制品生产工艺和装备日趋完善，耐火纤维的使用范围已由1200℃以下开始扩大到1200～1600℃的高温窑炉工程应用中，成为行之有效的节能材料。

耐火纤维按使用温度分类，可分为三类：低档耐火纤维，使用温度800～1100℃；中档耐火纤维，使用温度1100～1300℃；高档耐火纤维，使用温度大于1300℃。

耐火纤维也可根据材料形态分为四种，见表2-30。

表2-30 耐火纤维的形态分类

类别	特征	实例
散状耐火纤维	有弹性、松散状隔热填充料	各种散状耐火纤维棉
定形耐火纤维	由散状耐火纤维加工成的微孔定形二次制品	耐火纤维毯、毡、板、纸、组件、异形制品、纺织制品
不定形耐火纤维	以散状耐火纤维为骨料与粘结剂、添加剂配制而成	耐火纤维可塑料、浇注料、捣打料及涂抹料
混配耐火纤维	由晶质纤维和非晶质纤维按一定比例混配制成多微孔定形纤维制品	各种混配（纺）耐火纤维制品

 36. 耐火纤维如何分类？

耐火纤维（无机纤维）的分类及使用温度如下：

（1）天然，即石棉600℃。

（2）非晶质，包括：①玻璃棉＜400℃；②石棉（岩棉）＜400℃；③渣棉＜600℃；④玻璃质石英纤维＜1200℃；⑤硅酸铝质纤维，其又具体细分为一般品＜1200℃，添加Cr_2O_3制品＜1400℃，高铝质＜1400℃。

（3）多晶质，包括：①熔融石英纤维＜1200℃；②高铝纤维＜1400℃；③二氧化锆纤维＜1600℃；④钛酸钾质纤维＜1200℃；⑤碳化硼质纤维＜1500℃；⑥碳纤维＜2500℃；⑦硼纤维＜1500℃。

（4）单结晶，包括：①氧化铝＜1800℃；②氧化镁＜1800℃；③碳化硅＜2000℃。

（5）复合纤维（多相），包括：①硼＜1700℃；②碳化硅＜1900℃；③碳化硼＜1700℃。

（6）金属纤维，包括：①钢＜1400℃；②碳素钢＜1400℃；③钨＜3400℃；④钼＜2600℃；⑤铍＜1280℃。

耐火纤维按微观结构可分为非晶质和多晶质两类：

非晶质耐火纤维为Al_2O_3含量在45%～60%的硅酸铝系纤维。由高温溶液在纤维化过程中骤冷制得，呈非晶质的玻璃态结构。用天然原料（高岭石或耐火黏土）制成的纤维称为普通硅酸铝耐火纤维；用纯氧化铝和氧化硅作原料制成的纤维称为高纯硅酸铝耐火纤维；加入约5%氧化铬的称为含铬硅酸铝纤维；Al_2O_3含量60%左右的称为高铝纤维。

多晶质耐火纤维主要是Al_2O_3含量在70%左右的莫来石质纤维、Al_2O_3含量在95%左右

的氧化铝纤维和氧化锆纤维。这类纤维是微晶结构，晶粒尺寸在几十纳米的居多。多晶质耐火纤维的制造方法有胶体法和先驱体法。

表 2-31　耐火纤维主要类别

类别			使用温度/℃
天然的	石棉、岩棉		<600
非晶质	玻璃纤维		<400
	矿渣棉		1000~1150
	玻璃质硅纤维		<1000
	硅酸铝纤维	普通硅酸铝纤维	1000
		高纯硅酸铝纤维	1100
		高铝硅酸铝纤维	1200
		含 Cr_2O_3 硅酸铝纤维	1200
		含 ZrO_2 硅酸铝纤维	1300~1350
多晶质	氮化硼纤维		<1800
	莫来石纤维		<1400
	氧化铝纤维		<1400
	氧化锆纤维		<1600
	碳化硅纤维		<1700
	碳纤维		<2500
	钛酸钾纤维		<1100/1200
单结晶	SiC 纤维		<2000
	MgO 纤维		<1800
复合纤维	硼		<1700
	碳化硅		<1900
	碳化硼		<1700
金属纤维	钢		<1400
	碳素钢		<1400
	钨		<3400
	钼		<2500

37. 耐火纤维有什么特性？

耐火纤维的特性如下：

（1）耐高温。最高使用温度在 1260~2500℃，甚至更高；而一般的玻璃棉、石棉、矿棉、渣棉等，最高使用温度仅为 580~830℃。

（2）低导热系数。在高温区的导热系数很低，100℃时，耐火纤维的导热系数仅为耐火砖的1/10~1/5，为普通黏土砖的 1/20~1/10。经统计，若在加热炉、退火炉以及其他一些工业窑炉上用耐火纤维代替耐火砖等作炉衬，质量可降低 80％以上，厚度可减少 50％以上。

（3）化学稳定性好。除强碱、氟、磷酸盐外，几乎不受化学药品的侵蚀。

（4）抗热震性好。无论是纤维材料或者是制品，均有耐火砖无法比拟的良好抗热震性。

（5）热容低。节省燃料，炉温升温快，对间歇性操作的炉子尤为显著，为耐火砖墙的1/72，为轻质黏土砖的1/42。

（6）柔软、易加工。用耐火纤维制品筑炉效果好、施工方便，降低了劳动强度，提高了效果。

据国外资料报道，工业炉用耐火纤维，燃料可大大降低，其中以油、气和电为动力的窑炉，其能源消耗分别可下降26%、35%和48%以上。

38. 耐火纤维制品有哪些优缺点？

耐火纤维制品的优点是低温隔热性能很好；缺点是高温下隔热性能变差，受高温长期作用后变质，且污染环境。

耐火纤维隔热材料是纤维的聚集体，纤维之间有很大空隙。低温下，传导是主要的导热机理，耐火纤维有良好的隔热性能。高温下，辐射是主要的导热机理，耐火纤维中的连通气孔成为主要传热通道。因辐射和绝对温度的4次方成正比，随温度增高，耐火纤维制品的隔热能力急剧降低。中温下，玻璃态耐火纤维是热力学不稳定物质。随着玻璃的析晶，玻璃态纤维将会发生粉化。结晶态耐火纤维的热力学稳定性好于玻璃态纤维，但高温作用下，结晶态纤维也会发生烧结而逐渐粉化。粉化的纤维吸入肺部后，就会影响人的健康。欧盟已将耐火纤维列为第二类的致癌物质。

39. 什么是硅酸铝纤维？

硅酸铝纤维是一种新型轻质耐火材料，该材料具有相对密度轻、耐高温、热稳定性好、热传导率低、热容小、抗机械振动好、受热膨胀小、隔热性能好等优点，经特殊加工，可制成硅酸铝纤维板、硅酸铝纤维毡、硅酸铝纤维绳、硅酸铝纤维毯等产品。新型密封材料具有耐高温导热系数低、相对密度轻、使用寿命长、抗拉强度大、弹性好、无毒等特点，是取代石棉的新型材料，广泛用于冶金、电力、机械、化工的热能设备上的保温。

一般其性能能够达到：密度$80 \sim 125 kg/m^3$；导热系数$0.034 W/(m \cdot K)$左右；含湿率$\leq 7.5\%$；烧失量$(18 \pm 2)\%$；纤维细度$2.3 \mu m$左右；最高使用温度$1260℃$；渣球含量8.6%；$\phi > 0.25mm$；线收缩度（$1000℃$，$3h$）$\leq 2.6\%$。

总体而言，硅酸铝纤维具有低导热率，低热容量，良好的热稳定性和抗热震性好，较高的耐压强度和韧性，抗风蚀能力优良以及优良的机械加工性能，因而它被广泛地应用于工艺窑炉壁衬、高温陶瓷窑炉的挡板、窑衬、窑车、炉门挡板等高温热设备的隔热。

40. 什么是多晶纤维？

耐火纤维因其热容量小、导热率低、热敏性好等特点作为耐火绝热材料，广泛应用在工业炉窑等热工设备上。近些年来，耐火纤维的应用在降低能耗、提高热工设备的各项经济指标方面，取得了显著的成效，从而促进了新型节能材料的迅速发展。

1981年，国家将耐火纤维列为重点推广的节能材料，扩大了耐火纤维的应用领域。也正是由于其应用领域和使用温度范围的不断拓宽，人们才逐渐发现了在$1300℃$以上的炉窑内应用非晶体（玻璃态）耐火纤维所出现的粉化、脱落现象。为此，人们在研究耐火纤维在高温下的损坏机理的同时，开始注意到了对非晶体（玻璃态）耐火纤维的微观组织构成和矿物相组成的深入研究，并提出了控制纤维的微观组织结构，提高纤维的使用温度，发展晶体耐火纤维的新设想。晶体耐火纤维正是在这种情况下发展起来的。

晶体耐火纤维最初出现于 20 世纪 50 年代，20 世纪 70 年代初期形成工业规模化生产，是继玻璃态纤维之后发展起来的新型超轻质高温隔热材料。目前国内以硅酸铝系晶体纤维为主，如多晶莫来石纤维（Al_2O_3 占 72%）、多晶氧化铝纤维（Al_2O_3>85%），其中多晶莫来石纤维由莫来石（Mullite）微晶体构成，并集晶体材料和纤维材料特性于一体，有极好的耐热稳定性，长期使用温度可达 1400～1600℃。

自晶体纤维研制开发成功以来，因其独有的质量轻、耐高温、热稳定性好、导热率低、热容量小等优点，被广泛应用于世界各工业的高温绝热领域。

41. 陶瓷纤维有哪些性能？应用情况如何？

国外在提高陶瓷纤维产量的同时，注意研制开发新品种，除 1000 型、1260 型、1400 型、1600 型及混配纤维等典型陶瓷纤维制品外，近年来在熔体的化学组分中添加 ZrO_2、Cr_2O_3 等成分，从而使陶瓷纤维制品的最高使用温度提高到 1300℃。此外，有些生产企业还在熔体的化学组分中添加 CaO、MgO 等成分，研制开发成功多种新产品，如可溶性陶瓷纤维含 62%～75%Al_2O_3 的高强陶瓷纤维及耐高温陶瓷纺织纤维等。因此，目前在国外陶瓷纤维的应用带来了十分显著的经济效益，导致陶瓷纤维的应用范围日益扩大，一些主要工业发达国家的陶瓷纤维产量继续保持持续增长的发展势头，其中尤以玻璃态硅酸铝纤维的发展最为迅速。同时，随着陶瓷纤维应用范围的不断扩大，导致陶瓷纤维制品的生产结构随之发生重大改变，如陶瓷纤维毯（包括纤维块）的产量由过去占陶瓷纤维产量的 70% 下降至 45%；陶瓷纤维深加工制品（如纤维绳、布等纤维制品）、纤维纸、纤维浇注料、可塑料、涂抹料等纤维不定形材料的产量大幅度增长，接近于陶瓷纤维产量的 15%。陶瓷纤维新品种的开发生产和应用，大大促进了陶瓷纤维的应用技术和施工方法的发展。

我国陶瓷纤维生产起步较晚，在 20 世纪 70 年代初期，才先后在北京耐火材料厂和上海耐火材料厂研制成功并投入批量生产。

其后十余年主要以"电弧炉熔融、一次风喷吹成纤、湿法手工制毡"的工艺生产陶瓷纤维制品，工艺落后，产品单一。自 1984 年首钢公司耐火材料厂从美国 CE 公司引进电阻法甩丝成纤陶瓷纤维针刺毯生产线后，至 1987 年，又有河南陕县电器厂、广东高明硅酸铝纤维厂和贵阳耐火材料厂分别从美国 BW 公司和 Ferro 公司引进了 3 条不同规模、不同成纤方法的陶瓷纤维针刺毯生产线及真空成型技术，从此改变了我国陶瓷纤维生产工艺、生产设备落后和产品单一的面貌。

自 1986 年开始，我国通过对引进的陶瓷纤维生产设备和工艺消化、吸收，并结合国情研制、设计建成了不同类型的电阻法甩丝（或喷吹）成纤干法针刺毯生产线 82 条，安装在 45 家企业内。年产量已达到 10 万 t 以上，成为世界最大的生产国。产品品种多样化，除批量生产低温型、标准型、高纯型、高铝型等多种陶瓷纤维针刺毯及超轻质树脂干法毡（板）外，还可生产 14%～17%ZrO_2 的含锆纤维毯，其使用温度可达 1300℃以上。

20 世纪 80 年代末期，日本直井机织公司、车铁及英特莱等机织品公司相继在北京投资建成了陶瓷纤维纺织品专业生产企业，并批量生产陶瓷纤维布、带、扭绳、套管、方盘根等陶瓷纤维纺织品，纤维织品生产所需的散状纤维棉及工艺装备均已实现了国产化。20 世纪 90 年代初，北京、上海、辽宁鞍山、山东、河南三门峡等地先后从美国、法国、日本等国引进了陶瓷纤维的喷涂技术和设备，并在冶金、石化部门工业窑炉上应用了陶瓷纤维喷涂炉衬，节省了能耗，取得了良好的经济效益，现已得到了普遍推广，同时在冶金、石化和机械等部门工业炉和加热装置中的应用取得了成功的经验。与陶瓷纤维喷涂技术同步发展的陶瓷纤维浇注料、可塑料、涂抹料等纤维不定形材料，不仅已建有国内生产企业，而且已在各类工业窑炉、加热装置和高温管道上推广应用。

因此，目前我国陶瓷纤维已处于持续调整发展的阶段，陶瓷纤维的生产工艺与设备，尤其是干法针刺毯的生产工艺与设备具有世界先进水平，含铬、含锆硅酸铝纤维板，多晶氧化铝纤维，多晶莫来石纤维及混配纤维制品等新型陶瓷纤维与制品相继开发成功，并投放了工业化生产，使纤维状轻质耐火材料构成了完整的系列产品。陶瓷纤维应用范围的不断扩大，致使高强度、抗风蚀硬性纤维壁衬应用日益普及。同时，陶瓷纤维生产技术的发展，也大大推动了陶瓷纤维的应用技术和施工方法的发展。

42. 什么是纤维毡？

将纤维交错粘压，成为具有一定强度的毡制品，加结合剂，亦可不加，我国某厂利用加结合剂粘压法，生产出了质量较高的纤维毡制品。英国与比利时生产 Triton Kaowool 纤维制品时，采用特殊结合剂，纤维长 25cm 以下，扭转 180℃ 不破坏。

纤维毡可作为高温板材，施工时无需留膨胀缝，毡的宽度通常为 600～900mm 或 1200mm，成板状或圆筒状，也可根据施工需要确定尺寸。

43. 什么是绝热保温材料耐火材料？

根据设备及管道保温技术通则，绝热材料是指在平均温度等于或小于 623K（350 摄氏度）时，导热系数小于 0.14W/(m·K) 的材料。绝热材料通常具有质轻、疏松、多孔、导热系数小的特点。一般用来防止热力设备及管道热量散失，或者在冷冻（也称普冷）和低温（也称深冷）下使用，因而在我国绝热材料又称为保温或保冷材料。同时，由于绝热材料的多孔或纤维状结构具有良好的吸声功能，因而也被广泛应用于建筑行业。

绝热保温材料具有如下的性能指标：

(1) 导热系数。作为绝热类材料，导热系数应越小越好，一般应选用导热系数小于 0.14W/(m·K)，作为保冷的绝热材料，对导热系数的要求更高。

(2) 相对密度。绝热材料的相对密度一般应低于 600kg/m³。相对密度小的材料，一般导热系数也小，但同时机械强度也随之降低，故要合理选择。

(3) 机械强度。要使绝热材料在自身质量及外力作用下不变形和损坏，其抗压强度应不小于 3kg/cm²。

(4) 吸水率。绝热材料吸水后不但会大大降低绝热性能，而且会加速对金属的腐蚀，是十分有害的。因此，要选择吸水率小的绝热材料。

(5) 耐热性和使用温度。要根据使用场所的温度情况选择不同耐热性能的绝热材料。"最高使用温度"就是绝热材料耐热性的依据。

44. 绝热保温材料耐火材料如何分类？

绝热材料种类繁多，一般可按材质、使用温度、形态和结构来分类。

按材质可分为有机绝热材料、无机绝热材料和金属绝热材料三类。

热力设备及管道用的保温材料多为无机绝热材料。这类材料具有不腐烂、不燃烧、耐高温等特点。例如：石棉、硅藻土、珍珠岩、玻璃纤维、泡沫玻璃混凝土、硅酸钙等。

普冷下的保冷材料多用有机绝热材料，这类材料具有导热系数极小、耐低温、易燃等特点。例如：聚苯乙烯泡沫塑料、聚氯乙烯泡沫塑料、氨酯泡沫塑料、软木等。

按形态又可分为多孔状绝热类材料、纤维状绝热类材料、粉末状绝热和层状绝热材料四种。多孔状绝热材料又叫泡沫绝热材料，具有质量轻、绝热性能好、弹性好、尺寸稳定、耐稳性差等特点。主要有泡沫塑料、泡沫玻璃、泡沫橡胶、硅酸钙、轻质耐火材料等。纤维状绝热材料可按材质分为有机纤维、无机纤维、金属纤维和复合纤维等。在工业上用作绝热类材料的主要是无机纤维，目前用得最广的纤维是石棉、岩棉、玻璃棉、硅酸铝陶瓷纤维、晶质氧化铝纤维等。粉末状绝热材料主要有硅藻土、膨胀珍珠岩及其制品。这些材料的原料来源丰富，价格便宜，是建筑和热工设备上应用较广的高效绝热材料。具体如下：

泡沫型保温材料。泡沫型保温材料主要包括两大类：聚合物发泡型保温材料和泡沫石棉保温材料。聚合物发泡型保温材料具有吸收率小、保温效果稳定、导热系数低、在施工中没有粉尘飞扬、易于施工等优点，正处于推广应用时期。泡沫石棉保温材料也具有密度小、保温性能好和施工方便等特点，推广发展较为稳定，应用效果也较好。但同时也存在一定的缺陷，例如，泡沫棉容易受潮，浸于水中易溶解，弹性恢复系数小，不能接触火焰和在穿墙管部位使用等。

复合硅酸盐保温材料。复合硅酸盐保温材料具有可塑性强、导热系数低、耐高温、浆料干燥收缩率小等特点。主要种类有硅酸镁、硅镁铝、稀土复合保温材料等。而近年出现的海泡石保温隔热材料作为复合硅酸盐保温材料中的佼佼者，由于其良好的保温隔热性能和应用效果，已经引起了建筑界的高度重视，显示出强大的市场竞争力和广阔的市场前景。海泡石保温隔热材料是以特种非金属矿物质——海泡石为主要原料，辅以多种变质矿物原料、添加助剂，采用新工艺经发泡复合面而成。该材料无毒、无味，为灰白色静电无机膏体，干燥成型后为灰白色封闭网状结构物。其显著特点是导热系数小、温度使用范围广、抗老化、耐酸碱、轻质、隔声、阻燃、施工简便、综合造价低等。主要用于常温下建筑屋面、墙面、室内顶棚的保温隔热，以及石油、化工、电力、冶炼、交通、轻工与国防工业等部门的热力设备，管道的保温隔热和烟囱内壁、炉窑外壳的保温（冷）工程。这种保温隔热材料，将以其独特的性能开创保温隔热节能的新局面。

硅酸钙绝热制品保温材料。硅酸钙绝热制品保温材料在20世纪80年代曾被公认为块状硬质保温材料中最好的一种，其特点是密度小、耐热度高，导热系数低，抗折、抗压强度较高，收缩率小。但进入20世纪90年代以来，其推广使用出现了低潮，主要原因是许多厂家采用纸浆纤维。以上做法虽然解决了无石棉问题，但由于纸浆纤维不耐高温，由此影响了保温材料的耐高温性，并增加了破碎率。该保温材料在低温部位使用时，性能虽不受影响，但并不经济。

纤维质保温材料。纤维质保温材料在20世纪80年代初市场上占有大量的份额，是因为其优异的防火性能和保温性能，主经适用于建筑墙体和屋面的保温。但由于投资大，所以生产厂家不多，限制了它的推广使用，因而现阶段市场占有率较低。

45. 什么是轻质隔热耐火砖？

轻质隔热耐火砖属于隔热材料，它能减少窑体散热，节约窑炉能耗，还可减轻窑体质量，降低窑炉综合造价。轻质隔热耐火材料的主要使用性能有体积密度、气孔率、导热系数、使用温度及机械强度。完全满足各项性能要求的隔热材料是不多的。轻质耐火砖的缺点是隔热性能差，优点是长期耐高温性能很好。

轻质耐火砖中气孔是通过添加可燃物、发泡剂或空心球等轻骨料制作的，气孔的尺寸较大。这些气孔不仅隔热的效果不高，还影响制品的力学性能。如果提高气孔的体积分数，很多大气孔就会团聚在一起，影响隔热砖的强度。但是，轻质隔热砖的比表面积较低，比表面能较低。因而，热力学稳定性较好。受热长期作用后，不易发生变质。

轻质隔热耐火砖的种类很多，可按不同方法分类：①按使用温度分为低温型（小于900℃），如硅藻土砖、珍珠岩砖；中温型（1000～1200℃），如蛭石、硅酸钙、轻质黏土砖、硅酸铝纤维；高温型（>1200℃），如轻质高铝砖、氧化铝空心球。②按体积密度分为次轻质（$1.0～1.3g/cm^3$）；轻质（$0.4～1.0g/cm^3$）和超轻质（$0.4g/cm^3$以下）。③按生产方法分为加入可燃物质法、泡沫法和化学法。④按形态分为纤维状、多孔状和颗粒状。⑤按质地分为天然的和人造的。常见轻质隔热耐火砖使用温度范围及主要特点见表2-32。

表 2-32　轻质耐火砖使用温度及主要特点

名称	使用温度/℃	主要特点
硅藻土砖	<900	以天然多孔原料制造，导热系数小，隔热性能好
轻质黏土砖	1200～1400	多用可燃物质法制造，应用较广泛
董青石砖	1300	热膨胀小，耐剥落性能好
轻质刚玉砖	≥1600	氧化铝含量高，主成分为 $\alpha\text{-}Al_2O_3$，可在还原气氛下应用
轻质硅砖	1220～1550	荷重软化点高，热稳定性好
钙长石砖	1200～1300	主成分为 $CaO \cdot Al_2O_3 \cdot 2SiO_2$，体积密度小，耐崩裂性能好
泡沫氧化铝砖	1350～1500	泡沫法，用于窑炉高温隔热层

第四节　水泥窑用绿色耐火材料

1. 水泥窑用绿色耐火材料的发展情况如何？

中国耐火材料行业协会将绿色耐火材料的理念概括为：品种质量优良化；资源、能源节约化；生产过程环保化；使用过程无害化。

（1）水泥窑用耐火材料品种质量优良化

我国水泥工业最早使用的耐火材料是由钢铁系统提供的黏土砖与三级高铝砖，由于行业条块分割和以钢为纲的指导方针，水泥行业用耐火材料的供应难以得到保证。

1964 年，中国建筑材料科学研究院研制了低钙铝酸盐耐火混凝土砌块。砌块以一级高铝矾土熟料和低钙铝酸盐水泥为原料，经成型、养护、烘干制成。该砌块在水泥回转窑可使用100d左右，使用寿命不低于原有材料，有时还有所提高。由于该种产品的生产不需要国家申请从外系统调拨耐火材料，解决了水泥工业生产的急需。

1973年，中国建筑材料科学研究院开始研制磷酸盐结合高铝砖（磷酸盐砖）、磷酸盐结合高铝质耐磨砖（耐磨砖）、水玻璃结合镁砖和聚磷酸钠结合镁砖，试制产品获得了良好的使用效果，大幅度提高了水泥回转窑的寿命。

磷酸盐砖用于传统水泥回转窑过渡带和冷却带可以保证获得半年以上的寿命。得不到镁砖供应时，磷酸盐砖用于烧成带可以使用100～200d，寿命比水泥砖或三级高铝砖提高30%～100%。

耐磨砖用于传统水泥回转窑窑口、多筒冷却机、单筒冷却机，寿命比原来的黏土砖和三级高铝砖提高1～6倍。

水玻璃镁砖在大同水泥厂烧成带经3窑次试用获得了217d的平均寿命，较原用水泥砖82d提高1.6倍；用于过渡带可达400d，比原用三级高铝砖增加4倍。

水泥窑用磷酸盐结合高铝砖、磷酸盐结合耐磨砖、水玻璃结合镁砖、聚磷酸钠结合镁砖的研制有力地支持了水泥工业的发展，为国民经济建设做出了贡献。首先，这四种砖都是不烧耐火材料，不需要使用当时稀缺的高温设备就可满足水泥行业的发展需求。其次，提高了水泥回转窑衬寿命，为水泥企业增产节能、提高经济效益做出了突出贡献。

20世纪80年代，我国先后引进了冀东、宁国、柳州等新型干法水泥生产线。但是新型干法水泥生产线所需的8类20多个品种的耐火材料全部需要进口。所以，国家在"六五"至"九五"期间将新型干法水泥窑用耐火材料列入国家重点科技计划。

中国建材院承担了研制新型干法水泥窑用耐火材料的国家科研项目，通过科技攻关，研究并解决了新型干法水泥窑用耐火材料的一系列技术问题，成功制造了直接结合镁铬砖、方镁石镁铝尖晶石砖、低铬碱性砖、无铬碱性砖、抗剥落高铝砖、复合碱性砖、系列耐碱转、系列耐碱浇注料、低水泥耐火浇注料、硅酸钙板和系列高强隔热砖。

（2）水泥窑用耐火材料资源能源节约化

不定形耐火材料因具有生产工艺简单，生产周期短，从制备到施工的综合能耗低，可机械化施工且施工效率高，可通过局部修补并在残衬上进行补浇而减少材料消耗，适宜于复杂构型的衬体施工和修补，便于根据施工和使用要求调整组成和性能等优点，在世界各国都得到了迅猛发展。其在整个耐火材料中所占的比例，已成为衡量耐火材料行业技术发展水平的重要标志。

不定形耐火材料由于交货时无需烧成，即使是预制件也只需在较低温度热处理即可，因此符合低碳经济和绿色耐火材料的理念。

我国水泥工业不定形耐火材料的使用占比一直处于不断增加的过程中。目前预热器、分解炉、窑门罩、篦冷机等系统所用耐火材料主要是以不定形耐火材料为主。系列耐碱浇注料、低水泥高铝浇注料、莫来石浇注料、刚玉浇注料等都在水泥窑系统中得到了使用，并取得了良好的使用效果。

（3）水泥窑用耐火材料生产过程环保化

耐火材料是典型的无机非金属材料，耐火砖典型的生产工艺是把各种原材料按照适当的比例配合，配合料混合后经压砖机压制成型，部分产品的毛坯通过干燥后可直接使用，而大多数砖坯需经过高温烧成后使用。在耐火材料的生产过程中，易造成粉尘污染、噪声污染以及烧成过程中带来的大气污染。

现代大型耐火材料生产企业从耐火原料的准备到最终产品的出厂环节，必须在各个扬尘点设置除尘装置，减少工厂内的粉尘污染，但是由于耐火材料生产企业众多，很多是小型的乡镇企业，所以很多小耐火材料生产企业的粉尘污染问题还比较严重。粉尘污染不但会带来环境问题，更严重的是会对耐火材料生产人员的健康带来损害，长期接触粉尘、且自身安全防护不够的工人易产生以"尘肺病"为代表的职业病。

耐火材料在混料、成型过程中，由于机械摩擦，会产生噪声污染，长期工作在高分贝环境下的工人听力易受损。

耐火材料在烧成时可使用的能源有煤、重油、天然气等。以煤粉为代表的能源在燃烧过程中会大量产生二氧化硫、氮氧化合物等污染物，一般的耐火材料生产企业没有实力、也没有意识进行这些方面的污染控制。

因此，在耐火材料生产过程中，应该严格控制小型、不具备生产过程污染控制的耐火材料企业生产，降低耐火材料生产过程中产生的环境危害。

（4）水泥窑用耐火材料使用过程无害化

水泥窑用耐火材料在使用过程中一般不会给环境或水泥产品造成不利影响，但是用后耐火材料的处理不当会给环境带来严重的问题。

水泥窑耐火材料一般在使用完毕后会有部分残留，如烧成带拆卸下来的镁砖，一般厚度还有原砖厚度的 $1/4\sim1/3$。以前，大量废弃的耐火材料普遍都被随意堆放，由于水泥窑大量使用的镁铬砖废砖中存在强致癌物质"六价铬"，而"六价铬"又是可溶于水的，所以随意堆弃的耐火材料经雨水冲刷后会给当地环境带来严重的危害。

为了彻底解决"六价铬"的污染问题，在水泥窑中限制、直至淘汰含铬耐火材料的使用已经成为水泥企业必须面临的现实选择。

2. 铬公害有哪些表现？

在日常水泥窑的正常运行中，在高温和碱性使用环境下，镁铬砖中含有的三氧化二铬（Cr_2O_3）会和窑气中的碱金属氧化物反应生成六价铬化合物（R_2CrO_4），在硫、氯、碱均存在的条件下，也可形成 $R_2(Cr \cdot S)O_4$ 固溶体。这两种化合物都是有毒的水溶性物质，无论是经窑尾排放到大气中，还是存留在使用后拆除的残砖中，六价铬离子经雨水溶入环境水都将对人类及动物造成严重危害，更直接的危害是，在每次窑内的拆转检修作业时，窑气和碎砖粉尘会给现场人员造成严重毒害。具有关专家论证，Cr^{6+} 腐蚀皮肤，使人患上大骨节病，进而致癌。

铬及其化合物主要侵害皮肤和呼吸道，出现皮肤黏膜的刺激和腐蚀作用，如皮肤炎、溃疡、鼻炎、鼻中隔穿孔、咽炎等。

皮肤损害。六价铬化合物对皮肤有刺激和过敏作用，皮肤出现红斑、水肿、水疱、溃疡、皮肤斑。铬疮是一种小型较深的溃疡，发生在面部、手部、下肢等部位。

呼吸系统损害。铬酸盐及铬酸的烟雾和粉尘对呼吸道有明显的损害，可引起鼻中隔穿孔、鼻黏膜溃疡、咽炎、肺炎，患者咳嗽、头痛、气短、胸闷、发热、面色青紫、两肺广泛哮鸣音，及时治疗，症状可持续两周。

消化系统损害。长期接触铬酸盐，可出现胃痛、胃炎、胃肠道溃疡，伴有周身酸痛、乏力等，味觉和嗅觉可减退，甚至消失。

1960 年，日本北海道日本传三商行所属桐山厂因排放 Cr^{6+} 的粉尘引起鼻中隔穿孔和肺癌事件，根据官方公布的缩水数字，共有 30 人死亡，200 多人不能治愈。2011 年，媒体报道云南曲靖某公司将总量 5000 余吨的重毒化工废料铬渣非法直接排放南盘江中，造成倾倒地附近农村 77 头牲畜死亡。据媒体报告，据该化工厂最近的兴隆村是远近闻名的"死亡村"，该村每年至少有 6 至 7 名村民死于癌症。

3. 我国环境标准对六价铬是如何限定的？

我国国家标准 GB 3838—2002《地表水环境质量标准》将环境水分为五类。各类水的质量要求见表 2-33。

表 2-33　地表水环境质量标准基本项目标准限值　　　　　　（mg/L）

序号	项目　　　标准值　　　分类	I 类	II 类	III 类	IV 类	V 类
1	水温/℃	人为造成的环境水温变化应限制在：周平均最大温升≤1，周平均最大温降≤2				
2	pH 值（无量纲）	6～9				
3	溶解氧　≥	饱和率90%（或7.5）	6	5	3	2
4	高锰酸盐指数　≤	2	4	6	10	15
5	化学需氧量（COD）　≤	15	15	20	30	40
6	五日生化需氧量（BOD_5）　≤	3	3	4	6	10
7	氨氮（NH_3-N）　≤	0.15	0.5	1.0	1.5	2.0
8	总磷（以 P 计）　≤	0.02（湖、库0.01）	0.1（湖、库0.025）	0.2（湖、库0.05）	0.3（湖、库0.1）	0.4（湖、库0.2）
9	总氮（湖、库，以 N 计）　≤	0.2	0.5	1.0	1.5	2.0
10	铜　≤	0.01	1.0	1.0	1.0	1.0
11	锌　≤	0.05	1.0	1.0	2.0	2.0
12	氟化物（以 F^- 计）　≤	1.0	1.0	1.0	1.5	1.5
13	硒　≤	0.01	0.01	0.01	0.02	0.02
14	砷　≤	0.05	0.05	0.05	0.1	0.1
15	汞　≤	0.00005	0.00005	0.0001	0.001	0.001
16	镉　≤	0.001	0.005	0.005	0.005	0.01
17	铬（六价）　≤	0.01	0.05	0.05	0.05	0.1
18	铅　≤	0.01	0.01	0.05	0.05	0.1
19	氰化物　≤	0.005	0.05	0.2	0.2	0.2
20	挥发酚　≤	0.002	0.002	0.005	0.01	0.1

序号	项目 \ 标准值 \ 分类		I 类	II 类	III 类	IV 类	V 类
21	石油类	≤	0.05	0.05	0.05	0.5	1.0
22	阴离子表面活性剂	≤	0.2	0.2	0.2	0.3	0.3
23	硫化物	≤	0.05	0.1	0.2	0.5	1.0
24	粪大肠菌群/（个/L）	≤	200	2000	10000	20000	40000

表中，I 类水主要适用于源头水、国家自然保护区；II 类主要适用于集中式生活饮用水地表水源地一级保护区；III 类主要适用于集中式生活饮用水地表水源地二级保护区等；IV 类主要适用于一般工业用水区及人体非直接接触的娱乐用水区；V 类主要适用于农业用水区及一般景观要求水域。由该表可知：要求 I 类水的 Cr^{6+} 含量 ≤0.01mg/L；II～IV 类 Cr^{6+} 含量 ≤0.05mg/L；V 类 Cr^{6+} 含量 ≤0.1mg/L。

4. 六价铬的转化条件是什么？

在高温、碱性和氧化性气氛下，镁铬砖中的三价铬会部分地转化成水溶性六价铬，从而危害环境。

首先，煅烧水泥熟料需要高温。因而，通过降低烧成温度来避免产生六价铬的做法不现实。其次，水泥熟料具有很强的碱性。如 $R_2O/SO_3 > 1$，多余的 K_2O 使窑料具有更强的碱性。此时，K_2O 会和 CrO_3 反应，形成稳定的 K_2CrO_4，从而产生更多的六价铬化合物。因而，降低窑料的 K_2O 含量，有助于减少铬公害。再次，控制煅烧时的空气过剩系数，降低窑内气氛的氧分压，使 Cr_2O_3 难于变为 CrO_3，对减少铬公害也有作用。但是，即便采用上述方法，也只能有限减少水泥窑镁铬砖产生的铬污染。要从根本上解决水泥工业产生的铬公害问题，需要使用无铬砖。

5. 水泥回转窑中的镁铬残砖中六价铬的含量有多少？

对华北某 4000t/d 级规格为 $\phi4.7 \times 74m$ 的新型水泥干法窑进行了实地考察，对其各部位拆卸下来的镁铬砖（原砖含 4% 的 Cr_2O_3）进行分析，得知其六价铬的含量见表 2-34。

表 2-34　4000t/d 新型干法水泥窑各区段镁铬残砖的数量及其六价铬含量

区段/m	3～9.5	9.5～12	12～16	16～21.5	21.5～25	25～27	27～33	总和
长度/m	6.50	2.50	4.00	5.50	3.50	2.00	6.00	30.00
砖高/m	0.17	0.11	0.11	0.16	0.15	0.15	0.12	
体积/m³	15.34	3.96	6.39	12.39	7.39	4.38	10.52	
砖重/t	46.03	11.89	19.16	37.18	22.18	13.13	31.57	181.14
Cr^{6+}/（kg/t）	2.58	0.37	0.24	0.77	1.00	0.22	0.06	
Cr^{6+}/kg	118.62	4.39	4.54	28.78	22.09	2.92	2.05	183.39

从上表可知，新型干法窑镁铬残砖中，六价铬含量最高的区段主要是距 3～9.5m 的区段，其次是 16～25m 的区段。作图以后，可更加清楚地得知残砖中六价铬的分布，如图 2-8 所示。

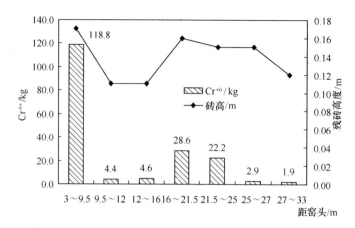

图 2-8　水泥窑各段镁铬砖的残砖高度和排放的六价铬量

从图可知，在 3～9.5m 的区段，因燃烧尚未完成，窑气中氧分压较高，因而产生了很多六价铬；在 16～25m 的区段，因窑料中温度很高且 K_2O 尚未大量挥发，故也形成了较多的六价铬。

6. 水泥工业排放的镁铬残砖对环境有什么影响?

由表 2-34 可知：4000t/d 级新型干法窑正常情况下一次排放的镁铬砖总量为 181t，残砖平均携带 Cr^{6+} 183kg，残砖的平均 Cr^{6+} 含量为 1kg/t。

一台 4000t/d 级回转窑目前的实际产量 4500t/d，以运转率 93％ 计算，则年产熟料 $4500×0.93×365＝153×106t$。以熟料占水泥总量的 85％ 计，则年产水泥总量为 $180×106t$。镁铬砖的寿命为 1 年，则生产每吨水泥产生的镁铬残砖数量为 $181×1000/180×106＝0.1kg/t$，产生 Cr^{6+} 为 $0.1×0.001＝0.0001kg/t＝0.1g/t$。由此，可以估算出我国水泥工业镁铬残砖对环境污染的程度。

由于每生产 1t 熟料产生镁铬残砖 0.1kg，向环境排放 Cr^{6+} 0.1g，需净水 $0.1/0.05＝2t$ 稀释才能使其达到 IV 级标准，需净水 10t 稀释才能使其达到 I 级标准。全国水泥回转窑年产熟料以 15 亿 t 计，每年排出的残砖约 15 万 t，每年向环境排放 Cr^{6+} 达 150t。为使环境水达到 IV 级标准（$Cr^{6+}<0.05mg/L$），年需 30 亿 t 净水稀释；如达到 I 级标准（$Cr^{6+}<0.01mg/L$），年需 150 亿 t 净水稀释。由此，水泥工业镁铬残砖的污染是相当严重的，对环境的影响是十分惊人的。

7. 镁铬残砖湿法解毒如何操作? 效果怎样?

研究表明，采用 $FeSO_4$ 或 $MnSO_4$ 为还原剂，可以将从水泥窑镁铬残砖中排除的六价铬还原。但是，过程复杂、成本很高，没有实用价值。

首先，研究镁铬砖中六价铬自然降解的可能性。将镁铬砖破碎后，用蒸馏水浸出含六价铬的溶液。当时，浸出的溶液含六价铬 962mg/L。放置 1 个月后进行测试，六价铬的含量为 888mg/L，降解率只有 8％。从而可知，从残砖排出六价铬仅自然降解很少一部分，降解速度很慢。

其次，配置一定浓度的 K_2CrO_4 溶液，分别滴入一定量由 $FeSO_4$、$MnSO_4$、Na_2S、葡萄糖、草酸、柠檬酸、酒石酸、乙醛、乙醇所配制的溶液。通过检测滴定前后 Cr^{6+} 浓度发现：乙醇、乙醛、葡萄糖、柠檬酸、酒石酸甚至草酸都不能或难于还原六价铬，但 $FeSO_4$ 和 $MnSO_4$ 可以还原来自于 K_2CrO_4 的六价铬。

最后，在镁铬砖残砖的浸液中加入不等量的 $FeSO_4$，发现投料量在实际需要量 30～50 倍以上时，经过 20min 的反应，再投加氢氧化钠调整废水 pH 值到 7～8，才有较好的解毒效果。从上可知，残砖浸液含有的六价铬化合物很难在自然界中消解，需要解毒后才能排放。但如用湿法解毒，过程麻烦，成本很高，没有工业价值。

8. 镁铬残砖火法解毒如何操作？效果怎样？

火法解毒时，选用多孔碳质原料（如焦炭）为还原剂，还原温度为 900℃，保温时间为 6h，还原后保持残碳量≥残砖总量的 3%，则可以获得很好的解毒效果。处理后，将残砖用 5 倍于其质量的蒸馏水浸泡一天，再测定用 Cr^{6+} 浓度，发现六价铬离子含量为 0.03mg/L，满足Ⅱ级水的要求。由此，火法解毒具有工艺简单、反应完全的特点，又不用处理浸液，因而优于湿法。

尽管火法解毒的效果较好，但运输、储存、破碎、加工废砖仍会对周边环境产生污染。所以，避免铬公害最好的办法还是使用无铬碱性砖。

9. 镁质耐火材料中氧化铬有什么作用？

从 1940 年到 1955 年，西方国家在水泥窑烧成带主要使用镁砖和高铝砖。但是，因高铝砖耐侵蚀性差，而镁砖抗热震性差，窑衬寿命受到很大影响。因此，在 1955 年以后，水泥回转窑使用了镁铬砖，1970 年以后，又大力推广使用了直接结合镁铬砖。

镁砖只含有一种主要矿物方镁石。方镁石的熔点高达 2700℃，且不被水泥熟料矿物 C_3S、C_2S、C_3A 和 C_4AF 侵蚀。但是，方镁石的热膨胀系数高达 $13.5 \times 10^{-6} K^{-1}$，且 100～1000℃ 的导热率为 3.39～4.19W/（m·K）。所以，使用镁砖不仅容易发生剥落，而且易于发生红窑。制砖时，如果在镁砂中加入铬矿并经高温烧成之后，镁砂和铬矿之间将发生明显的物理化学作用。镁砂中的 MgO 将扩散进入铬矿，和铬矿中的 R_2O_3（Cr_2O_3、Al_2O_3、Fe_2O_3）作用，生成原位复合镁铬尖晶石。铬矿中的 Cr_2O_3 等也将扩散进入镁砂，生成方镁石固溶体 MgOss。冷却时，从方镁石固溶体中析出过饱和的 $MgO \cdot R_2O_3$，形成二次复合镁铬尖晶石。由于镁铬尖晶石的热膨胀系数较低，高热膨胀系数的方镁石中引入了低膨胀的尖晶石，产生了复相改性作用，解决了镁砖抗热震差的问题。由于增加了镁铬砖显微结构的复杂性，减少了声子的平均自由程，降低了材料的导热率，又解决了镁砖导热系数高的问题。

所谓"直接结合"，指高温下大量 Cr_2O_3 熔入方镁石相，低温下 Cr_2O_3 又从方镁石中析出，形成二次镁铬尖晶石结合的现象。众所周知，方镁石是高碱性的矿物。为降低晶界能，呈弱碱性的低熔矿物 M_2S（镁橄榄石）、CMS（钙镁橄榄石）、C_3MS_2（镁蔷薇辉石）很容易润湿方镁石的晶界，将耐火晶体变为孤岛，严重影响耐火材料的耐高温、抗侵蚀性能。如果大幅提高原料的纯度，并采用高温煅烧工艺，烧成中 Cr_2O_3 将从铬铁矿中扩散出来，将纯方镁石变为方镁石固溶体，由此降低方镁石的碱性，使低熔相龟缩成为孤岛，从而使耐火相"直接结合"，如图 2-9 所示。

图中，左上部的白色粗颗粒为铬铁矿，右下部的黑色基质为镁砂，基质中的黑色细颗粒

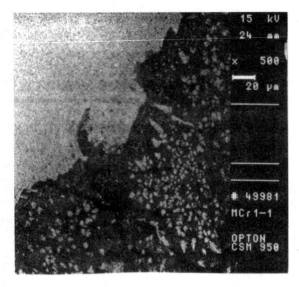

图 2-9　直接结合镁铬砖中的"直接结合"

为二次镁铬尖晶石。由图可知，当熔解大量氧化铬后，方镁石固溶体在降温时不仅大量析出二次尖晶石，而且镁砂与铬铁矿之间、镁砂之间都产生了"直接结合"。显而易见，产生"直接结合"之后，镁质耐火材料的耐高温、抗侵蚀性能都得到大幅提升。同时，由于大量形成尖晶石，抗热震性也得到改善。使用中，来自水泥熟料的 CaO 与砖中 Fe_2O_3 反应形成 C_4AF，使砖易于黏附熟料；砖释放的 Cr_2O_3 又有稳定窑皮中 C_2S 的作用。因而，铬铁矿对提高镁质耐火材料的耐高温、抗侵蚀、耐热震和挂窑皮性都起重要作用。

因而，镁铬砖具有"优质廉价"的特点。尽管大家都知道镁铬砖会产生铬公害，但受短期经济利益的驱使，不少水泥企业一直偏爱这种材料。直到国家出台强制性法规，这些厂家才会被迫放弃使用镁铬砖。

10. 镁质耐火材料的结合相有哪几种？

镁质耐火制品的高温性质，除了取决于主晶相方镁石外，还受主晶相之间的结合相控制。若结合相为低熔点物相，则制品在高温下抵抗热、重负荷和耐侵蚀能会显著降低；反之，如果结合相以高熔点晶相为主，则上述性能改善；如果主晶相间无异组分存在，主晶相间直接结合，则上述制品的性能会显著提高。而且，方镁石间结合相的种类和赋存状态，还影响制品的其他使用性能。镁质耐火材料的结合相主要有：铁酸镁、镁铝尖晶石、镁铬尖晶石和硅酸盐相。

11. 什么是无铬碱性砖？

从 20 世纪 80 年代中期以来，我国在一直坚持不懈地研究开发水泥窑用无铬碱性耐火材料。近来，在水泥窑用无铬碱性耐火材料的研究、制造和运用方面都获得了很大的成功，不仅制造出的产品越来越多地得到了应用，而且涌现了一些生产无铬碱性耐火材料的骨干企业。

水泥窑用无铬碱性耐火材料有：①镁钙（锆）系列的白云石砖、镁白云石砖、镁白云石锆和镁锆砖；②镁铝（锆）系列的方镁石-镁铝尖晶石砖（简称尖晶石砖）、尖晶石锆砖；③镁铁铝系列的方镁石-铁铝尖晶石砖（简称铁铝砖）；④镁铁系列的方镁石-镁铁尖晶石砖（简称镁铁砖）；⑤其他尖晶石或复合尖晶石砖。目前，我国主要使用铁铝砖、镁铁砖和镁铝尖晶石砖。

12. 镁钙质耐火材料有什么特点？

镁钙质耐火材料包括白云石砖、镁白云石砖和其他含游离 CaO 的镁砖。其中，最主要的是白云石砖。白云石砖具有优良的耐高温、挂窑皮和抵抗碱性物质侵蚀的能力，但是白云石易于水化。制造白云石砖要解决一系列技术难点：煅烧白云石熟料、制造白云石砖、对白云石砖进行防潮处理。

 ### 13. 白云石砂如何制备？

制取优质白云石砖的先决条件是制取优质白云石砂，即首先要生产高纯、致密的白云石砂或镁白云石砂。如果烧结不致密，白云石砖就含有很多气孔，大气中的 H_2O 就会沿开口气孔进入砖内，致使该砖很快损毁。

以前，我国曾研究过轻烧、水化二步煅烧技术。但是，现在高温煅烧技术有了很大进步，且二步煅烧具有工艺流程长、煅烧热耗大、生产成本高的问题。因而，一般采用"一步半"的工艺，即将白云石轻烧、水化后，大量掺加轻烧镁粉，再混炼、压坯后用于合成镁白云石砂。

根据国外的研究，制取优质白云石砂的要点是：提高原料的灼烧基密度，减少粒子半径，减少团聚和使杂质均匀分布。例如，安徽池州的禄思伟将白云石轻烧、粉碎、细磨、成球后，再经高温竖窑煅烧制得致密原料。再如，德国 Wülfrath 公司就是采用杂质总量为 $0.6\% \sim 1.2\%$（w），杂质分布均匀且晶粒细小的白云石矿石，用燃煤回转窑一步制取了致密白云石砂。我国冀东地区具有高纯度、易烧结的白云石矿石。20 世纪 90 年代初，中国建筑材料科学研究院、天津耐火器材厂与德国 Wülfrath 公司联合考察了中国各地的白云石耐火材料矿产资源。经过试验后，德方认可了冀东地区的白云石原料。表 2-35 是对我国各地白云石原料烧结性试验结果。

表 2-35　各地白云石矿石的化学成分和烧结性

产地	$w/\%$							烧结温度 /℃	保温时间 /h	体积密度 /（$g \cdot cm^{-3}$）	显气孔率 /%
	CaO	MgO	I. L.	SiO_2	Al_2O_3	Fe_2O_3	杂质总量				
冀东	30.4	21.6	46.5	1.11	0.09	0.06	1.26	1690	8	3.25	1.2
冀东	30.7	21.3	50.0	0.54	0.05	0.04	0.63	1690	8	3.22	2.8
宜兴	34.0	18.9	47.0	0.02	0.02	0.10	0.14	1690	8	2.95	2.64
镇江	30.8	21.2	47.0	1.18	0.39	0.18	1.75	1690	8	2.1	10.1
杭州	30.3	21.7	47.2	0.62	0.01	0.06	0.69	1690	8	2.6	23.8
海城	30.1	22.0	46.8	0.47	0.16	0.70	1.33	1680	6	2.63	23
柳州	30.1	21.8	47.0	0.16	0.08	0.12	0.36	1730	6	1.95	49.0
东安	32.0	20.7	46.6	0.05	0.05	0.10	0.20	1780	6	2.05	39.4
东安	30.1	21.5	46.5	1.46	0.12	0.18	1.76	1690	6	2.64	30.1

从表 2-35 可看出，冀东地区出产的白云石具有良好的烧结性，而其他地区白云石的烧结性都很差。

 ### 14. 白云石砖如何制备？

烧结白云石砖时，砖坯经常因水化、开裂而破损。为了解决这一问题，需要缩短白云石原料的保存期、保持设备和原料干燥、采用石蜡等无水结合剂和闪速升温等措施。根据热力学计算，得到如图 2-10 所示 CaO 的生成自由焓和平衡水蒸气分压与温度的关系。

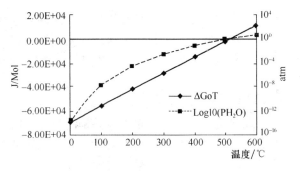

图 2-10　CaO 的生成自由焓及平衡 H_2O 蒸气分压

由图 2-10 可知，常温下，CaO 水化反应的水蒸气平衡分压约为 10～12atm。只要水蒸气分压大于 10～12atm，CaO 就会水化。在常压下，$Ca(OH)_2$ 的分解温度约为 500℃，只要温度低于 500℃，CaO 就会水化。另外，运用统计力学，可以推测每次 H_2O 分子与 CaO 碰撞后形成 $Ca(OH)_2$ 的概率 P 与温度 T 的关系，见式（2-45）和图 2-11。

$$P = e^{-\frac{18357}{T}}(1 - 1.36 \times 10^7 \times e^{-\frac{12805}{T}}) \tag{2-45}$$

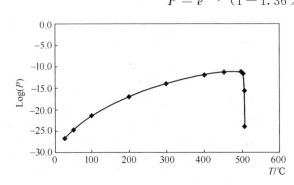

图 2-11　CaO 水化概率 P 与温度 T 的关系

由图 2-11 可看出，随温度增高，水分子与 CaO 反应形成 $Ca(OH)_2$ 的概率显著增高。直至 $Ca(OH)_2$ 的分解温度 500℃ 左右，水化概率又急剧降低。类似，用热天平研究轻烧白云石时，也发现随温度增高，白云石的水化速度增加很快。在 500℃ 附近，该速度逆转并变为负值。因此，无论是从热力学还是从动力学方面来讲，防止 CaO 的水化的措施是：①尽力切断一切 H_2O 的来源；②尽量减少 H_2O 与白云石材料的接触面积和接触时间；③尽快通过 CaO 高速水化的温度阶段。

15. 提高白云石砖抗水化能力有哪几种方式？

Ca^{2+} 半径比 Mg^{2+} 大，极化能力较弱，被 O^{2-} 略为推出。因而 CaO 的晶格较为疏松，而且 CaO 的晶格常数为 $4.80 \times 10^{-4} \mu m$，MgO 为 $4.20 \times 10^{-4} \mu m$，CaO 的密度较低，比 MgO 更容易水化。CaO 水化后，体积增大 95%，从而发生粉化，致使含 CaO 制品变质破坏。

大量的研究表明：MgO-CaO 系耐火材料的水化主要为 763K 以前的水蒸气促进了 CaO 的水化。如何控制 763K 以前或低温下 CaO 的水化是获得优异抗水化性能 MgO-CaO 系耐火材料的关键。

目前，为防止了 CaO 的水化，通常采用如下措施：

（1）烧结法。包括：①活化烧结法（二步煅烧和消化）。②添加外加剂烧结法，该方法又包括：生成液相的添加剂，如 Al_2O_3、Fe_2O_3、SiO_2、TiO_2、CuO 等氧化物和氮化物、碳化硼、金属硼、铝等非氧化物及金属；形成固溶体的添加剂，如 CeO_2、La_2O_3、ZrO_2、Y_2O_3、Cr_2O_3 等氧化物；引入洁净添加剂选择，如 $Ca(OH)_2$ 或 $CaCO_3$ 或氟化钙作为添加剂；生成稳定化合物，如 $CaZrO_3$、$CaTiO_3$、Ca_2SiO_4、Ca_3SiO_5 和 $CaAl_{12}O_{19}$ 等。

（2）表面处理法。包括：①有机物表面包覆有机溶剂，如焦油、沥青、石蜡、脂醇类及各种树脂、有机硅化物、有机酸－有机酸盐复合（如乙醇酸-乳酸铝、柠檬酸-乳酸铝）等。②无机物表面包覆，常用的有：气相包覆 $CaO + CO_2 \longrightarrow CaCO_3$ 薄膜；液相包覆溶液，如磷酸、磷酸钠、硅酸钠、磷酸二氢铝、草酸等。这些溶液与镁钙系熟料表面的游离 CaO 反应生成难溶或微溶的化合物，附着在熟料表面。

防止白云石砖水化的办法是沾蜡处理和绝水包装。沾蜡处理的方法是：将 $60\sim100℃$ 的砖浸入液体石蜡后拿出，并放在空气中冷却。这时，液体石蜡渗入砖的气孔，固化后再形成厚约 $10\mu m$ 的薄膜。一方面，有效密闭了砖表面；另一方面，堵塞水蒸气侵入的通道。有的厂家也涂刷沥青，但沥青污染环境，不为用户欢迎。如此，可以延长砖的储存时间达 $1\sim3$ 个月。在拆包砌窑时，还可在短期保护砖体。

绝水包装的方法是：将砖块置入铝箔之中，抽真空后密闭包装。如果没有条件，也可以采用防水塑料，用热塑等方法密闭包装，并在包装箱内部加生石灰保护。由此，可获约 1 年的保存期。

 ## 16. 白云石砖有什么特点？

由于白云石砖的主要成分是高纯度的 CaO 和 MgO，水泥熟料液相易浸湿砖表面，在约 1450℃时水泥熟料中的 C_2S 与白云石中 f-CaO 发生化学反应，在白云石砖界面上形成 C_3S 薄层。这两种硅酸钙（C_2S、C_3S）都有很高的熔点（分别为 1900℃ 和 2130℃），故可以在白云石砖表面形成了一层坚固而稳定的窑皮。从一些使用记录上可知，白云石砖与窑皮的接触面积几乎覆盖整个砖面，并且窑皮层与白云石砖的粘结强度也很大。

白云石砖与窑皮的紧密结合可以有效地抑制窑料和窑气中的侵蚀性物质（C_3A、C_4F、SO_3 和 R_2O 等）通过界面层渗入砖的热面层。同时，由于其纯度高，含 CaO＋MgO 达 95％，杂质（SiO_2、Al_2O_3 和 Fe_2O_3）含量极少，因此窑皮中除了高耐火度的 C_3S（熔点为 2000℃）和 C_2S（熔点为 2130℃）外，低熔点化合物极少，即不存在变质蚀变层，这对延长砖的寿命是有利的。如日本川崎炉材公司生产的烧结白云石砖用于烧成带，蚀损率为每 1000h 5$\sim$10mm，然而同一部位原用的镁铬砖蚀损率为每 1000h 12$\sim$20mm。即白云石砖的蚀损率比镁铬砖低一半。

从节能的观点来看，白云石砖上产生的熟料窑皮还减少了通过窑壁散失的热量，从而提高了经济效益。

白云石砖有其固有缺点，从主成分上看，该砖有易于消化的特性，没有做防水处理的砖，通常在 2$\sim$3 个星期就被分解成碎散状态，为此给白云石砖的使用带来很大困难。并且在水泥窑中，白云石砖中的 CaO 会与 SO_3 反应生成体积膨胀的 $CaSO_4$ 和 CaS（体积膨胀分别为 275％ 和 155％），导致砖的开裂损坏，因此对原燃料中含硫较高的窑可使用低渗透率的富镁白云石砖。

窑气中存在的 SO_3、CO_2 和 Cl_2 对传统的白云石砖的侵蚀大于镁铬砖，并且它的抗热震性也比镁铬砖的差。因此，白云石砖在过渡带的使用受到了限制。

17. 白云石砖如何应用？

白云石砖内均匀分布着大量游离的 CaO，极易与熟料中的 C_2S 反应生成 C_3S，所以白云石砖极易挂窑皮，且砖与窑皮粘结紧密、坚固。

白云石砖适合用于水泥回转窑窑皮稳定的区域，依靠窑皮的保护获得 1 年左右的使用寿命。如果没有窑皮的保护，窑气中 CO_2、SO_2 等酸性气体将侵入砖体，在砖内 600$\sim$900℃ 的部位形成 $CaCO_3$、$CaSO_4$ 等矿物，产生膨胀而致使耐火材料损坏。此时，耐火材料的使用寿

命大约只有 3 个月，即便是采取了富镁、增锆等措施。

白云石砖到厂以后，装卸时不能损坏白云石砖的防水包装。储存白云石砖时，仓库不得漏雨，仓库的地面不得返潮。砌筑白云石砖时，必须防止白云石砖受潮，且必须保持回转窑、锁缝钢板和其他砌筑工具干燥。白云石砖不能使用火泥砌筑，只能使用干砌，与白云石相邻的耐火材料也不能使用湿砌。此外，白云石砖的抗热震性较差，点火时推荐采用慢速升温的办法。

18. 镁铝尖晶石砖有什么特点？

镁铝尖晶石砖是以镁铝尖晶石取代镁铬砖中的镁铬尖晶石而制造出来的新型耐火材料。镁铝尖晶石（MA）的化学式为 $MgO \cdot Al_2O_3$，其中 MgO 占 28.2%，Al_2O_3 占 71.8%。镁铝尖晶石属于等轴晶系矿物，N=1.715，硬度=8，密度 3.55，熔点 2135℃，热膨胀系数约 $8.5 \times 10^{-6} K^{-1}$。制砖时，在镁砂中掺加镁铝尖晶石后，可以大幅度提高耐火材料的抗热震性。但是，氧化铝不能提高耐火材料的直接结合度，也不能稳定窑皮中的 C_2S。因而，镁铝尖晶石砖的抗侵蚀、挂窑皮性能不如镁铬砖。因此，镁铝尖晶石砖的开发都是围绕缓解这些缺点而进行的。

迄今为止，开发了四代镁铝尖晶石砖。其中，第一代产品已被淘汰；第二代用于过渡带；第三代，特别是第四代产品用于水泥窑烧成带。第一代尖晶石砖系添加氧化铝或高铝矾土细粉，经烧结制成。由于在高温下大量形成原位镁铝尖晶石，砖体的结构比较松散。第二代产品系添加合成尖晶石制成的材料，其体积密度、显气孔率、抗侵蚀性等性能均有较大提高。第三代镁铝尖晶石砖系复合第二代和第一代技术制成。制砖时，一部分尖晶石是预合成的，另一部分尖晶石是原位形成的。这样，可以利用形成镁铝尖晶石的松散效应提高抗热震性。第四代产品是由电熔尖晶石取代烧结尖晶石制作的耐火材料。由于电熔镁铝尖晶石结构致密、晶粒粗大，有利于提高耐火材料的抗侵蚀性和挂窑皮性。尽管如此，镁铝质材料的挂窑皮和抗侵蚀性还是不及镁铬质材料。

对于镁铝尖晶石砖，如提高其抗热震性，降低导热系数，就要提高尖晶石掺量。但如提高抗侵蚀、挂窑皮性，就要降低尖晶石掺量。为了解决这一矛盾，就需要在减少镁铝系材料的 Al_2O_3 含量的同时加入氧化锆 ZrO_2，制得含锆的方镁石－镁铝尖晶石砖。在镁铝锆系耐火材料中添加约 1%（w）的 La_2O_3，烧成时就会形成锆酸镧 $La_2O_3 \cdot 2ZrO_2$。加入 $La_2O_3 + ZrO_2$ 后，可使镁铝系材料同时获得优异的抗热震性和挂窑皮性。不过，ZrO_2、La_2O_3 价格昂贵，即便添加少量也会增加产品的成本，影响产品的销售。

镁铝尖晶石砖也有弱点：

（1）较差的挂窑皮性。

（2）较高的导热系数。

（3）砖中的尖晶石组分在过热条件下易与水泥熟料中的 C_3S 或 C_3A 反应生成低熔点的 $C_{12}A_7$，导致窑皮层烧流，造成尖晶石矿物的蚀损。

这些不利因素限制了镁铝尖晶石砖的使用。

19. 镁铝尖晶石砖如何应用？

在水泥窑烧成带使用镁铝尖晶石砖，要求两个条件：①水泥窑具有形成良好窑皮的条件；②精心维护好窑皮。

由于水泥熟料中的 C_3S 和 C_3A 不能和镁铝尖晶石 MA 共存，水泥熟料和镁铝尖晶石砖在高温下接触时，熟料中的 CaO、SiO_2 就会扩散进入耐火材料。在水泥熟料中，C_3S 将会分解，在原位大量形成 C_2S。耐火材料中，MA 会被腐蚀，形成成分接近钙铝黄长石 C_2AS 的玻璃相。这样，一方面，窑皮容易烧流或容易因 C_2S 的粉化而垮落；另一方面，就是耐火材料得不到窑皮的有效保护，因而会发生深入的侵蚀而损坏。因而，使用镁铝尖晶石砖的关键就是迅速挂好窑皮，并始终如一地精心维护好窑皮。

20. 铁铝尖晶石砖有什么特点？

1999 年，欧洲的 VRD-Europe 和 Leoben 大学发明了方镁石－铁铝尖晶石砖。这种砖中添加了铁铝尖晶石 $FeO \cdot Al_2O_3$，以低廉的成本获得了优异的性能。加入铁铝尖晶石颗粒后，烧结时，铁铝尖晶石中的铁离子向周围的氧化镁基质中扩散，而基质中的镁离子也会向尖晶石扩散。这样，一方面是 Fe^{2+} 氧化成 Fe^{3+} 并在基质中形成镁铁尖晶石 $MgO \cdot Fe_2O_3$，另一方面是铁铝尖晶石颗粒的边缘形成镁铝尖晶石 $MgO \cdot Fe_2O_3$。由于反应伴随的膨胀，铁铝尖晶石颗粒产生了松散效益，这一反应引起的体积效应减小了耐火材料的脆性，从而有利于提高耐火材料的抗热震性，如图 2-12 所示。

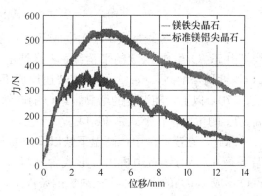

图 2-12 不同尖晶石砖的载荷-位移
曲线（楔形劈裂试验）

由图 2-12 可知，楔形劈裂试验中，方镁石-铁铝尖晶石材料展示了远高于方镁石－镁铝尖晶石砖的断裂功和最大劈裂载荷。同时，受到侵蚀时，铁铝尖晶石砖基质中的镁铁尖晶石容易形成 C_4AF，使砖易于粘上窑皮。因而，铁铝尖晶石砖具有很好的挂窑皮性。所以，进入 21 世纪后，铁铝尖晶石砖逐步得到推广。

21. 铁铝尖晶石砖如何应用？

在水泥窑烧成带使用铁铝尖晶石砖，也要求这两个条件：①水泥窑具有形成良好窑皮的条件；②精心维护好窑皮。

一般，FeO_x 是耐火材料中有害的杂质。但是，铁铝尖晶石却作为一种有益的矿物被添加入耐火材料。原因是：其一，铁铝尖晶石具有较低的膨胀系数，有益于提高耐火材料的抗热震性；其二，铁铝尖晶石有益于提高耐火材料的挂窑皮性；其三，Fe 由二价变为三价，即从 FeO 变为 Fe_2O_3，使耐火材料膨胀，提高荷重软化温度，并产生反致密化作用，防止了材料收缩、脆化。但是，这种作用是短期的，毕竟铁铝尖晶石的耐高温和抗侵蚀性能都有限，Fe_2O_3 是有害物质。所以，必须在熟料与铁铝尖晶石大量反应以前及时挂好并维护好窑皮，使材料得到有效的保护。

22. 镁铁尖晶石砖有什么特点？

图 2-13 表示了温度和 CO 分压不同时，各种 FeO_x 的存在条件。图 2-13 中 1 线以下区域是 Fe_2O_3 稳定存在的相图；1 线以上，2、3 线以下是 Fe_3O_4 稳定存在的相图；3、4 线之间

是 FeO 稳定存在的相区；2、4 线以上则是金属 Fe 稳定存在的相区。

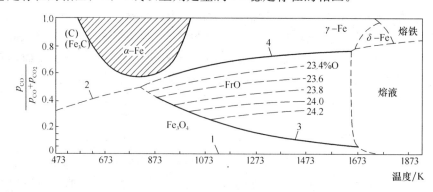

图 2-13 温度和一氧化碳浓度对铁氧平衡的影响

图 2-13 中，1 线是由 Fe_2O_3 生成 Fe_3O_4 的平衡线；2 线是由 Fe_3O_4 生成 Fe 的平衡线；3 线是由 Fe_3O_4 生成 FeO 的平衡线；4 线是由 FeO 生成 Fe 的平衡线。由图 2-13 可知：只要 CO 浓度稍一增高，Fe_2O_3 就可能被还原成 Fe_3O_4。另外，在 570℃ 以下 FeO 不能存在。但是，570℃ 以上，随温度的增高，FeO 的能够存在区域就越来越宽。由于窑炉中 CO 分压不高，Fe 的主要存在形式是 Fe_3O_4。

因此，在镁铁砖中，高温下铁以 Fe_2O_3 ＋ FeO 的形式存在，熔入方镁石形成固溶体，低温下 Fe_2O_3 从方镁石中析出，形成含（Mg，Fe）Oss-镁铁尖晶石复合组织。由于 MgO 和 FeO 形成 100％ 的固溶体，在缺氧的条件下，FeO 不能转变成 Fe_2O_3。所以，仍有很多 FeO 固溶于方镁石中。鉴于以上分析，可知镁铁尖晶石砖与铁铝尖晶石砖相似，都是依靠含铁尖晶石相提高耐火材料的抗热震性，都是依靠含铁方镁石对水泥液相的亲和性挂窑皮，都是依靠 Fe 的价态变化，产生反致密化作用，暂时抵消 Fe 的有害作用。因此，镁铁砖的特点或性质与铁铝尖晶石砖相似。实际上，常常同时添加镁铁尖晶石和铁铝尖晶石，或镁铁尖晶石和镁铝尖晶石，制成复合尖晶石砖。

23. 镁铁尖晶石砖如何应用？

在水泥窑烧成带使用镁铁尖晶石砖，还是要求这两个条件：①水泥窑具有形成良好窑皮的条件；②精心维护好窑皮。

除此之外，使用镁铁砖的其他事项与使用其他碱性砖一样。例如，河南瑞泰采用粒度 ≤5mm、掺量 55％～98％（w）的高铁镁砂，粒度≤5mm、掺量 2％～45％（w）的铁铝尖晶石，外加 2％～4％（w）的结合剂，经配料、混练、成型、烧结工序制得了方镁石-镁铁/铁铝复合尖晶石砖，使该制品具有良好的耐高温、抗热震、挂窑皮性能和较低的导热系数。我国华润、中联等集团公司的多条大型水泥回转窑生产线都使用这种材料，获得了良好效果，最高使用寿命接近 2 年。

24. 如何提升镁质制品质量？

改善耐火材料质量的重要途径是提高制品的纯度，减少低熔物的数量，提高制品的密度和高温强度。高密度镁质耐火材料和高纯度直接结合镁质耐火材料是近年来国内外镁质耐火材料发展的重要趋向。

（1）高纯原料、高压成型、高温烧成及其意义

耐火材料生产的一条基本经验是以精料为基础，即高纯度。熔剂杂质含量对炉衬砖的抗渣性和高温强度有很大的影响。并且直接影响炉衬的寿命。

高压成型的目的是提高制品的强度和密度。砖的密度越大，炉渣在砖内渗透就越困难。

高温烧成是在高纯原料的基础上，为达到充分烧结而采取的措施。可以在液相很少的条件下使砖中形成所谓直接结合结构，同时提高制品的密度，提高砖的高温强度。应当说，砖的高温强度的提高是由于杂质含量降低、高压成型和高温烧成等因素带来的综合结果。试验和经验表明，砖的高温强度可以预测砖的抵抗废钢磨损的能力。

（2）制砖的组成

① 控制 C/S 比值

CaO/SiO_2 比值小，镁质耐火材料中与主晶相方镁石共存的次要相主要以钙镁橄榄石和铁蔷薇辉石等低熔点的矿物存在。提高 CaO/SiO_2 比，则存在硅酸二钙和硅酸三钙高熔点矿物。因此方镁石以外的次要相对砖的高温强度有很大的影响。镁砖的 CaO/SiO_2 比值应当控制在获得强度最大值的最佳范围内，否则就会形成低熔点硅酸盐，使强度显著下降。从抗渣性来考虑，高的 CaO/SiO_2 比也是必要的，因为在转炉使用时，CaO/SiO_2 比高的镁砖对初期渣的抗浸蚀性更好。

② 减轻 B_2O_3 的熔剂作用

这是采用海水镁砂为原料带来的问题。

③ 调整制品的矿物组成、提高产生液相的起始温度及减少高温时的液相量

采用高纯原料、高压成型、高温烧成固然能显著提高耐火材料的质量，然而这样往往受成本的约束。在提高质量上，具有现实意义的方法是了解低熔物的作用，从而去控制它，使其有害影响减轻。这可从两个方面着手：避免产生低熔物，即提高液相产生的起始温度以及减少高温时的液相量；控制液相分布，使高温时液相不致包围耐火固相颗粒，而被排斥在颗粒间隙中，这样液相就不会贯穿颗粒，从而使固相颗粒间接触增加，达到直接结合。

（3）控制耐火材料的结构

所谓结构控制即是耐火材料中的物相分布。这一研究工作的实际意义是从所谓直接结合镁铬砖的出现发展起来的。当高温时，液相趋向往颗粒间隙移动，而不是包围颗粒，形成固相颗粒的直接结合。对高温下含 MgO 和液相的镁砖，为了使方镁石间的直接结合程度提高，或者使液相不致贯穿方镁石颗粒边界，那么加入 Cr_2O_3 是非常有利的；对高温下存在二固相和液相的材料（如白云石砖、镁铬砖或铬镁砖），不同颗粒的结合比相同颗粒间的结合来得容易。因此，用尖晶石或 M_2S、C_2S 高熔点矿物作为次要相对直接结合是非常有利的。

25. 什么是多层复合低导热莫来石砖？

低导热多层复合莫来石砖是为了达到国家节能、降耗、环保的目标，满足水泥工业的使用要求，而由郑州瑞泰耐火科技有限公司开发的一种新型耐火材料，主要应用于水泥回转窑过渡带、分解带、三次风管等部位。该产品采用多层复合结构，结构分为工作层、保温层、隔热层。

工作层具有高强度、低导热、高温耐磨、高荷重软化温度、抗侵蚀、抗热震的特性，提供稳定长寿的使用效果。

保温层具有高强度、低导热特性，在降低导热系数的同时作为骨架连接工作层与隔热层以及与筒体直接接触。

隔热层则采用超低导热系数的含锆氧化铝耐火纤维板，进一步降低制品的导热系数。

低导热多层复合莫来石砖具备生产过程无污染、低消耗，使用过程中环境友好，使用寿命延长的特点，同时实现了降低水泥窑筒体温度、减少吨水泥燃料消耗等目的。这些优异的特点不仅能帮助水泥企业降低自身生产成本，同时在使用中能达到节能、降耗、环保、长寿的目的。

低导热多层复合莫来石砖顺利通过了中国建筑材料联合会组织的项目鉴定，认定该项目成果引领了水泥工业节能耐火材料的发展趋势，达到了世界领先技术水平。

低导热多层复合莫来石砖达到的技术指标为：工作层 $Al_2O_3 \geqslant 65\%$，显气孔率 17%，体积密度 $2.6g/cm^3$，冷压强度 $127MPa$，荷重软化温度（$T_{0.6}$）$1650℃$，抗热震性（$1100℃$水冷）$\geqslant 30$ 次。综合导热系数 $1.65W/(m \cdot K)$，使用在水泥回转窑过渡带筒体温度平均降低 $50\sim80℃$。在正常的使用条件下使用寿命不低于原用的硅莫砖或硅莫红砖。

由郑州瑞泰耐火科技有限公司生产的低导热多层复合莫来石砖已先后在北方水泥、南方水泥、华新水泥、赛马水泥、西南水泥等多家水泥厂进行使用，筒体温度可降低 $50\sim80℃$，获得理想的使用效果。

第三章
水泥窑用耐火材料配置、施工与维护

第一节 水泥窑用耐火材料配置

1. 三次风管常用耐火材料有哪几种？

三次风管道内的 Y 形部件、弯头处以及封闭阀处等部位破坏严重，使用条件最苛刻。该处耐火材料的主要损毁原因是携带大量粉尘的、含碱硫氯高温气体造成的冲刷磨损和碱硫氯侵蚀，耐火材料易产生磨损、疏松和剥落。

三次风管用耐火材料包括高强耐碱砖、高强耐碱浇注料、耐磨浇注料、耐磨浇注料预制件、硅酸钙板、硅藻土砖和轻质浇注料等。

2. 窑门罩常用耐火材料有哪几种？

窑门罩所用耐火材料通常有低水泥高铝耐火浇注料、莫来石浇注料、高铝砖、磷酸盐结合高铝砖、硅钙板等。

窑门罩顶部使用的耐火材料主要是低水泥高铝耐火浇注料和莫来石质浇注料等材料，也有设计单位在窑门罩顶部设计使用黏土质或高铝质"工"字形吊挂砖。由于窑门罩面积大，考虑到施工速度问题，国内外出现了使用高铝质或莫来石质喷涂料代替通用浇注料的施工方式，并在一些生产线上进行了试用。另外，由于浇注料砌筑质量受现场施工影响较大，造成浇注料使用效果时好时坏等现象，目前国内相关企业推出了使用耐火浇注料预制件进行施工的技术，并进行了一定程度的试用。

3. 篦式冷却机常用耐火材料有哪几种？

篦式冷却机一般可以分为骤冷区、热回收区和冷却区，一般以篦冷机一段、二段、三段来简单表示，见表 3-1。

表 3-1 篦式冷却机通用耐火材料配置表

骤冷区（一段）		热回收区（二段）		冷却区（三段）	
上部及顶棚	矮墙	上部及顶棚	矮墙	上部及顶棚	矮墙
低水泥高铝浇注料 莫来石浇注料	耐磨浇注料 耐磨浇注料预制件	高强耐碱浇注料	低水泥高铝浇注料 莫来石浇注料	耐碱浇注料	高强耐碱浇注料

4. 冷却机矮墙常用耐火材料有哪几种？

冷却机矮墙部位承受高温熟料的长期磨损，容易造成衬料的磨蚀损坏，所以要求耐火材料具有良好的高温耐磨性能。目前冷却机矮墙部位主要使用各类高耐磨浇注料、高耐磨浇注料预制件等，隔热层一般配置硅酸钙板。

5. 回转窑用耐磨砖有哪几种？

回转窑用耐磨砖有磷酸盐耐磨砖、硅莫系列耐磨砖、高耐磨砖等种类。

6. 前窑口用耐火材料有哪几种？

前窑口用耐火材料主要有刚玉质浇注料、莫来石质浇注料、红柱石质浇注料等各类高温性能良好的不定形耐火材料，在新窑或窑筒体窑口处变形不大的水泥窑上，也可在前窑口处配置高耐磨碳化硅砖、耐磨高铝砖等定型制品。

 ## 7. 水泥窑余热发电系统用耐火材料有哪几种？

余热发电系统自冷却机抽取热风，通过管道输送至余热发电锅炉发电，热风温度一般不超过800℃。余热发电系统内热气体流速快、粉尘含量大，对耐火材料磨损严重。取风口、通风管道弯头、沉降室等部位磨损更为严重，要求耐火材料具有良好的高温耐磨性。

目前国内余热发电系统所使用的主要有棕刚玉捣打料、耐磨涂抹料、耐磨陶瓷、各类耐磨浇注料等材料。

 ## 8. 水泥窑处置废弃物系统所使用的耐火材料有哪几种？

由于水泥窑处置废弃物系统各不相同，所处置的废弃物种类和数量品种多，所以水泥窑处置废气物系统目前没有形成比较一致的耐火材料配置方案，根据目前国内主要水泥窑处置废气物系统实际情况，所使用的耐火材料主要有高强耐碱砖、高强耐碱浇注料、莫来石浇注料、刚玉质浇注料、高耐磨浇注料、碳化硅质耐磨砖等材料。

 ## 9. 水泥回转窑衬里用标准砖型尺寸是如何规定的？

我国国家标准 GB/T 17912—2014《回转窑用耐火砖形状尺寸》规定了耐火砖的定义、砖号、形状、规格、尺寸、尺寸参数等内容，具体砖型尺寸数据见表 3-2。

表 3-2　回转窑用耐火砖尺寸

砖号	适用窑内径/m	尺寸				砖码	尺寸/mm					容积/dm³
		L	H	A	B		A	B	H	L	D	
	国际磷酸盐系列					VDZ 系列（国际通用系列，中部宽度恒定为71.5mm，但带※者例外）						
P_{11}	1.1～1.5	198	100	71	60	B218	78.0	65.0	180	198	2,160	2.55
P_{16}	1.6～1.9	198	120	80	69	B318	76.5	66.5	180	198	2,754	2.55
P_{20}	2.0～2.4	198	150	81	70	B418	75.0	68.0	180	198	3,857	2.55
P_{25}	2.5～2.9	198	150	90	80	B618	74.0	69.0	180	198	5,328	2.55
P_{30}	3.0～3.2	198	180	92	81	B718※	78.0	74.0	180	198	7,020	2.71
P_{33}	3.3～3.5	198	180	83	74	B220	78.0	65.0	200	198	2,400	2.83
P_{36}	3.6～3.9	198	180	100	90	B320	76.5	66.5	200	198	3,060	2.83
P_{40}	4.0～4.2	198	200	90	81	B420	75.0	68.0	200	198	4,286	2.83
P_{43}	4.3～4.5	198	200	97	88	B620	74.0	69.0	200	198	5,920	2.83
P_{46}	4.6～4.9	198	200	92	84	B820※	78.0	74.0	200	198	7,800	3.01

砖号	适用窑内径/m	尺寸				砖码	尺寸/mm					容积/dm³
		L	H	A	B		A	B	H	L	D	
PC_{1-1}	1.1~1.5	198	100	90	79	B222	78.0	65.0	220	198	2,640	3.11
PC_{1-2}	1.1~1.5	198	100	60	49	B322	76.5	66.5	220	198	3,366	3.11
PC_{1-3}	1.1~1.5	198	100	50	39	B422	75.0	68.0	220	198	4,714	3.11
PC_{1-4}	1.6~1.9	198	120	90	79	B622	74.0	69.0	220	198	5,512	3.11
PC_{1-5}	1.6~1.9	198	120	60	49	B822※	78.0	74.0	220	198	8,580	3.31
PC_{1-6}	1.6~1.9	198	120	50	39	ISO系列（国际通用系列，大头宽度恒定为103mm）						
PC_{2-1}	2.0~2.9	198	150	100	90	216	103.0	86.0	160	198	1,939	2.99
PC_{2-2}	2.0~2.9	198	150	70	60	316	103.0	92.0	160	198	2,996	3.09
PC_{2-3}	2.0~2.9	198	150	60	50	218	103.0	84.0	180	198	1,952	3.33
PC_{3-1}	3.0~3.9	198	180	110	101	318	103.0	90.5	180	198	2,966	3.45
PC_{3-2}	3.0~3.9	198	180	70	61	418	103.0	93.5	180	198	3,903	3.50
PC_{3-3}	3.0~3.9	198	180	60	51	618	103.0	97.0	180	198	6,180	3.56
PC_{4-1}	4.0~4.9	198	200	100	91	220	103.0	82.0	200	198	1,962	3.66
PC_{4-2}	4.0~4.9	198	200	70	61	320	103.0	89.0	200	198	2,943	3.80
PC_{4-3}	4.0~4.9	198	200	60	51	420	103.0	92.5	200	198	3,924	3.87
						520	103.0	94.7	200	198	4,964	3.91
						620	103.0	96.2	200	198	6,059	3.94
						820	103.0	97.8	200	198	7,923	3.98
						222	103.0	80.3	220	198	1,996	3.99
						322	103.0	88.0	220	198	3,021	4.16
						422	103.0	91.5	220	198	3,941	4.24
						622	103.0	95.5	220	198	6,043	4.32
						822	103.0	97.3	220	198	7,951	4.36
						425	103.0	90.0	250	198	3,962	4.78
						625	103.0	94.5	250	198	6,059	4.89

10. 回转窑 ISO 型砖特点及配砖比例是什么？

ISO（国际标准化组织）是世界范围内各国的标准团体的联合组织，国际标准的制定工作是通过 ISO 技术委员会进行的。国际标准 ISO5417：1986 规定了回转窑用耐火砖尺寸，主要推广等大端尺寸 103mm（适用非碱性砖）和等中间尺寸 71.5mm（B 型）、75mm（C 型）砖型（适用碱性砖）尺寸，我国多采用 B 型（等同于 VDZ 型）。

采用等大端尺寸 103mm 的耐火砖砌筑回转窑时，其配砖比例见表 3-3。

表 3-3　ISO 砖型配砖比例

砖型 窑径/mm	218：618	318：618	418：618	220：620	320：620	420：620	420：820	222：622	322：622	422：622	422：822	425：625
3300	41：60	81：20		40：61	80：21			41：60	84：17			
3300	41：59	82：18		41：59	81：19			42：58	85：15			
3400	39：65	78：26		39：65	77：27			40：64	81：23			
3400	40：63	79：24		39：64	78：25			40：63	82：21			
3500	38：69	76：31		37：70	74：33			38：69	78：29			
3500	38：68	77：29		38：68	75：31			39：67	79：27			
3600	36：74	73：37		36：74	71：39			37：73	75：35			
3600	37：72	74：35		37：72	72：37			37：72	76：33			
3700	35：78	70：43		35：78	68：45			35：78	72：41			
3700	36：76	71：41		35：77	69：43			36：76	73：39			
3800	34：82	67：49		33：83	65：51			34：82	68：48			
3800	34：81	68：47		34：81	66：49			34：81	70：45			
3900	32：87	64：55		32：87	62：57			32：87	65：54			
3900	33：85	65：53		32：86	63：55			33：85	67：51			
4000	31：91	61：61		30：92	59：63			31：91	62：60			
4000	31：90	63：58		31：90	60：61			31：90	64：57			
4100	29：96	59：66		29：96	56：69			29：96	59：66		113：12	
4100	30：94	60：64		29：95	58：66			30：94	61：63		115：9	
4200	28：100	56：72	103：25	27：101	53：75	104：24		28：100	56：72	105：23	107：21	
4200	29：98	57：70	106：21	28：99	55：72	107：20		28：99	57：70	108：19	109：18	
4300	26：105	53：78	98：33	26：105	51：80	99：32	108：23	26：105	53：78	100：31	109：22	101：30
4300	27：103	54：76	101：29	26：104	52：78	101：29	110：20	27：103	54：76	102：28	111：19	104：26
4400	25：109	50：84	93：41	24：110	48：86	93：41	105：29	25：109	50：84	94：40	106：28	95：39
4400	26：107	51：82	95：38	25：108	49：84	95：38	107：26	25：108	51：82	96：37	108：25	98：35
4500	24：113	47：90	88：49	23：114	45：92	87：50	102：35	23：114	47：90	88：49	103：34	90：47
4500	24：112	49：87	90：46	23：113	46：90	90：46	104：32	24：112	48：88	91：45	105：31	92：44
4600	22：118	44：96	82：58	21：119	42：98	82：58	99：41	22：118	44：96	82：58	100：40	84：56
4600	23：116	46：93	85：54	22：117	43：96	84：55	101：38	22：117	45：94	85：54	102：37	87：52
4700	21：122	41：102	77：66	20：123	39：104	76：67	96：47	20：123	41：102	77：66	97：46	78：65
4700	21：121	43：99	80：62	21：121	40：102	79：63	98：44	21：121	42：100	79：63	99：43	81：61

续表

砖型 窑径/mm	218：618	318：618	418：618	220：620	320：620	420：620	420：820	222：622	322：622	422：622	422：822	425：625
4800		39：107	72：74		36：110	70：76	93：53	18：128	38：108	71：75	94：52	72：74
4800		40：105	75：70		38：107	73：72	95：50	19：126	39：106	74：71	96：49	75：70
4900		36：113	67：82		33：116	65：84	90：59	17：132	35：114	65：84	91：58	67：82
4900		37：111	69：79		35：113	68：80	92：56	18：130	36：112	68：80	93：55	69：79
5000		33：120	62：91		31：122	60：93	88：65	16：137	32：121	60：93	89：64	61：92
5000		35：116	64：87		32：119	62：89	89：62	16：135	33：118	62：89	90：61	64：87
5100		31：125	57：99		28：128	54：102	85：71		29：127	54：102	86：70	55：101
5100		32：122	59：95		29：125	56：98	86：68		30：124	57：97	87：67	58：96
5200		28：131	51：108		25：134	48：111	82：77		26：133	48：111	83：76	50：109
5200		29：128	54：103		26：131	51：106	83：74		27：130	51：106	84：73	52：105
5300		25：137	46：116		22：140	43：119	79：83		23：139	43：119	80：82	44：118
5300		26：134	49：111		23：137	45：115	80：80		24：136	45：115	81：79	47：113
5400					19：146	37：128	76：89		20：145	37：128	77：88	38：127
5400					20：143	40：123	77：86		21：142	40：123	78：85	41：122
5500						31：137	73：95			31：137	74：94	32：136
5500						34：132	74：92			34：132	75：91	35：131
5600						26：145	70：101			25：146	71：100	27：144
5600						29：140	71：98			28：141	72：97	29：140
5700						20：154	67：107			20：154	68：106	21：153
5700						23：149	68：104			23：149	69：103	24：148
5800							64：113				65：112	15：162
5800							65：110				66：109	18：157
5900							61：119				61：119	9：171
5900							62：116				63：115	12：166
6000							58：125				58：125	3：180
6000							59：122				60：121	7：174

 ## 11. 回转窑 VDZ 型砖特点及配砖比例是什么？

回转窑 VDZ 型砖主要规定了耐火砖为等中间尺寸砖型，大小端平均尺寸 $(a+b)/2$ 都相等，我国一般采用等中间尺寸为 71.5mm 的砖型。

采用 VDZ 型砖时的配比见表 3-4。

表 3-4　VDZ 砖型配砖比例

砖型 窑径/mm	B218： B618	B318： B618	B418： B618	B418： B718	B220： B620	B320： B620	B420： B620	B420： B820	B222： B622	B322： B622	B422： B622	B422： B822
3300	56：81	89：48			72：64				88：47			
3300	57：78	91：44			73：61				89：44			
3400	53：88	84：57			69：72	111：30			86：54			
3400	54：86	87：53			71：68	113：26			87：51			
3500	50：96	80：66			66：79	106：39			83：61			
3500	52：92	82：62			68：75	108：35			84：58			
3600	47：103	76：74			64：85	102：47			80：69	128：21		
3600	49：99	78：70			65：82	104：43			81：65	130：16		
3700	45：110	72：83			61：93	98：56			77：76	124：29		
3700	46：107	74：79			62：90	100：52			79：72	126：25		
3800	42：117	67：92			58：100	93：65			74：83	119：38		
3800	43：114	69：88			60：96	95：61			76：79	121：34		
3900	39：124	63：100			56：107	89：74			72：90	115：47		
3900	41：120	65：96			57：103	91：69			73：86	117：42		
4000	37：131	58：110	146：22	154：13	53：114	84：83			69：97	110：56		
4000	38：128	61：105	152：14	157：8	54：111	87：78			71：93	113：51		
4100	34：138	54：118	135：37	149：22	50：121	80：91			66：104	106：64		
4100	35：135	56：114	141：29	152：17	51：118	82：87			68：100	108：60		
4200	31：146	50：127	124：53	144：31	47：129	76：100			64：111	102：73		
4200	32：142	52：122	130：44	147：26	49：124	78：95			65：107	104：68		
4300	28：153	45：136	113：68	139：40	44：136	71：109			61：118	97：82		
4300	30：149	48：131	119：60	142：34	46：132	74：104			62：115	100：77		
4400	25：160	41：144	102：83	134：48	42：143	67：118			58：126	93：91		
4400	27：156	43：140	108：75	137：43	43：139	69：113			60：121	95：86		
4500	23：167	36：154	91：99	129：57	39：150	62：127	156：33		55：133	88：100		
4500	24：163	39：148	97：90	132：52	40：146	65：121	162：24		57：128	91：94		
4600		32：162	80：114	124：66	36：157	58：135	145：48		52：140	84：108		
4600		35：157	87：105	127：61	38：153	61：130	152：39		54：136	87：103		
4700		28：171	69：130	119：75	34：164	54：144	134：64	158：37	50：147	80：117		
4700		30：166	76：120	122：70	35：160	56：139	141：54	161：32	51：143	82：112		
4800			58：145	114：84	31：171	49：153	123：79	153：46	47：154	75：126		
4800			65：135	116：79	32：167	52：147	130：69	157：40	49：149	78：120		
4900			47：160	109：93	28：179	45：162	112：95	148：55	44：162	71：135		
4900			54：151	111：88	30：174	48：156	119：85	152：49	46：157	74：129		

156

砖型 窑径 /mm	B218： B618	B318： B618	B418： B618	B418： B718	B220： B620	B320： B620	B420： B620	B420： B820	B222： B622	B322： B622	B422： B622	B422： B822
5000			36：176	103：102	25：186	40：171	101：110	143：64	42：168	66：144	166：44	
5000			43：166	107：96	27：181	43：165	108：100	146：58	43：164	69：138	173：34	
5100			25：191	98：111	22：193	36：179	90：125	138：73	39：175	62：152	155：59	178：34
5100			32：181	102：105	24：188	39：173	97：115	141：67	40：171	65：146	162：49	181：29
5200				93：120	20：200	32：188	79：141	133：82	36：183	58：161	144：75	173：43
5200				96：114	22：195	35：182	87：130	136：76	38：178	61：155	152：64	176：37
5300				88：129		27：197	68：156	128：90	33：190	53：170	133：90	168：52
5300				91：123		30：191	76：145	131：85	35：185	56：164	141：79	171：46
5400				83：138		23：205	57：171	122：100	31：197	49：179	122：106	163：61
5400				86：132		26：199	65：160	126：94	32：192	52：172	130：94	166：55
5500				78：147			46：187	117：109	28：204	44：188	111：121	158：70
5500				81：141			54：176	121：102	30：199	48：181	119：110	161：64
5600				72：156			35：202	112：118	25：211	40：196	100：136	152：79
5600				76：150			43：191	116：111	27：206	43：190	108：125	156：73
5700				67：165			24：218	107：127	22：219	36：205	89：152	147：88
5700				71：158			32：206	111：120	24：213	39：198	97：140	151：81
5800				62：174				102：136	19：226	31：214	78：167	142：97
5800				66：167				106：129	22：220	35：207	87：155	146：90
5900				57：183				97：144		27：223	67：183	137：106
5900				61：176				101：137		30：216	76：170	141：99
6000				52：192				92：153		23：231	56：198	132：115
6000				56：185				96：146		26：224	65：185	136：108

 12. 2500t/d 熟料生产线耐火材料典型配置情况是怎样的？

表 3-5　2500t/d 熟料生产线耐火材料典型配置

部位		品种	主要性能
预热器	旋风筒、进出风管、下料管、分解炉上部	高强耐碱浇注料	具有较好的耐碱性
	分解炉下部、烟室	高铝低水泥浇注料	致密性好，后期强度高，养护时间长
	旋风筒、进出风管、分解炉上部	高强耐碱砖	砖内组分与碱性气体反应生成保护层
	分解炉下部	抗剥落高铝砖	热震稳定好，适用于频繁停窑

部位		品种	主要性能
三次风管	直管、直墙部分	高强耐碱砖	砖内组分与碱性气体反应生成保护层，易出现鼓包倒塌
	弯管部分	高强耐碱浇注料	具有较好的耐碱性
冷却机	中温段顶棚及侧墙		
	高温段侧墙、顶棚及矮墙	高铝低水泥浇注料	致密性好，后期强度高，养护时间长
	窑头罩	高铝低水泥浇注料	致密性好，后期强度高，养护时间长
窑	窑口	抢修时采用磷酸盐浇注料，大修时采用刚玉莫来石质浇注料	
	0.68～1.88m	高耐磨砖	耐磨性能好，强度高
	1.88～17.88m	直镁砖	高温性能好，易挂窑皮
	17.88～30.88m	尖晶石砖	抗侵蚀性能好
	30.88～59.28m	抗剥落高铝砖	热震稳定好，适用于频繁停窑
	59.28～60m	高铝低水泥浇注料	致密性好，后期强度高，养护时间长

 ## 13. 5000t/d 熟料生产线耐火材料典型配置情况是怎样的？

表 3-6　5000t/d 熟料生产线耐火材料典型配置

部位		品种	主要性能
预热器	旋风筒、进出风管、下料管（C5 除外）	高强耐碱浇注料	具有较好的耐碱性
	分解炉及出风管、烟室	高铝低水泥浇注料	致密性好，后期强度高，养护时间长
	分解炉进风口、C5 下料管、下料斜坡	抗结皮浇注料	SiC 在高温下不与窑料发生反应，能防止结皮
	旋风筒、进出风管、分解炉上部	高强耐碱砖	砖内组分与碱性气体反应生成保护层
三次风管	直管、直墙部分	高强耐碱砖	砖内组分与碱性气体反应生成保护层，易出现鼓包倒塌
	弯管部分	高强耐碱浇注料	具有较好的耐碱性
冷却机	中温段顶棚及侧墙		
	高温段侧墙、顶棚及矮墙	高铝低水泥浇注料	致密性好，后期强度高，养护时间长
	窑头罩	高铝低水泥浇注料	致密性好，后期强度高，养护时间长
窑	窑口	抢修采用磷酸盐浇注料，计划大修采用刚玉莫来石质浇注料	
	0.42～1.42m	高耐磨砖	耐磨性能好，强度高
	1.42～22m	直镁砖	高温性能好，易挂窑皮
	22～34m	尖晶石砖	抗侵蚀性能好
	34～42m	直镁砖	高温性能好，易挂窑皮
	42～71.8m	抗剥落高铝砖	热震稳定好，适用于频繁停窑
	71.8～72m	高铝低水泥浇注料	致密性好，后期强度高，养护时间长

14. 8000t/d 熟料生产线耐火材料典型配置情况是怎样的？

表 3-7　8000t/d 熟料生产线耐火材料典型配置

部位		品种	主要性能
预热器	旋风筒、进出风管、下料管（C6 除外）、分解炉上部	高强耐碱浇注料	具有较好的耐碱性
	旋风筒	高强耐碱砖	具有较好的耐碱性
	分解炉下部及出风管、烟室	高铝低水泥浇注料	致密性好，后期强度高，养护时间长
	分解炉进风口、C6 下料管、下料斜坡	抗结皮浇注料	SiC 在高温下不与窑料发生反应，能防止结皮
三次风管	直管	高强耐碱砖	砖内组分与碱性气体反应生成保护层
	弯管部分	高强耐碱浇注料	具有较好的耐碱性
冷却机	中温段顶棚及侧墙	高强耐碱浇注料	具有较好的耐碱性
	高温段侧墙、顶棚及矮墙	高铝低水泥浇注料	致密性好，后期强度高，养护时间长
窑头罩		烧结高铝砖	良好的抗剥落性，适用于频繁停窑
窑	窑口	抢修时采用磷酸盐浇注料，计划大修时用刚玉莫来石质浇注料	
	0.455～11.855m	镁铝尖晶石砖	良好的抗碱侵蚀和抗氧化还原性
	11.855～28.855m	直镁砖	高温性能好，易挂窑皮
	28.855～43.055m	镁铝尖晶石砖	良好的抗碱侵蚀和抗氧化还原性
	43.055～44.855m	尖晶石砖	良好的抗碱侵蚀和抗氧化还原性，易挂窑皮
	44.855～54.855m	直镁砖	高温性能好，易挂窑皮
	54.855～86.045m	抗剥落高铝砖	热震稳定好，适用于频繁停窑
	86.045～87m	高铝低水泥浇注料	致密性好，后期强度高，养护时间长

15. 10000t/d 熟料生产线耐火材料典型配置情况是怎样的？

表 3-8　10000t/d 熟料生产线耐火材料典型配置

部位		品种	主要性能
预热器	旋风筒、进出风管、下料管（C5 除外）	高强耐碱浇注料	具有较好的耐碱性
	分解炉、旋风筒本体	高强耐碱砖	具有较好的耐碱性
	分解炉及出风管、烟室	高铝低水泥浇注料	致密性好，后期强度高，养护时间长
	分解炉进风口、C5 下料管、下料斜坡	抗结皮浇注料	SiC 在高温下不与窑料发生反应，能防止结皮
三次风管	直管、分叉部分	高强耐碱砖	砖内组分与碱性气体反应生成保护层
	分叉部分	浇注料	具有较好的耐碱性
			热膨胀小，抗化学侵蚀强，养护时间短

续表

部位		品种	主要性能
冷却机	中温段顶棚及侧墙	高强耐碱浇注料	具有较好的耐碱性
	高温段侧墙、顶棚及入三次风管、煤磨出风口	高铝低水泥浇注料	在快速升温中不易爆裂，高温性能较差
	高温段侧墙、矮墙	高铝低水泥浇注料	致密性好，后期强度高，养护时间长
	窑头罩	高铝低水泥浇注料	热膨胀小，抗化学侵蚀强，养护时间短
窑	窑口	抢修时采用磷酸盐浇注料，计划大修时采用刚玉莫来石浇注料	
	0.412～6.412m	镁铝尖晶石砖	良好的抗碱侵蚀和抗氧化还原性
	6.412～18.412m	镁铝尖晶石砖	良好的抗碱侵蚀和抗氧化还原性，易挂窑皮
	18.412～30.412m	镁铁尖晶石砖	优良的结构弹性，铁含量较高导致高温下尖晶石易受损而造成砖体损坏
	30.412～54.412m	直镁砖	高温性能好，易挂窑皮
	54.412～94.412m	抗剥落高铝砖	热震稳定好，适用于频繁停窑
	94.412～95m	高铝低水泥浇注料	致密性好，后期强度高，养护时间长

第二节　水泥窑用耐火材料施工

1. 水泥窑窑衬如何施工？

（1）窑衬的施工是把设计中企图实现的窑衬方案转化为现实的、能保证水泥窑各部位耐火材料衬里达到一个合理使用寿命的重要环节。

（2）窑衬施工前准备工作的一个重要内容是做好与设计和设备安装间的衔接工作。建设单位、窑衬施工单位、设备安装单位与设计单位应密切合作，进行设计文件的交底与会审，这才能使窑衬设计完全切合施工实际，才有可能得到完善的贯彻。同时对施工进度、施工现场管理交叉配合等事项进行充分协调，从而统一认识，明确分工，落实责任。施工中如发生设计无法贯彻或与安装单位交叉配合困难时，还必须再度会商，做好衔接工作。

（3）施工单位必须在窑衬施工前认真编制施工预算和施工方案。落实施工人员，核实各种耐火材料的数量、质量和存放情况，准备施工机具，检查现场照明和安全措施等是否齐备，并对施工人员进行必要的技术交底和安全教育。

（4）由专业队伍分别负责设备安装和窑衬施工时，双方应在签订工序交接证明书后方可进行窑衬施工。工序交接证明书应具以下基本内容：

① 窑炉中心线和控制标高的测量记录。

② 转换阀、窑尾密封装置等隐蔽性工程和装置的验收记录。

③ 窑筒体、机组壳体和管道等的安装记录和有关测试记录以及焊接质量等的试验记录。

④ 窑筒、筒式冷却机等可动装置或装置可动部位的试运转记录。

⑤ 机组内托砖板、锚固件、挡砖圈、挡料圈、膨胀节等的位置、尺寸及焊接质量等的检查记录。某些锚固件等也可经设备安装和窑衬施工双方协调处理。

⑥ 机组内预留温度、压力、流量等的测定装置以及取样、捅料、送风、送水、摄像、观察、人孔、检修孔等孔洞的位置和尺寸的检查记录。

⑦ 其他有关事项。

2. 如何砌筑耐火砖?

（1）耐火砖衬按砖缝大小及操作精细程度划分为四类。其类别和砖缝大小分别为：Ⅰ类，≤0.5mm；Ⅱ类，≤1mm；Ⅲ类，≤2mm；Ⅳ类，≤3mm。

水泥回转窑系统耐火衬里用火泥砌筑时，其灰缝应在2mm以内。如设计未标明时，可按上述推荐等级进行砌筑，施工时应从严掌握。不动设备衬里的灰缝中火泥应饱满，且上下层内外层的砖缝应错开。砌筑不动设备的砖衬时，泥浆饱满度要求达到95%以上。对耐火隔热衬里砖缝大小的建议见表3-9。

（2）调制砌砖用耐火泥浆应遵照以下原则：

① 砌砖前应对各种耐火泥浆进行预实验和预砌筑，确定不同泥浆的粘结时间、初凝时间、稠度及用水量。

② 调制不同泥浆要用不同的器具，并及时清洗。

③ 调制不同质泥浆要用清洁水，水量要称量准确，调和要均匀，随调随用。已经调制好的水硬性和气硬性泥浆不得再加水使用，已经初凝的泥浆不得继续使用。

④ 调制磷酸盐结合泥浆时要保证规定的困料时间，随用随调，已经调制好的泥浆不得任意加水稀释。这种泥浆因具腐蚀性，不得与金属壳体直接接触。

（3）耐火砖的品种和布局依据设计方案砌筑，一般拱顶和圆筒衬里宜采用环缝砌筑，直墙和斜面宜采用错缝砌筑。砌筑时应力求砖缝平直，弧面圆滑，砌体密实。对于窑筒耐火衬里还必须确保砖环与窑筒可靠地同心，故应保证砖面与窑筒体完全贴紧，砖间应是面接触且结合牢固。砌筑不动设备的砖衬时，火泥浆饱满度要求达到95%以上，表面砖缝要用原浆勾缝，但要及时刮除砖衬表面多余的泥浆。

表 3-9　对耐火隔热衬里砖缝大小的建议

设备名称	工艺部位或砌筑方法	允许砖缝宽度/mm
回转窑	湿砌	≤2
	干砌	依设计规定
篦式冷却机		≤2
预热器		≤2
分解炉		≤2
三次风管及连接管道		≤2
隔热砖		≤3
窑门罩	墙	≤2
	顶	≤1.5

（4）砌砖时要使用木锤、橡皮锤或硬塑料锤等柔性工具，不得使用铁锤。

（5）砌筑耐火隔热衬里时应力求避免下列通病：

① 错位：即在层与层、块与块之间的不平整。

② 倾斜：即在水平方向上不平衡。

③ 灰缝不均：即灰缝宽度大小不一，可通过适当选砖来调整。

④ 爬坡：即在环向墙面表面上有规则地不平整的现象，应控制只错开1mm以内。

⑤ 离中：即在弧形砌体中砖环与壳体不同心。

⑥ 重缝：即上下层灰缝相叠合，两层间只允许有一条灰缝。

⑦ 通缝：即内外水平层灰缝相合，甚至露出金属壳体，是不允许的。

⑧ 张口：即在弧形砌体中灰缝内小外大。

⑨ 脱空：即灰浆在层间、砖间及与壳体间不饱满，在不动设备的衬里中是不允许的。

⑩ 毛缝：即砖缝未勾抹，墙面不清洁。

⑪ 蛇行弯：即纵缝、环缝或水平缝不呈直线，而呈波浪形弯曲。

⑫ 砌体鼓包：属于设备变形而致，应在砌筑时修平设备有关表面。砌筑双层衬里时可用隔热层找平。

⑬ 混浆：错用了泥浆，是不允许的。

砖衬砌体通病如图 3-1 所示。

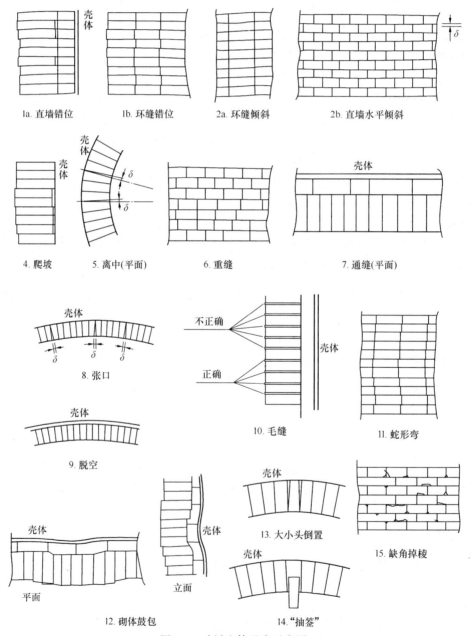

图 3-1　砖衬砌体通病示意图

（6）砌筑不动设备的耐火隔热复合衬里，要分层分段砌筑，严禁混层混浆砌筑。砌筑隔热衬里同样要满浆满缝，遇到孔洞和铆焊件时要加工砖或板，缝隙处要用泥填实。禁止任意铺砌、到处留空隙或不用泥浆的做法。在隔热层中，凡处于锚固砖下和拱脚砖后、孔洞周围以及接触膨胀的地方，均应改用耐火砖砌筑。

（7）耐火砖衬中的膨胀缝，必须按设计留设，不得遗漏。膨胀缝的宽度不宜出现负公差，缝内不得留有硬块杂物，并用耐火纤维将缝填满，要避免外满内空的现象。隔热层中一般可不设膨胀缝。

（8）重要部位和外形复杂部位的衬里应先进行预砌筑。对结构极其复杂且砖加工量太大的衬里，可考虑改为浇注料衬里。

（9）砖衬中留设的外露金属件，包括托砖板、挡砖板等部位，要用异型砖、浇注料或耐火纤维封闭起来，不得将其在使用中直接暴露在热窑气中。

（10）锚固砖是砌体的结构砖，要按设计规定来留设，不得遗漏。挂孔周围不得使用有裂纹的锚固砖。金属挂钩件要放平挂实。挂孔与挂钩不能卡死，所留间隙可用耐火纤维填实。

（11）砌筑封顶砖、接头砖和弯道砖时，若用原砖不能满足封口要求时，要用切砖机对砖进行精加工，不得使用手工加工砖。加工砖的尺寸：在回转窑及托砖板下的封顶砖应不小于原砖的70%；在平面的接头砖和弯道砖中，不得小于原砖的1/2，必须用原砖锁口，砖的工作面严禁加工，砖的加工面不宜朝向炉膛的内侧。

3. 回转窑砌砖时要求的"两个百分之百接触"指的是什么？

（1）把砖衬尽可能砌得很紧，冷态下也好，热态运行中也好，砖衬顶部与窑筒体间都要充分贴紧，尽量不留缝隙，衬内相邻单砖楔形面之间也完全接触。

（2）任何一块砖大头的四个角与筒体都完全接触。

4. 窑筒体内耐火砖的顶杠砌筑和砌砖机砌筑有什么不同？

砌筑方式不一样，锁口位置不同。顶杠砌筑需频繁转窑，危险系数较大，特别是窑径大于4.3m的回转窑。

主要根据窑径选用砌筑方式，一般直径小于4m时多采用顶杠法砌筑，大于4m时采用砌砖机砌筑。

5. 锚固件焊接工艺有哪些要求？

根据窑型及不同的焊接部位，对不同型号和材质的锚固件，所采取的焊接工艺是不同的，目前一般采用的焊接工艺要求见表3-10。

表3-10　锚固件焊接工艺要求

焊接部位	材质	选用焊条	电焊机	焊接电流	接线方式
窑口	0Cr25Ni20	奥402	ZX系列	$D^2 \times 10 + (20 \sim 60)$	直流反接
	1Cr18Ni9Ti	奥402	ZX系列	$D^2 \times 10 + (20 \sim 50)$	直流反接

续表

焊接部位	材质	选用焊条	电焊机	焊接电流	接线方式
窑头罩	1Cr18Ni9Ti	奥 402	ZX 系列	$D^2 \times 10 + (20 \sim 50)$	直流反接
冷却机喉部	1Cr18Ni9Ti	奥 402	ZX 系列	$D^2 \times 10 + (20 \sim 50)$	直流反接
冷却机一段一室三侧墙	1Cr18Ni9Ti	奥 402	ZX 系列	$D^2 \times 10 + (20 \sim 50)$	直流反接
喷煤管	1Cr18Ni9Ti	奥 402	ZX 系列	$D^2 \times 10 + (20 \sim 50)$	直流反接
其他部位	1Cr18Ni9Ti	奥 132	ZX 系列	$D^2 \times 10 + (20 \sim 60)$	直流正接

因所用焊条均为碱性焊条，药皮易受潮，为防止焊缝内产生气孔、氢脆及裂纹，一般情况下焊条应进行烘干，烘干温度在 300℃左右，时间 2～3h。表中 D 为焊条直径，焊机一般采用硅整流焊机，为防止磁偏吹，地线尽量接在靠近焊接位置。

6. 陶瓷锚固件吊挂采用何种施工方式？

水泥窑冷却机顶部、窑门罩顶部等部位施工中可以采用陶瓷锚固件的吊挂施工，结构如图 3-2 所示。

图 3-2　陶瓷锚固件吊挂施工方式示意图

由图 3-2 可知，耐火浇注料成型后被吊挂在陶瓷锚固件上，陶瓷锚固件吊挂在钢夹上，钢夹吊挂在钢质挂钩上，挂钩吊挂在小工字钢梁上，小工字钢梁又支撑在大工字钢梁上。这种结构方式的好处是：

（1）用陶瓷锚固件代替了耐热钢锚固件，避免了耐热钢缓慢氧化引起的损坏，延长了衬里的使用寿命。

（2）降低了金属件的工作温度，可以用普通钢材代替昂贵的耐热钢，降低窑炉的造价。

（3）由于增加了陶瓷锚固件的长度，降低了锚固件后部钢夹的工作温度，避免了钢夹的氧化，可以增加浇注料上部所覆盖轻质材料的厚度，提高窑衬的隔热节能效果。

7. 浇注料施工对锚固件的使用有什么要求？

（1）焊接间距。一般要求 200～250mm，避免因间距过小使振动棒插不进去或将锚固件振动松动，间距过大起不到作用。

（2）锚固件焊接必须牢固。

（3）锚固件上必须刷沥青漆或缠塑料膜，其厚度应大于 1mm。

8. 浇注料对施工机具有什么要求？

（1）所有机具必须干净，不能有杂质，特别是焊渣。

（2）每班结束必须及时清理机具。

（3）在同一作业现场出现不同的材料时，严禁使用同一机具搅拌或铲运不同的材料。

（4）施工现场所用机具应备有备用机具，特别是振动棒，应有一套备用。

9. 浇注料施工有哪些注意事项？

（1）浇注料施工前应严格进行如下内容的检查：

① 检查待浇注设备的外形及清洁情况。

② 检查施工机具的完好情况，振捣工具等必须有完好备件。

③ 检查锚固件型式、尺寸、布置及焊接质量，金属锚固件必须做好膨胀补偿处理。

④ 检查周围耐火砖衬及隔热层的预防浇注料失水措施。

⑤ 检查浇注料的包装和出厂日期，并进行预实验检查是否失效。

⑥ 检查施工用水，其水质必须达到饮用水的质量。

凡上述项目检查不合格时应处理合格后方可施工。过期失效的材料不得使用。浇注料施工中要确保不停电，不中断施工。

（2）浇注料施工用模板可用钢板或硬木板制成，表面必须光滑。模板要有足够强度，刚性好，不走形，不移位，不漏浆，模板固定要牢固，避免因振动而出现涨模，模板对接间隙要小，避免露浆。钢模板要涂脱模剂，木模板要刷防水漆，重复使用的模板要先清洗，再涂漆，方可使用。

（3）浇注料的加水量应严格按使用说明书控制，不得超过限量。在保证施工性能的前提下，加水量宜少不宜多。

（4）浇注料搅拌时间应不少于 5min。操作时要使用强制式搅拌机。搅拌时宜事先干混，再加入 80％用水量的水搅拌，然后视其干湿程度，徐徐加入剩余的水继续搅拌，直到获得适宜的工作稠度为止。搅拌不同的浇注料时应先将搅拌机清洗干净。

（5）浇注料必须整桶整袋地使用。搅拌好的浇注料一般在 30min 内用完，在高温干燥的作业环境中还要适量缩短这一时间。已经初凝甚至结块的浇注料不得倒入模框中，也不得加水搅拌再用。

（6）倒入模框内的浇注料应立即用振动棒分层震实，每层高度应不大于 300mm，振动间距以 250mm 左右为宜。振动时尽量避免触及锚固件，不得在同一位置上久振和重振。看

到浇注料表面返浆后应将振动棒缓慢抽出，避免浇注料层产生离析现象和出现空洞，并确保浇注料内气体排出。浇注完成后的浇注体，在凝固前不能再受压与受振。

（7）大面积浇注时，要分块施工。每块浇注区面积以 1.5m² 左右为宜，一般以 3～5mm 的胶合板作为膨胀缝，胶合板应放置在浇注料的工作面，膨胀缝要按设计留设，不得遗漏，膨胀缝的深度应为浇注料厚度的 1/2 左右为宜。若浇注料一次浇注高度较低时，应于 1.2～1.5m 之间留设膨胀缝，膨胀缝应留设在锚固件间隔的位置。

（8）待浇注料表面干燥后，应立即用塑料薄膜或草袋将露在空气中的部分盖严。初凝到达后要定期洒水养护，保持其表面湿润。养护时间至少两天，第一天内要勤洒水。浇注料终凝后可拆除边模继续洒水养护，但承重模板须待强度达到 70% 以后方可拆模。

（9）模板拆除后应及时对浇注体进行检查。发现蜂窝、剥落和空洞等质量问题要及时处理与修补。问题严重时要将缺陷部位凿去，露出锚固件，再用同质量的捣固料填满捣实，继续养护，禁止用水泥灰浆摸平来掩盖问题。

10. 浇注料施工后易出现哪些问题？

剥落：模板太干或其表面清渣不完善所造成。

麻面：搅拌不均匀或模板表面未处理好所造成。

蜂窝：振捣不好或料子干湿不匀造成。

空洞：漏振所造成。

小微孔水量太多，振捣时多余水分未充分排出。

裂纹：养护不好所造成。

颜色不匀：搅拌时间短、不充分所造成。

起沙：水泥失效。

鼓肚：模板刚度不够，拉接不好所造成。

走形：支模不牢固所造成。

11. 冬天、雨天及暑天施工有哪些注意事项？

（1）冬天施工指环境气温在 −5～5℃ 时施工。气温低于 −5℃ 时只有采取可靠的防寒措施后才能施工。

（2）冬天施工时必须采用冬季施工技术措施。要做好对工作环境的封闭、挡风、加热和保暖工作，保持砌筑后衬里的温度在 5℃ 以上。

（3）冬天施工浇注料时，干料应先存放在取暖间内，并用热水拌料，拌合料温度保持在 10℃ 以上，不宜另加化学促凝剂或防冻剂。

（4）冬天在炉内施工时，应先将隔热层砌好，以提高耐火层的防冻能力。施工后，砌体应用塑料布覆盖，再用干草盖严。对新砌的窑，其保温时间不得少于 10 天。严禁已砌好的砌体暴露在寒冷的大气之中。

（5）雨天施工时应转入室内作业。所有材料、运输工具、工作场地和砌体都要防雨。未竣工项目要盖顶、塞洞和堵漏，已完工的炉子上部空口要封闭，已完工的地面预制件要垫高加盖，严禁浸泡在水中。

（6）当环境气温 ≥30℃ 时，可视为暑天施工。暑天施工时，水温、料温均应控制在

30℃以下。烈日曝晒下的物料使用前应先冷却降温。

（7）暑天施工浇注料时应尽量安排在早晨或傍晚进行。浇注后应及时用帘覆盖，应勤洒水降温。

12. 耐火材料施工的检查和验收如何操作？

（1）工程质量检查应在施工过程中随时进行。发生不合格现象必须随时纠正，严重的要返工。

（2）检查灰浆饱满度用百格网。

（3）检查砖缝厚度用塞尺。塞尺顶端不得磨尖，塞尺宽 15mm，长 100mm，厚度分 1mm、1.5mm、2mm、3mm 四种。塞尺插入缝中的深度≤20mm 者为合格。每 5m² 砌体表面，任意检查 10 处。比规定深度大 50% 以内的砖缝，在Ⅰ、Ⅱ类砌体中不超过四处，在Ⅲ、Ⅳ类砌体中不超过五处者为合格；在Ⅰ、Ⅱ类砌体中不超过两处，在Ⅲ、Ⅳ类砌体中不超过三处者为优良。

（4）检查水平度用 $L=500mm$ 水平尺；检查垂直度用 0.5kg 线坠；检查斜度用万能角尺；选砖检查用钢板尺和角尺。

（5）检查表面平整度用 $L=2000mm$ 木靠尺。按 3～5m 距离检查一处。尺紧靠墙面，以量出的最大间隙值为准。

（6）浇注料衬里每 20m³ 工程量要留设试块一组，检查其强度等主要性能。

（7）凡被覆盖的隐蔽性工程，应在隐蔽性工程验收后，方可进入下一道工序。其检查项目如下：

① 隔热层和锚固砖（随时检查）。

② 锚固件和锚固装置。

③ 防失水措施。

④ 预埋措施。隐蔽性工程检查后，应填写隐蔽性工程验收单，并在本公司签证认可后，作为竣工资料之一。

（8）分部分项工程完工后，应进行中间交工验收。其检查项目如下：

① 砌体的外形尺寸、衬厚和中心线。

② 材料使用情况。

③ 膨胀缝、砖缝、水平度、垂直度和表面平整度。

④ 工艺设施及孔洞。

⑤ 外观检查。分部分项工程检查后，应填写分部分项工程交工验收单，经建设单位签证认可后，作为竣工资料之一。

（9）竣工验收时，施工单位应向建设单位提交如下资料：

① 交工验收证明书。

② 竣工项目一览表。

③ 开、竣工报告。

④ 注有设计变更的竣工图。

⑤ 设计变更资料（包括设计文件会审记录）。

⑥ 业务联系单（包括合理化建议）。

⑦ 材料检验报告单（由建设单位供料时由该单位提出）。

⑧ 工序交接证明书（由总包方或建设单位提出）。

⑨ 隐蔽工程验收单、分部分项工程中间交工验收单和质量监测检查记录。

⑩ 重大工程问题的处理文件。

⑪ 冬天、雨天和暑天施工记录。

⑫ 其他有关事项。

由水泥厂负责进行的旧窑改造及换砖，在施工完成后进行检查验收，由水泥厂参照以上条文自行规定。

 13. 预热器系统、窑门罩及冷却机耐火衬里如何砌筑？

（1）预热器、分解炉及上升烟道等处有大量的工艺孔洞，要逐个查清，精心施工，不得遗漏。

（2）锥体部分要分段施工，斜壁表面斜度要准确，衬里表面要平滑，以保证生产运行中下料畅通，不滞料。

（3）旋风筒的旋风部位要严格按设计尺寸砌筑，用加工砖或浇注料找齐填平，避免出现台阶或缺口，保证气流运行畅通。

（4）凡因空间小、衬里薄、密闭性高而操作难度大和安装后又不能操作的管件或设备的内衬均应于安装前或预安装后在地面（或平台上）预制或施工，然后再进行吊运和安装。

（5）窑门罩的上半圆顶盖砌筑耐火砖衬时，应先在罩壳上画线，全长中的环缝允许误差为≤8mm。砌体不得出现歪斜、脱空和爬坡等现象。

隔热砖与耐火砖应错缝砌筑，最后锁砖可设在罩顶的专用孔处。无专用孔时则应沿砖环方向切开一个长方形小孔，最后一块砖从罩顶上面插入，并用钢板锁紧。

（6）多筒冷却机内衬应按Ⅰ类砌体对待。砌筑时严格选砖，保证外形质量均齐。灰缝饱满度要达到95％以上。

（7）单筒冷却机内衬施工中，高低砖应严格按设计配置。宜采用环砌法，湿砌时砖缝宜控制在≤1.5mm。砖衬与扬料装置结合紧密，确保不漏热窑气侵袭筒体。

 14. 窑口浇注料施工技术方案是怎样的？

（1）施工程序

筒体清扫→筒体、挡砖圈和护铁安装检查→锚固件焊接及膨胀处理→支模→浇注→养护及拆模→检查。

（2）施工注意事项

① 施工前检查与确认

首先清理施工部位的灰尘等杂物，并与业主单位共同检查窑口护铁、挡砖圈烧损、胴体表面变形及氧化层情况，并要求业主共同确认。

对窑口护铁出现的松动，进行重新紧固螺栓和调整摆放位置，烧损严重的建议进行更换。

对挡砖圈脱焊的重新进行处理，对烧损严重的挡砖圈进行更换（挡砖圈原则上不低于50mm）。

对筒体变形部位进行确认或拍照，对锚固件尺寸作相应处理。

对筒体已氧化部位锚固件的焊接要进行焊接点打磨。

② 锚固件焊接

焊接前，必须对锚固件材质和焊条品种进行确认并确保符合要求，焊接间距为200mm×200mm，"八字形"交错焊接，并做好膨胀处理。需对窑筒体涂刷沥青的，必须待沥青干后方可进行浇注。

③ 支模

尺寸要准确，支设要牢固，不得存在缝隙，以防在振捣过程中出现漏浆现象。

④ 浇注料的搅拌、浇注

窑口浇注料需水量一般相对较小，需严格按说明书进行控制，以防影响质量。膨胀缝是在浇注过程中留设，切记不得遗漏，环向每800mm设置一道；纵向长度超过1m中间设置一道（尺寸：$L×120mm×5mm$）；在浇注料与耐火砖连接处，应做好防水措施（采用五合板或塑料纸隔开），以防耐火砖受潮和浇注料失水，浇注完毕后12h内不得转窑。

（3）施工规范

① 为确保烘烤中浇注料不发生炸裂等问题，施工中要留好排气孔。

② 一次搅拌量应以15min内施工完为一批量，搅拌的次序应分两次进行：先加入骨料、粉料和结合剂进行干混，然后加80%的水，并根据浇注料的干湿情况加入余下的水；总加水量参照浇注料厂家提供的标准加水量进行控制，干混搅拌时间2min，湿搅3min。

③ 铺料层高度一般在300～400mm。当采用插入式振动棒时，浇注料厚度不应超过振动棒作用部分长度的1.25倍。

④ 振捣时间应适当，当出现表面翻浆时停止振捣，振动棒不得触及锚固件。振动棒插入下层浇注料30mm以上，以使层与层之间联结牢固，防止出现裂纹；做到快插、轻拔、慢移动，以免造成空洞。

⑤ 浇注料浇注完毕后12h内不得转窑，业主在此时间内如需转窑，应提前与施工单位沟通协商解决。

⑥ 参照浇注料厂家提供的升温曲线进行升温控制。在升温过程中，可根据实际情况将火适当拉长或将燃烧器适当向窑内推进，以避免直接在高温点上。

⑦ 当采用胶料时，加胶水量和水泥量应符合说明书要求。

（4）窑口锚固件形式与尺寸

① 正常窑口用锚固件形式如图3-3所示。

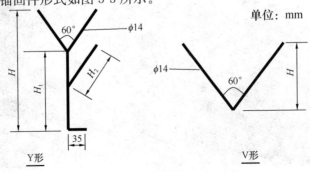

图3-3　窑口锚固件形状示意图

② 不同窑口锚固件尺寸见表 3-11。

表 3-11　不同窑口锚固件尺寸大小

窑径	参数	Y1	Y2	V	备注
ϕ4.0	H/mm	180	200	55	
	H_1/mm	110	120		
	H_2/mm	70	80		
	个数	62	250	300	
	间距/mm	200×100	200×100	100×100	
ϕ4.8～ϕ5.6	H/mm	200	220	55	
	H_1/mm	120	130		
	H_2/mm	80	90		
	个数	75	150	400	
	间距/mm	200×100	200×100	100×100	
ϕ6.0	H/mm	250		55	
	H_1/mm	150			
	H_2/mm	100			
	个数	200		600	
	间距/mm	200×100			

（5）锚固件焊接要点

① 锚固件与焊条选择

② 焊接注意事项

a. 加工用的不锈钢焊条头，不能长于 4cm。

b. 焊缝必须饱满，成型外表美观，焊后检查无裂纹。

c. 用奥 402 焊条焊接窑口锚固件时，焊机电流控制在 120A×（1±20%）范围内。

d. 焊接结束需请业主进行焊接质量现场确认。如图 3-4 所示。

图 3-4　窑口锚固件焊接图片

15. 回转窑筒体砖衬如何砌筑？

（1）砖衬砌筑前应对窑壳体进行全面检查，并打扫干净。

（2）砖衬砌筑前应做好放线工作，旧窑检修施工时也应放线。窑纵向基准线要沿圆周长每1.5m放一条，每条线都要与窑的轴线平行。环向基准线每10m放一条，施工控制线每隔1m放一条，环向线均应相互平行且垂直于窑的轴线。砌筑时无论采取何种砌筑方法，均要严格按基准线进行砌筑；严禁不放线砌砖。

（3）窑内砌砖的基本要求是：砖衬紧贴壳体，砖与砖靠严，砖缝直，交圈准，锁砖牢，不错位，不下垂脱空。总之要确保砖衬与窑体在窑运行中可靠地同心，砖衬内的应力要均匀地分布在整个衬里和每块衬砖上。

（4）砌砖方法分环砌和交错砌两大类。新窑及筒体规整完好，变形不重的窑应采用环砌法。筒体变形较重以及所用砖的外形质量较次的传统窑上，在高铝砖和黏土砖部位可采用交错砌法。

（5）要严格选砖。环砌时，以选砖的长度均齐为主。交错砌时，以选砖的大小头厚度均齐为主。

（6）砖缝应横平竖直。当环砌时，环缝偏差每米长允许≤2mm，但全环长度偏差最大允许量≤8mm。当交错砌时，纵缝偏差每米长度允许≤2mm，一个施工段长（通常为4m）允许最大≤10mm。

（7）干砌用的接缝钢板，其厚度一般为1～1.2mm，要求平整，不卷边，不扭曲，无毛刺。每块板宽应小于砖宽约10mm。砌筑时钢板不得超出砖边，不得出现钢板探空和搭桥现象。每条缝中最多只允许使用一块钢板，调整用的窄钢板应尽量少用，作膨胀缝用的纸板应按设计放置。

（8）锁砖时要用整砖锁紧，相邻环要错开1～2块砖位，严禁两块锁口砖放在一起，特别是两块厚度小于主砖的锁口砖放在一起，终端的加工砖圈要提前1～2环砌筑。全窑的最后一块锁砖，要精细加工，严禁单独浇注料锁砖，但可用浇注料固着最后一块锁砖。严禁一个砖缝中放入两块锁缝钢板，严禁在一块砖的两侧同时打入锁口钢板，打入钢板的过程中尽可能避免打在砖上。

（9）按目前条件，窑内砌砖方法按支撑方式不同分为两种，应根据窑径大小和施工条件分别采用。

① 拱架法（砌砖机法）：这种砌筑方法砌筑速度快，质量好。砌筑长度不限，砌筑时不须转窑，适用于直径≥4m的窑。国内大型窑上目前大都采用这一方法。

② 支撑法：即使用丝杠支撑砌体，砌筑中要转动窑体。这种方法适用于直径≤4m的窑。国内传统回转窑上目前大都采用这种方法。

（10）全窑砖衬砌筑完成后，在点火之前还应对全窑衬砖作一次全面清理和必要的紧固。要逐环检查，环环紧固，并保持窑内清洁。紧固后不宜再转窑，应及时点火。

16. 筒体变形及跨焊缝部位砌筑方案是怎样的？

回转窑在经过一段时间的运转后，筒体往往会因为局部高温而产生变形，给砌筑质量带来隐患。我们在砌筑变形及跨焊缝部位时，应遵循火砖水平缝与窑轴线平行，环向缝与轴线垂直且共面的原则。

对于筒体、焊缝凸起部位的砌筑，在≤8mm 时可直接用耐火泥垫在砖下部，使耐火砖与筒体和两侧的耐火砖紧贴即可。所垫耐火泥的厚度原则上不应超过 8mm，超过 8mm 将影响到耐火砖的稳定定位和整个拱圈的稳定性。

（1）砌筑要求

在砌筑上述两种部位时，筒体的凹凸变形值和焊缝的凸起值必须是≤8mm，对于超过此标准的部位，现场必须会同业主在采取适当的处理措施（打磨高出部位或堆焊凹陷部位）后，经共同确认不会引起砌筑质量事故的前提下，方可施工。

（2）砌筑方案

①砌筑前，施工方现场技术人员要会同业主方共同对变形部位进行测量、拍照，并予以确认。

②砌筑方法主要是采用调稠厚灰浆铺垫在变形处筒体上，使砌砖保持水平，符合上述砌筑原则的要求（铺垫火泥不得使用具有腐蚀性的磷酸盐火泥）。

③变形区砌筑必须采用湿砌方式进行，保持火砖大面灰缝在 1～1.5mm，相互完全贴紧，砖的大头紧贴筒体。其水平缝能延伸汇聚至窑中心点，环向缝与相邻砖砖圈平行。由于是变形部位砌筑，故对火砖的表面平整度不作特殊要求。

④砌筑位置宜将变形区转至 4 点或 8 点位置后砌筑。不但方便施工而且避免了窑内运输机械对砌筑成品的碾压造成其松动，从而引发掉砖事故。

⑤建议在砌筑至变形区域时让出变形部位，待后续施工。这样操作会使变形区的火砖边缘与相邻正常的平直砖圈接合更好一些。

⑥焊缝在高出窑筒体表面 8mm 以上时，原则上要求打磨掉高出部分后才能砌筑，此项不能满足则要求砌在上面的火砖要切割加工。

⑦焊缝高出窑筒体在 8mm 以内时，采用火砖底部铺垫火泥使得焊缝处砖圈与其余的砖圈平行。

⑧现场技术、监理人员要加强对变形部位砌筑的现场跟踪、指导工作。

各部位砌筑方法如图 3-5～图 3-9 所示。

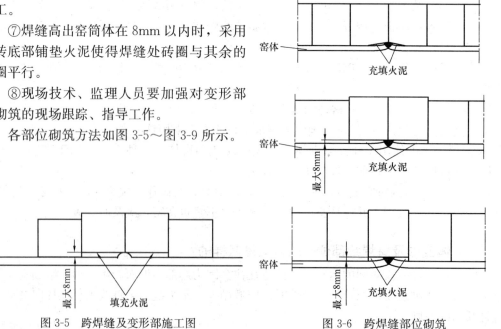

图 3-5 跨焊缝及变形部施工图　　　　图 3-6 跨焊缝部位砌筑

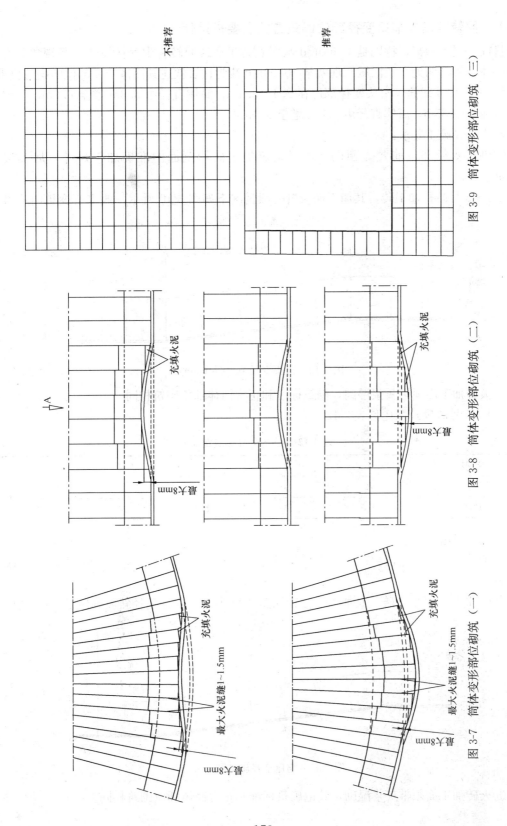

图 3-9 筒体变形部位砌筑（三）

图 3-8 筒体变形部位砌筑（二）

图 3-7 筒体变形部位砌筑（一）

17. 回转窑筒体缩口变径部位砌筑方式及要求是什么？

目前一些大型窑，特别是10000t/d水泥熟料生产线回转窑中存在筒体变径现象。有的窑型筒体前后有两处变径区域。现就某10000t/d线为代表叙述其筒体变径部位的砌筑要求。

该10000t/d线筒体窑头变径部位在2.4～3.4m，筒体直径由5.8m增至6.0m；窑尾变径部位在82～85m，筒体直径由6.0m增至6.4m。

窑头变径施工要求：

①砌筑变径部位前要先预码砖，以确定加工砖切割面的准确加工尺寸，加工误差≤2mm。

②1～5号砖是加工砖，其加工面位置一般情况下如图3-10所示，业主有变更时应事先通知。

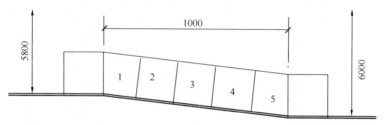

图3-10 窑头变径施工图（mm）

③火砖加工面须带灰浆湿砌，砌筑标准和正常筒体部位砌筑相同。

④1～5号砖砌筑配比见表3-12。

表3-12 1～5号砖砌筑配比

砖型	1	2	3	4	5
B425	79	80	82	83	88
B825	170	168	163	161	155

窑尾变径施工要求：

①砌筑变径部位前要先预码砖，以确定加工砖切割面的准确加工尺寸，加工误差≤2mm。

②a、b号砖是加工砖，其加工面位置如图3-11所示，保证变径斜坡砌砖是标准型砖。

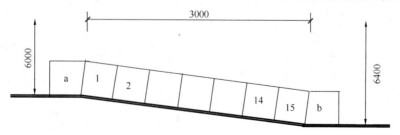

图3-11 窑尾变径施工图（mm）

③火砖加工面须带灰浆湿砌，其他砌筑标准和正常筒体部位砌筑相同。

④1~15 号砖砌筑配比见表3-13。

表3-13　窑尾变径处1~15号砖砌筑配比

砖型	1	2	3	4	5	6	7	8	9	10	11	12	13	14	15
B425	59	58	57	56	55	54	53	53	52	51	50	49	48	47	46
B825	121	126	128	130	132	134	136	137	138	140	142	144	146	148	149

18. 水泥回转窑内耐火砖挖补有哪些注意事项？

碱性砖挖补主要指镁铬砖和尖晶石砖的挖补。挖补时，应注意以下事项：

（1）补砖必须采用与旧砖相同厂家相同批次的砖。

（2）尽可能使用与旧砖同一次检修的剩余散砖（注：受潮或摔损的砖严禁使用）。

（3）新老砖的接触面必须打火泥。

（4）新旧砖接口面之间不能打铁板。

（5）锁口砖的两侧砖缝不能打铁板，相邻两环砖的铁板要相互错开，同一块砖的两边不能打铁板。

（6）铁板必须完全打入砖缝中。

（7）前几环砖的封口必须从侧面插砖口，最后一环砖采用正面插砖封口。

（8）严格按照设计砖的配比进行砌筑，不得随意改变砌筑配比。

（9）挖补砖的膨胀缝纸板不得撕除，挖补砖必须湿砌，火泥浆饱满度应达到95%以上，严禁出现砖大头没有火泥，小头有火泥，如有这种情况出现，应及时拆除重砌。

（10）挖补时尽可能不使用（或减少使用）加工砖。

挖补的原则是从砖的最薄弱处开口挖砖，但不能同时挖砖三环以上。如果是连续多环挖补，为防止砖整体松动，必须先挖补2环后方可继续向后挖补。挖砖时注意观察整环砖的松紧情况，如果发生砖整体松动，立即停止挖补，用锁砖铁板将松动砖的两侧环缝插紧，紧固后确认不松动后方可继续挖补作业。

在碱性砖挖补时，如果发生旧砖本身的强度严重不足或碱侵蚀严重的情况，建议将砖整体更换，特别是主烧成区的砖龄达两年以上，挖补时要谨慎。轮带部位挖补时注意剩余旧砖是否存在大面积断层或砖扭曲严重的现象，如果存在，必须检查轮带间隙和筒体椭圆度，同时建议轮带部位砖整体更换。

19. 窑内耐火砖砌筑后有哪些注意事项？

全窑检查完毕后，应及时点火，不宜搁置时间太长。这是因为：筒体在静重长期负荷下，会产生疲劳变形；火砖主要是镁质砖，会因吸收空气中的水汽而受潮变质，特别是在南方；干砌的砖衬会发生定向压缩下沉。因此，新窑砌窑时间离点火时间越短越好。如果不能做到及时点火，应采取定期慢速空转的措施，以防止发生窑体变形现象。

20. 冷却机耐火材料施工方式有哪几种？

（1）冷却机通用施工方案

① 若在箅冷机台阶上使用的浇注料为钢纤维增强型耐火浇注料，应将袋内的钢纤维均

匀撒入搅拌机内进行搅拌。

②箅冷机施工时，支模应严密支设，不要漏浆，因箅冷机摩擦性较大不能有大量骨料表露在外层。

③箅冷机分层浇注较多，在施工完一层后应按设计要求预留相应的膨胀缝，保证层与层之间的膨胀，并保证每一层浇注料一次性浇注完毕。

（2）冷却机中、低温段直墙浇注料改砖砌筑方案

①采用浇注料框架结构。

②采用火泥进行耐火砖的砌筑。

③耐火砖错缝湿砌，灰缝≤2mm，砌筑应符合耐火砖施工的一般规定。

图 3-12　冷却机侧墙浇注料与砖混合砌筑施工图

④框架由高强耐碱浇注料浇注而成，应符合浇注料施工的一般规定。锚固件按原设计制作、安装。

⑤隔热层按原设计要求砌筑，应符合隔热层施工的一般规定。

⑥有留设的外露金属件，如托砖板等，要用浇注料封闭，不得将其直接暴露在热气体中，保护层厚度应达到相同部位锚固件的保护层厚度。

冷却机侧墙浇注料与砖混合砌筑施工图和设计图如图 3-12、图 3-13 所示。

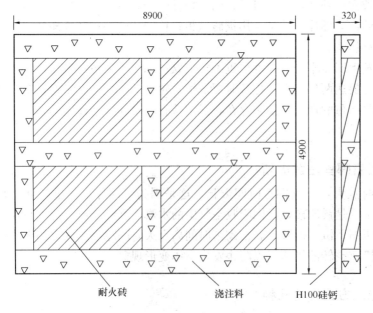

注：1.锚固件按原设计图纸焊接。
2.砌筑尺寸根据现场实际情况可自行调整，圈梁宽度在250～300m。
3.每层砖的砌筑需等浇注料初凝后进行。
4.浇注料锚固件的设置根据实际使用情况确定。
5.耐火砖的砌筑采用错缝湿砌，严格要求灰浆饱满度≥95%。

耐火砖　　　浇注料　　　H100硅钙

图 3-13　冷却机侧墙浇注料与砖混合砌筑设计图（mm）

（3）冷却机高温区喉部顶棚施工方案

① 一段高温区喉部工况恶劣，施工前其钢构恢复要彻底，特别是主梁工字钢的规格要按设计要求制作。

② 喉部平顶铺设 $\delta 8mm$ 钢板，锚固件需在钢板上开孔悬挂焊接，表面进行预留膨胀处理，严格控制焊接间距在 250mm×250mm；锚固件材质为：1Gr18Ni9Ti，焊条材质为 A-402。

③ 喉部横梁下方硅钙板必须在支模前贴好固定，（不允许不贴硅钙板就施工）其厚度不得低于 200mm，支模前新老浇注料接口部位贴 10mm 硅酸铝纤维毡预留膨胀，浇注料膨胀缝每 $1.5m^2$ 预留。

④ 浇注料必须支模施工，保证模板牢固，无涨模现象。浇注料搅拌时严格控制加水量，其厚度不低于 250mm。

⑤ 喉部、后墙直角交界处应进行圆弧角过渡。

附施工图：

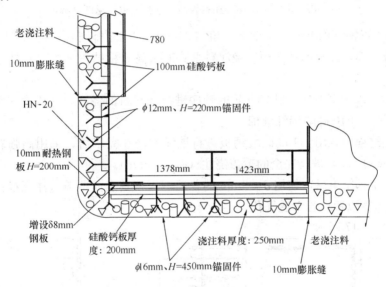

老浇注料
10mm膨胀缝
HN-20
10mm耐热钢板 H=200mm
增设δ8mm钢板

T80
100mm硅酸钙板
$\phi 12mm$、H=220mm锚固件
1378mm　1423mm
硅酸钙板厚度：200mm
$\phi 16mm$、H=450mm锚固件
浇注料厚度：250mm
老浇注料
10mm膨胀缝

图 3-14　冷却机高温区喉部顶棚耐火材料设计图

21. 窑头罩耐火材料施工方式有哪几种？

（1）窑头罩通用施工方案

① 墙体浇注料施工中应留出排气孔，用冲气钻打眼，间距 300mm×300mm，并用 $\phi 5mm$ 木条嵌入深度为浇注料的一半处，如图 3-15、图 3-16 所示。

② 窑头罩浇注孔封闭以后，要保留 8 个通气孔并保证防水功能。

（2）窑头罩顶棚施工方案

① 采用挂式锚固件，将其以 250mm×250mm 的间距焊接在 L70×70 的角钢上，角

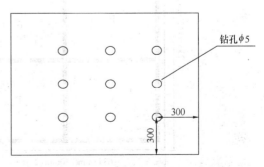

钻孔$\phi 5$
300
300

图 3-15　窑门罩墙体浇注料表面
排气孔预留示意图（mm）

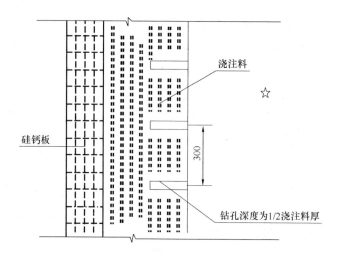

图 3-16　窑门罩墙体浇注料表面排气孔留设示意图（mm）

钢焊接在原窑头罩钢结构纵向工字钢上（角钢 250mm 的间距排列）。

② 由下方支模，支模前在四周旧浇注料垂直面用高温粘结粉（BP-1）粘贴 F10 硅酸铝纤维棉。

③ 浇注时，以图 3-17 中 ABCDEF 的顺序进行浇注料的浇注，并依次在端面用高温粘结粉（BP-1）粘贴 F10 硅酸铝纤维棉。

④ 在浇注过程中，用 H100 硅酸钙板进行铺设或浇注完毕后，采用高强轻质隔热浇注料（HN-1.3 或 Q-1.3）进行完全的覆盖浇注（$\delta=100$mm）。

⑤ 待浇注全部结束后，使用 $\delta=3$mm 的普通钢板将其表面覆盖（注意搭接处的防水），并割孔、焊接钢管以留设若干透气孔。

施工图如图 3-17 所示。

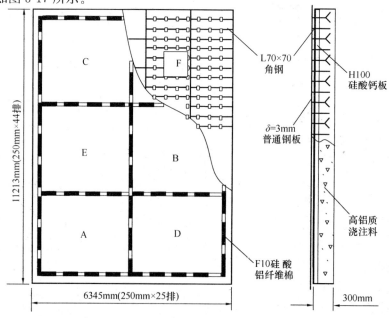

图 3-17　窑门罩墙体浇注料施工示意图

（3）窑门罩拱顶砖砌筑技术方案

① S、N 两侧拱底的托砖板

当 S、N 两侧拱底的托砖板烧损超过砖的 1/2 厚度时，应及时更换托砖板。其规格为：4150mm×330mm×10mm。若时间允许将旧板割除后再焊接；若时间紧张，直接焊接在原托砖板之上，要求固定的三边满焊，工作面平整。

② 耐火砖砌筑

该拱顶共有耐火砖 17 环，采用火泥砌筑，灰缝控制在 1mm。具体如图 3-18 所示。

图 3-18　窑门罩拱顶耐火砖砌筑示意图（mm）

砌筑之前，必须进行放线工作，轴向放三条，环向放四条，耐火砖的砌筑必须以该线为基准进行，具体如下：

a. 第 1 环。H-2：114 块，H-3：6 块，搭配使用。

b. 由于罩壳靠窑口侧环向有六道加强筋，砌筑之前应进行干铺，以便正确调整砖缝。

c. 因本次托砖板进行更换，而原有的未拆，其上的耐火砖应进行适当的机械加工处理。

d. 第 2、3 环。H-1：115 块/环。

e. 因窑筒体有 4% 的斜度，通过这两环砖进行长度方向的加工调整（第 2 环定型砖、第 3 环加工砖），以便其后采用标准的 230mm 耐火砖进行砌筑。

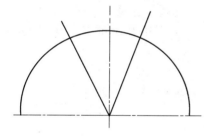

图 3-19　锁 1 砖示意图

f. 锁 1 砖，必须镶在离垂线 30°以外区域的位置上，且应与标准型耐火砖间隔砌筑，杜绝连用，如图 3-19 所示。所以，在该过程中应先干铺，然后再进行带灰砌筑。

g. 第 4-17 环。H-1：115×13＝1495 块，该 13 环砖长度方向以标准 230mm 进行砌筑，砖以不加工为宜；封顶砖的砌筑同图 3-19。

h. 铁板的楔入。第 1-15 环的铁板均从侧面（轴向）楔入；第 16、17 环应从上方人孔门位置楔入，铁板应与耐火砖间隔。

i. 窑头测压孔预留该孔。Φ60.5mm，共 3 个，60°间隔分布，在第 9 环砖的边缘位置，以圆孔为宜，特殊情况下以相应的方孔替代。

j. 采用滑模砌筑过程中，严禁模板支架变形、走样。

③ 隔热砖的砌筑

a. 在上述耐火砖之上砌筑一层 114mm 厚的隔热砖，采用隔热火泥，由三种型号 230×114×55/65（或 60/65 或 65/65）进行搭配与耐火砖同心砌筑。

b. 隔热砖的砌筑应与耐火砖同步，其上面的间隙用硅酸铝纤维棉填充，便于后面耐火砖的楔紧。

22. 预热器系统施工方式有哪几种？

（1）预热器通用施工方案

① 在预热器施工时有部分地方的浇注料与耐火砖砖面接触的地方应留设膨胀缝，采用

油毡纸或岩棉膨胀缝填充。

② 在施工预热器顶部时，一般施工是锚固件焊接在顶部钢板下表面，由下方支模、并在顶部钢板上割孔（1m²2个），振动棒由孔插入进行振动密实。

③ 在施工预热器上的下料管时应采用支模浇注，有弯管时可以采用手打施工，在手打施工时搅拌的浇注料加水不宜过多，搅拌均匀即可。在施工时也应用振捣棒振捣密实，保证浇注料里气泡振出，可采用分成四瓣进行施工。预热器拱顶及分解炉上部弯管等筑浇注料的部位需要开通气孔，开孔位置定在原来浇注料施工时浇注孔位置。

（2）预热器旋风筒伞顶混凝土施工方案

① 锚固件及支撑加固，考虑承重，按机械专业制订的方案实施。

② 支模

a. 模板的强度必须满足要求，不允许模板有弹性（模板 $\delta=5mm$）。

b. 模板以直筒部最上一环砖上表面及进风口管道顶部混凝土下平面为齐（进风口管道顶部混凝土必要时进行相应的更换），避免台阶的产生。

c. 模板与内筒间隙确保40mm（依内筒变形程度而定），并填满硅酸铝纤维棉。

（3）浇注

① 浇注之前，模板务必清理干净方可施工。

② 在浇注过程中，浇注料务必采用机械搅拌，需水（胶）量按产品技术要求现场过磅加入，此项工作指定专人负责。

③ 浇注料厚度：200mm。

④ 膨胀缝采取双层三合板进行预留，高度：120mm，上下错开；间距：内800mm，外1200mm。

（4）保温

① 浇注完毕，与内筒保持40mm间隙（填满硅酸铝纤维棉），砌一圈隔热砖，直至伞顶支撑处。

② 内筒处伞顶支撑的槽钢间隙填满硅酸铝纤维棉。

③ 浇注料上铺一层隔热砖（$\delta=114mm$，用珍珠岩填满缝隙）。

（5）密封

待施工完毕后，伞顶盖板缝隙采取满焊处理。

吊模施工因其施工工艺的局限性，施工难度大，特别是在新旧浇注料结合处很难做到完全无缝隙，给施工质量带来隐患，因此建议在筒内搭架子支模施工。

23. 三次风管直管如何砌筑？

（1）施工内容

三次风管为不动体设备，是由若干段节所组成；设计为复合性衬里，隔热层为硅酸钙板；工作层的规则段节为高强耐碱砖；不规则段节为高强耐碱浇注料；相邻

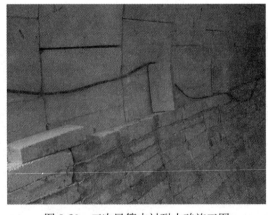

图3-20　三次风管内衬耐火砖施工图

段节间的衬里均设有挡砖圈。如图 3-20 所示。

施工参数见表 3-14。

表 3-14　三次风管内衬设置

| 窑径/m | 风管内径/m | 衬里厚度 | | 规格 | 灰缝/mm | 配比/块 | 锁砖板/块/环 | 砌筑方法 |
		隔热层/mm	耐火层/mm					
Φ4	Φ2.3	2×41		DB		76		
	Φ2.2	80		P9；P10		10：51		
Φ4.8	Φ3.1	2×41		C2		95		
	Φ3.2	115		TP1；TP2		16：73		
Φ5.6	Φ2.03	41	114	S3	2.5	71	≤3	环向错缝
	Φ2.78			S1		92		
Φ6.0	Φ2.8	100		D1		49		
				D2		28		
	Φ3.75			D1		41		
				D2		65		
Φ6.0	Φ3.35	40		SW1		109		
	Φ2.03			SW2		71		

（2）施工工序

检查风管的中心线、圆度、焊缝、挡砖圈、膨胀节、人孔门、测温孔等是否具备筑炉条件→办理设备安装的"工序交接证明书"→铺贴下半环硅酸钙板→铺贴上半环硅酸钙板→耐碱砖铺底→架设木拱→上半环砌筑→压紧装置压紧→木拱上半环砖整平、两边木楔楔紧→拆掉压紧装置→60°弧长锁砖区锁口（锁口砖加工≥70％砖厚）→锁砖钢板加紧（锁砖板≤3块/环）→拆除加紧木楔及木拱→挡砖圈前加工砖→挡砖圈处安装锚固件→支模下半环浇注混凝土→壳体顶部开设浇注孔→支模上半环浇注混凝土→浇注孔封闭密实→风管内清理检查→交验。

（3）硅酸钙板的砌筑

硅酸钙板的粘贴必须满足两个要求：

① 满足隔热和防止碱性气体侵入壳体。

② 表面必须光滑平整，满足耐火砖砌筑要求。

所以硅酸钙板要保持干燥，受潮或未干燥的硅酸钙板不能使用。砌筑用的粘结粉为特制的高温粘结火泥（BP-1）砌筑，火泥不得用水搅拌以尽量保持硅酸钙板的干燥，一定要用水玻璃拌至最佳使用稠度。贴时沿壳体平滑铺砌，砌好的隔热层要牢固紧贴壳体，灰缝不得大于 2.5mm。壳体变形或焊缝超高要用火泥找平、硅酸钙板切缝或铲层来补偿，最终使硅酸钙板表面平滑。

（4）高强耐碱砖的砌筑

高强耐碱砖砌筑主要是保证紧贴隔热层，整环要紧，灰缝要均匀密实。首先应做好放线工作，一般要求放一条纵向基准线，环向线以挡砖圈为基准，进行控制。严格按设计配比砌筑，原则上不爬坡，采用交错法砌筑，砖要紧贴硅酸钙板表面，砖缝要均，横、竖缝严格按≤2.5mm控制。挡砖圈前一环砖需加工的必须采用切砖机进行，经切割后的长度必须超过原砖长度的50%以上。整环砖开始封口时，必须用压紧装置把整环压紧，方可进行锁口。锁口时决不允许用加大灰浆厚度或增加锁砖板用量来锁口，在没有锁砖时，必须采用加工锁砖的办法进行锁口，加工的锁砖厚度一定要大于原砖厚的70%。锁砖板要均匀地分布在60°以内的整个锁砖区内，隔2~3块砖加一块锁砖板，每环的锁砖板用量决不允许多于3块，严禁加在锁砖边和加工砖面的缝隙间。砖砌好后，用火泥拌制耐火纤维棉，以填充每道挡砖圈处的膨胀缝。

24. 三次风弯管如何施工？

三次风管是预热器系统用风的主要输送通道之一，风速快、温度高，特别是在入分解炉的转弯处（弯管），高温气体对其直接冲刷，磨损严重，当三次风管内积料时更甚。确定三次风管弯管施工方案如下：

（1）采用砖混结构

如图3-21、图3-22所示。

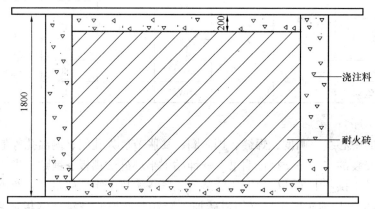

图3-21 三次风管弯管砖混结构示意图1（mm）

（2）耐材及锚固件配置

① 耐火砖采用抗剥落高铝砖。

② 浇注料采用碳化硅浇注料、PA-80浇注料、高强耐碱浇注料（浇注料可根据工艺状况选用）。

③ 硅酸钙板选用牌号为HCS-20的H100型。

④ 锚固件材质为1Cr18Ni9Ti，数量为106个，间距为200×200。

规格如图3-33所示。

（3）注意事项

① 浇注料的浇注、耐火砖的砌筑要符合各自的施工规范。

② 由于采用砖混结构，耐火砖和浇注料之间的结合要紧密，特别是顶部浇注料的处理，绝对禁止将壳体暴露在热

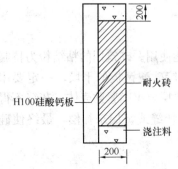

图3-22 三次风管弯头砖混结构示意图2（mm）

气当中。以防止热气体及飞砂料的冲刷、挤压而导致的墙体整体倒塌。

③ 膨胀缝按设计要求留设。

④ 耐火砖砌好后，用刀口铁板将砖环锁紧。

⑤ 隔热层的砌筑应铺贴光滑，且不留膨胀缝。根据现场的实际情况，确定是否加隔热层。

⑥ 耐火砖采用纵向交错砌法，不得出现重缝、通缝、张口等情况。

⑦ 采用火泥砌筑，灰缝均匀、饱满，厚度≤2.5mm。

图 3-23　锚固件结构示意图（mm）

⑧ 顶部浇注料施工时，应从侧面支模，浇注料从顶部开孔倒入、机械振捣，不得从侧面手工捣打。

⑨ 耐火砖、隔热层及壳体三者之间不得存在空隙。当壳体变形时，可采用加工隔热层的办法进行找平。

⑩ 隔热层和耐火砖应错缝砌筑。

25. 喷煤管如何施工？

（1）喷煤管高温区锚固件采用 0Cr25Ni20。

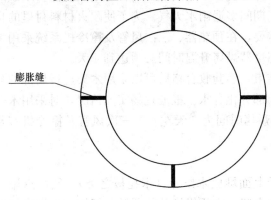

图 3-24　纵向膨胀缝留设示意图

（2）喷煤管支设模板时，也应刷油，但油不宜过多。

（3）喷煤管施工可考虑分上、下两半支模和整体支模。由于该部位浇注料大部分为低水泥和超低水泥浇注料，最好留有充足的养护时间。

（4）根据图纸设计要求，喷煤管应预留3～5 mm的膨胀缝。支设喷煤管模板时，可以分段支设，保证预留的膨胀缝不会倾斜，失去其应有的作用。纵向膨胀缝通常是按照圆周每90°留设一道，如图3-24所示。环向膨胀缝通常是按照头部1m区域500mm/道，其后1000mm/道留设，如图3-25所示。

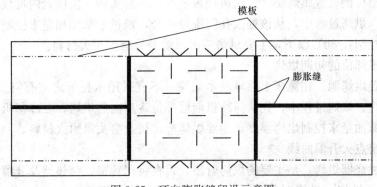

图 3-25　环向膨胀缝留设示意图

26. 新型干法水泥窑烘烤要求有哪些?

新线建设或检修砌筑完成经验收合格的窑衬方可交付烘烤,烘烤是耐火材料使用效果好坏的关键环节,所以应严格遵守烘烤制度和"慢升温、均衡上、不回头"的原则,烘烤过程中不准发生温度忽降或局部过热的情况。

主要注意事项有:

(1)保证低温烘烤时间。烘烤期间不准发生温度突降,也不准发生耐火砖的局部过热。严格禁止直接引燃煤粉,煤粉连续着火温度已达 900℃,早已快速跳过 300～750℃ 的危险区域,会造成砖体开裂甚至剥落,严重的会使二档轮带处筒体变形,这种变形即使窑体冷却后也不会复原。

(2)烘烤期间从间歇到连续,从低速到正常窑速转窑极为重要。既可保持耐火砖表面温度的均匀性,又可避免窑中心线歪斜,局部椭圆度增大,使窑体变形。

(3)若为处理其他故障而临停超过 2h 时,要向窑内间歇或不间歇喷油保温,以维持烧成带内窑皮和窑料不变黑。

27. 新型干法窑新建生产线烘烤要求有哪些?

新建熟料生产线耐火材料砌筑量大,大部分位置都是采用硅酸钙板与耐火浇注料组成的复合衬里,施工工期一般在 3 个月左右,施工期间多遇雨水天气。为了使耐火材料衬里的自由水和化合水能够得到充分烘烤以满足生产需要,在预热器、三次风管及篦冷机系统采用木柴进行初期烘烤的前提下,回转窑采用窑用燃烧器烘烤升温时间必须达到 4 天。

当预热器、三次风管及篦冷机系统筑炉结束,经验收合格后可以采用木柴进行局部的初期烘烤,主要烘烤该部位耐火材料的自然水和部分化合水。根据现场实际情况,对采用木柴烘烤的部位可同步进行,热源温度约 700℃,烘烤时间为 3 天左右。三次风管及篦冷机木柴烘烤和窑用燃烧器烘烤可同步进行。

(1)预热器部位的初期烘烤

窑尾设置烘烤源。在窑尾烟室搭设的架子上面堆放木柴垛(木托板之类),然后点燃开始烘烤。烘烤过程中,从窑尾烟室方门处添加木柴,主要烘烤预热器及分解炉,根据预热器出口温度控制木柴添加量,预热器出口温度控制在 80℃ 以下。

(2)三次风管部位的初期烘烤

三次风管窑头侧设置烘烤源。三次风挡板全开,在窑头侧三次风管内堆放木柴垛,然后点燃开始烘烤。烘烤过程中,从该处人孔门添加木柴,通过木柴添加量来控制烘烤温度,分解炉出口温度控制在 80℃ 以下,主要烘烤三次风管及分解炉耐火材料。

(3)篦冷机部位的初期烘烤

冷却机设置烘烤源。在篦床上面堆放木柴垛(不宜采用木托板之类有钉子的木柴),然后点燃开始烘烤。烘烤过程中,先从篦冷机前墙部位逐步向后烘烤,在冷却机篦床上添加木柴,通过木柴添加量来控制烘烤温度,主要烘烤冷却机及窑头罩耐火材料。

(4)回转窑点火升温曲线

采用窑用燃烧器烘烤,是主要的烘烤阶段,旨在将回转窑、预热器及分解炉内耐火材料的水分进行充分烘烤。烘烤时间共 96h,分三个区段:低温段,25～300℃,烘烤时间为

24h；中温段，300~650℃，烘烤时间为50h；高温段，650~1100℃，烘烤时间为22h。如图3-26所示。

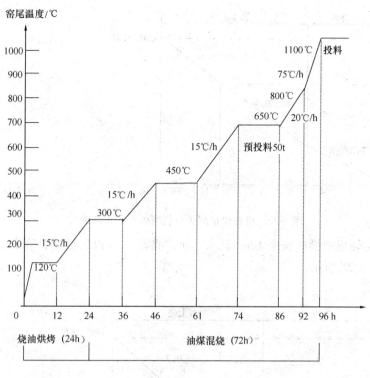

图3-26 烘烤曲线

（5）转窑制度

烘烤期间，采用辅助传动装置按照表3-15转动窑体，力求回转窑内各处温度受热均匀，保证窑筒中心线、椭圆度正常。

表3-15 烘窑时辅助传动转窑制度

窑尾温度/℃	旋转量/度	旋转间隔时间/min
0~100	0	不慢转
100~250	100	60
250~450	100	30
450~550	100	15
550~750	100	10
750℃以上	100	5

注：升温期间若遇下暴雨时，窑慢转间隔减半。

（6）投产以后采用出窑熟料余热烘烤三次风管及冷却机耐火材料部分遗留的自然水及其他形式的水分。

28. 新型干法窑生产线检修烘烤要求有哪些？

（1）当停窑时间大于两天，窑内温度降至常温，回转窑内不更换耐火材料或者更换量较少（指窑内小面积挖补或换砖长度 L<10m 时），升温 15h，曲线如图 3-27 所示。

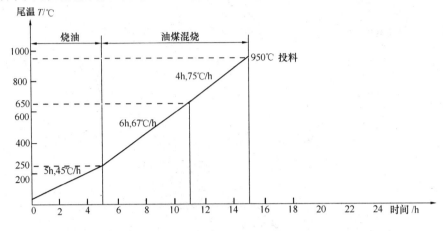

图 3-27　维修少量耐火材料时生产线烘烤曲线

（2）回转窑烧成带换砖长度 10m≤L<20m，或者 40m 以后换砖长度 L≥20m 时，升温 18h，曲线如图 3-28 所示。

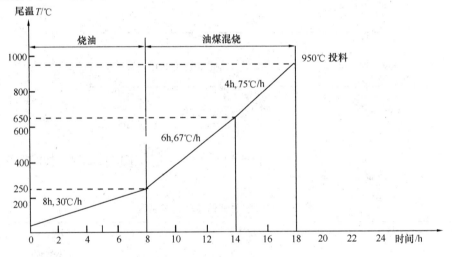

图 3-28　部分维修耐火材料后生产线烘烤曲线
根据需要，当尾温达 650℃时，进行适当的预投料一次（30t/h，20min）。

（3）回转窑烧成带换砖长度 L≥20m，或窑口或窑尾（含舌形板）或窑头罩更换浇注料时，升温 20h，曲线如图 3-29 所示。

① 更换窑口（或窑尾）浇注料时对窑慢转的要求：烧油烘烤时每 30min 慢转一次，油煤混烧初期每 20min 慢转一次；当 $T_{尾温}$>650℃时，按操作规程进行慢转。

② 窑用燃烧器进窑 300mm 左右为宜，便于窑口浇注料受热均匀，水分及时蒸发，投料后依生产情况调整。

③ 根据需要，当尾温达 700℃时，进行预投料一次（30t/h，20min）；当尾温达 750℃时，进行预投料一次（30t/h，20min）。

④ 当窑口或窑头罩或箅冷机一段顶盖大面积更换浇注料时，在确保回转窑正常升温的

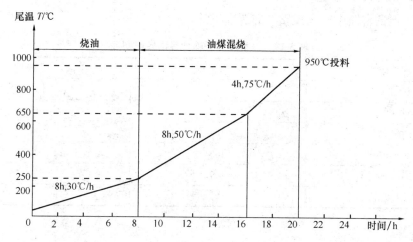

图 3-29　大量更换耐火材料后生产线烘烤曲线

同时，应在篦冷机一段相应部位采用木柴进行初期的烘烤，以进一步确保自由水能够得到充分的蒸发逸出。

⑤ 烘烤期间窑慢转制度按照表 3-16 进行。

表 3-16　烘烤期间窑慢转制度

窑尾温度/℃	旋转量/度	旋转间隔时间/min
0~100	0	不慢转
100~250	100	60
250~450	100	30
450~550	100	15
550~750	100	10
750 以上	100	5

29. 新型干法窑生产线临停烘烤要求有哪些？

在生产期间如遇回转窑临停，停窑时间在两天以内，回转窑内没有耐火材料检修项目，烧成系统处于熄火保温状态（生料制备系统在停窑后 2h 以内停机），窑筒体温度在 100℃ 左右，按 70℃/h 进行升温操作，在窑尾温达 650℃ 时按 75℃/h 进行升温操作，总升温时间控制在 12h 以内。

停窑冷却制度如下：

① 计划检修窑内有耐火材料更换项目，采用 618 排风机运行以调整风机挡板开度来控制冷却速度，冷却速度为 40~60℃/h；停窑后 10h 打开窑门，16h 打开预热器人孔门进行冷却，此时可以停止 618 排风机。

② 停窑检修而不换砖时应采取相应的措施进行慢冷却以保护窑衬安全，如及时停止 506、618 排风机并关小风机挡板，维持微负压，经 36h 后方可打开窑门进行相应的检查；

③ 为处理突发故障而临时停窑，若停窑时间不超过 6h，向窑内喷油保温，维持烧成带不熄火；若停窑时间超过 6h，则回转窑采取熄火保温。

④ 停窑冷却期间，采用辅助传动装置按照表 3-17 进行转动窑体，力求回转窑内各处温

度受热均匀，保证窑筒中心线规整，椭圆度正常。

表 3-17　停窑冷却时辅助传动转窑制度

窑尾温度/℃	旋转量/度	旋转间隔时间/min
0～100	0	不慢转
100～250	100	60
250～450	100	30
450～550	100	15
550～750	100	10
750℃以上	100	5

第三节　水泥窑用耐火材料维护

1. 水泥窑安全运转周期和衬料使用周期指的是什么？如何计算？

水泥窑的安全运转周期是指回转窑在运转中不发生下列情况之一者为安全运转，其运转天数即为该窑的安全运转周期，否则，安全运转周期即告中断。

（1）因红窑停窑。

（2）因窑内换砖而停窑。

（3）由于窑系统发生重大设备事故，停窑 4h 以上。每次中断后，安全运转周期重新开始计算。

发生下列情况停窑，安全运转周期不算中断。

（1）按计划检修或事先发现缺陷计划停窑处理。

（2）因断电、断料、断煤等引起停窑。

在计算安全运转周期时，必须扣除所有临时停窑时间。

所谓窑衬使用周期是指回转窑烧成带耐火砖使用时间。

非衬料原因造成的停窑时间均不影响衬料使用周期的连续性。一般衬料使用周期长于窑的安全运转周期。衬料使用周期的计算方法是：开窑点火至停窑检修衬料时的衬料使用天数减去运转中的停车时间，即为衬料的使用周期。

2. 回转窑窑内耐火砖更换标准是什么？

（1）8000～10000t/d 生产线回转窑烧成带的窑皮不稳定区域、过渡带耐火砖厚度低于 120mm，窑皮稳定区域耐火砖厚度低于 100mm，窑尾国产抗剥落砖厚度低于 80mm，可考虑更换（检查时要根据窑的热工特点、窑皮情况、耐火砖的表面侵蚀情况以及运行记录等进行综合考虑）。

（2）2000～5000t/d 生产线回转窑烧成带的窑皮不稳定区域、过渡带耐火砖厚度低于 110mm，窑皮稳定区域耐火砖厚度低于 100mm，窑尾国产抗剥落砖厚度低于 80mm，可考虑更换（检查时要根据窑的热工特点、窑皮情况、耐火砖的表面侵蚀情况以及运行记录等进行综合考虑）。

（3）窑内单环砖中，厚度低于上述标准且周长在 1/4 环以内的，可考虑挖补；大于 1/4 环时，应对整环砖进行更换。

3. 正常生产时水泥回转窑筒体温度是多少？

窑口冷却带：280℃。

烧成带：300℃。

上过渡带：330℃。

分解带：260℃。

窑体最高温度不能高于 350℃，如高于 350℃，必须停窑。

4. 水泥窑系统回转窑外其他部位耐火砖更换标准是什么？

（1）平面部位的耐火砖残余厚度低于原厚度 1/2 以下时，可考虑更换。

（2）拱形部位（如三次风管）的耐火砖残余厚度，低于原厚度 2/5 以下时，可考虑更换。

5. 耐火浇注料更换标准是什么？

（1）根据耐火浇注料的局部烧损和剥落情况，实行挖补。

（2）耐火浇注料大面积均匀烧损，残余厚度低于 100mm，可根据现场实际情况考虑整体进行更换；了解侵蚀及窑口护铁状况，以判断是否需要更换。

（3）窑头罩顶部出现开裂、脱落、质地松散，则整体进行更换。

6. 影响水泥窑耐火材料使用寿命的因素有哪几个？

（1）开停是关键

至少保证烘窑时间不少于 16h 才能开始投料，对于不准备换碱性砖时的停窑保温要有足够的保障。

（2）设备是基础

频繁的停窑，就不可能严格地执行点火升温和停窑冷窑制度，急骤的升温和快速冷窑必然导致砖的损伤破坏。

（3）窑皮是屏障

窑皮的作用是减少砖内因温差造成的内应力，减少受化学侵蚀的概率，减缓热震的幅度，减少高温对碱性砖的烧蚀和高温状态下对耐火砖的磨损，确保窑体表面温度不会超标。窑皮的厚度为 200～250mm。

（4）稳定是前提

保护好窑皮的前提是热工制度的稳定，因为窑内每次较大的温度波动都会对窑皮造成不同程度的伤害。

（5）管理是保障

重视产品的包装、倒运、储存过程的管理，以防止砖在保管中淋湿、受潮、水化和倒运过程中的损坏。

7. 水泥窑内的耐火砖的保护措施有哪些？

抗渣性是指耐火材料抵抗化学侵蚀的能力，在形成窑皮初始层以及当物料黏性大或产生局部高温促使窑皮脱落的情况下，抗渣性就显得非常重要。

孔隙率及导热系数对于形成窑皮初始层有着重要的作用，并且在窑皮局部脱落时，孔隙率和导热系数较大的耐火材料有助于窑皮的及时补挂。但同时又有可能表现出极大的破坏作用，使耐火砖剥离的薄层脱落。

耐火砖在其生产过程中，其物理化学变化一般都未达到烧成温度下的平衡状态。也有烧成不充分的耐火砖，因而在回转窑作用中再受高温作用时，大多数的耐火砖由于其本身液相的产生及孔隙的填充，发生不可逆的重烧收缩。因此，高温体积稳定性，在选用烧成带耐火砖时必须予以考虑。

热表面层状剥离是回转窑烧成带窑衬经受热震后损坏的主要形式，若同时发生局部窑皮脱落，就会使耐火砖使用寿命大为缩短。

用煤作燃料时，煤的挥发分和灰分起着决定性的作用，直接影响火焰形状。挥发分较高而灰分较低的煤粉，可使黑火头缩短，形成低温长焰煅烧，对保护窑衬一般是有利的。但挥发分过高，着火太快，使出窑熟料温度高达 1260℃以上，二次风温超过 900℃，极易烧坏喷嘴，使其变形或烧破出现缺口，产生紊乱的火焰形状，在其被更换之前就损害了窑衬。煤的挥发分过低（小于 0%），灰分太高（大于 28%），大量煤粉的不完全燃烧就会沉降在物料内燃烧并放出大量的热，也会损伤窑皮。

燃料喷嘴结构在生产中往往没受到足够的重视，喷嘴形状和出口尺寸主要影响煤粉同一次风的混合程度与喷出速度，有时为加强风煤的混合，还可在喷嘴内加装风翅，但要注意旋流风旋转幅度过大会扫伤窑皮。

当铝率过高，液相黏度大时，窑皮大量垮落，操作上不易控制，对保护窑衬不利，生产实践中铝率一般控制在 1.3～1.6。当采取高饱和比、高硅率、低液相配料时，易产生黏散料冲刷、磨蚀窑皮使窑薄，严重时损伤窑衬，生产实践中硅率 2.5 时，饱和比不宜超过 0.92，当硅率 2.8 时，饱和比不宜超过 0.90。

生料喂料量的波动对窑衬的危害较大。当窑内来料太多时，就不得不关小窑尾排风量，加大煤粉用量进行逼火强烧，使烧成带热负荷迅速增加，使窑衬受到严重损害。当窑内来料太少时，煤粉火焰明显下倾，该区的窑皮在高温下就会脱落、变薄，扑向较薄的料层，若不及时调整风量和用煤量，极易烧坏窑皮和耐火砖。另外，生料喂料量的波动又会导致窑内热工制度不稳定，温度过高，使窑皮脱落或受损。

因此，当出窑熟料温度高达 1260℃以上，二次风温超过 900℃时，极易烧坏喷嘴，使其变形或烧破出现缺口，产生紊乱的火焰形状，使窑衬极易损坏。熟料三率值一般控制在 KH0.91±0.01，硅率 2.6±0.1，铝率控制在 1.3～1.6 之间，对保护耐火砖使用寿命和提高熟料强度极有益处。

8. 烧成带耐火材料损毁的主要因素有哪几个？

（1）砌砖用锁缝铁板不合适。

（2）铁板打入过多，过紧，致使镁质砖受损。锁砖钢板的用量每环以 3～4 块为宜。多时，易使用砖内部产生伤痕，降低砖的强度，同时钢板氧化膨胀对耐火砖造成损伤少时，容易造成锁砖不牢固，发生抽签、掉砖等事故以及窑砖运行一段时间后出现扭曲变形的现象。

（3）为了赶进度，砌筑时，没有充分保证砖面和砖面、砖面和筒体的紧密贴实。

（4）非计划停窑频繁，造成衬砖表面迅速冷却，收缩过快，砖内产生严重的破坏应力。

（5）燃烧器位置以及内外风调节不当，使火焰冲刷窑皮伤及耐火砖。

（6）煤质差和窑炉用风不当导致窑内产生氧化或还原气氛，使窑皮不稳甚至结蛋。

（7）冷窑升温过快，没有严格按升温曲线来操作，使耐火砖受损。

（8）第一层窑皮粘挂不好，在生产过程中窑皮保护不好。

（9）耐火砖在运输、搬运、装卸及储存过程中受损。

9. 提高碱性耐火材料使用寿命的措施有哪些？

我国水泥窑国产耐火材料的使用寿命正在大幅提高，其原因是：①中资耐火材料企业纷纷投入巨资，引进或在国内采购许多先进或适用装备，大幅提升了制造水平；②水泥窑的煅烧条件得到了显著改善。

近年，一些耐火材料厂家纷纷采用了自动配料设备，大幅改善了配料工序的工作质量。众所周知，配料是决定材料性能的重要因素。但是，配料也是一个粉尘大、任务繁重、劳动强度高的岗位，因此，只有采用高精度、高可靠性的全自动配料设备，才能有效保证耐火材料的品质，进而使产品具有稳定的使用寿命。再如，一些中资耐火材料企业纷纷采用了全自动的液压设备，大幅改善了成型工序的工作质量。依靠计算机调节，全自动液压机能精准控制加压、卸压速度，甚至控制多孔模具中每块砖的压力曲线。采用全自动液压机后，大幅减少了砖体中的隐蔽性裂纹，有利于提高耐火材料的寿命。还有一些耐火材料厂家纷纷采用计算机控制的燃气高温隧道窑，大幅改善了烧成工序的工作质量。采用计算机控制后，高温隧道窑具有适合的压力曲线和温度曲线，明显减少了欠烧、过烧、层裂、扭曲、破损、黑心等缺陷，显著提高了耐火材料产品的质量。

再如，采用红外扫描技术监测筒体表面温度、采用彩色电视看火设备直接观察窑内煅烧情况之后，显著改善了烧成条件，大幅缓解了耐火材料的工作负荷。回转窑旋转时，扫描仪一边通过镜头接受从筒体辐射出的红外信号，一边又沿窑体轴线进行扫描。由此，每进行一次扫描，就得到了筒体表面的一条包络线所发射出的红外信号。利用 160～400 条包络线的数据，就可得知整个窑体表面的温度分布。再将窑筒体的表面温度展为一个平面，在屏幕上就可一目了然地表示整个筒体的温度分布。通过对窑筒体表面温度的观察和分析，就能反映窑皮、窑衬的厚度，以此来推知煅烧的现状和趋势，有利于防止窑衬烧损事故和提高窑衬寿命。

水泥回转窑看火系统是运用于高温环境的特种闭路电视系统。该系统由探头罩、探头、冷却装置、保护装置、信号传输、图像显示和遥控设备等组成。工作时，探头罩伸入窑内，探头罩内的摄像机从针孔镜头摄取图像，冷却装置保护探头，经过转换后，所摄图像被输送到中控室监视器上显示。遇到超温、正压、冷却故障或停电时，安全装置控制探头退出，保护设备不被烧坏。由此，高温看火电视系统能够可靠工作，直接反映窑内燃烧、烧成和窑皮情况，便于操作人员及时进行正确的调节，保证回转窑在高效稳产的条件下运行，显著提高了回转窑用耐火材料的寿命。

采用一系列先进设备之后，水泥回转窑的烧成条件就得到了很大改善。由于能够随时监控窑内工况，及时采取措施纠偏和有效补挂窑皮，使耐火材料内衬受到了良好的保护。因而，使用无铬碱性耐火材料后，水泥回转窑的耐火材料寿命可达到不低于甚至超过原有镁铬质耐火材料的水平。由于耐火材料生产技术的进步，制造条件和使用环境的改善，水泥窑用无铬碱性耐火材料取得了越来越好的使用效果。在越来越多的水泥企业，无铬碱性耐火砖都达到甚至超过了镁铬砖的寿命。同时，国内已有多家能够批量生产无铬碱性耐火材料的企业，全面推广水泥窑用无铬碱性砖的时机已经到来。因此，国家正在制定强制性标准限制水泥工业使用镁铬质耐火材料。

 ## 10. 什么是窑皮？

所谓窑皮是指水泥生料在烧成带和过渡带的耐火砖表面上，通过黏附和化合而形成一层具有强度的物料层。窑皮的形成主要取决于窑温和窑料中熔体的含量和黏度。但衬砖成分、砖内温度梯度、窑的设备和操作情况也对窑皮的形成有很大影响，如耐火材料与窑料相互反应能力很低且耐火砖过于致密，窑皮的形成困难，维护也有困难。

在窑内烧成带，熟料的烧结温度为 1300～1450℃，而火焰温度高达 1800～2000℃，向四周发出大量的辐射能。窑料（含煤灰等）中产生熔体，耐火砖表面出现极少数的液相时（俗称出汗），生料就会在高温状态下发生化学吸附和物理黏附，进而渗入砖内，并与砖内组分相反应，形成窑皮的初始层，这是窑皮的形成阶段。渗入物在不大于 1200℃ 下固化，产生机械锚固，这是窑皮的粘挂固着阶段。随着窑的转动，耐火砖在这一初始窑皮的基础上，逐渐一层层形成较厚的、较为稳定的窑皮。

窑皮逐步发展，由于质量而产生的拉应力也不断增长，一旦拉应力过大，或窑运转的规律性不良，或窑体变形过大，特别停窑时间过长，窑皮内的 C_2S 由 β 型向 γ 型转化，窑皮就会从衬砖上掉落。

从上可知窑皮稳定存在的基本条件是：

（1）窑料（包括掺入的窑灰和煤灰等）成分适当且与窑温相适应，能形成数量和黏度均适当的熔体。

（2）衬砖的成分和结构（主要是砖内气孔分布适当）对窑料有一定适应性，有利于窑料黏附砖面并适度渗入砖内，形成机械锚固使窑皮稳定。

（3）窑体规整完好，椭圆度不大，窑运转正常，开停次数少。

整个燃烧带内只在正火点部位窑料实际挂窑皮温度高于应有的挂窑皮温度，才是窑皮的稳定带。正火点前后烧成带内的两侧部位，特别是烧成带前后的两侧过渡带内，窑料实际挂窑皮温度低于应有温度，称为窑皮的不稳定带。

窑皮可以有效抗磨、隔热、阻滞热侵蚀和化学侵蚀。

烧成带正火点处衬砖始终处于稳定窑皮保护之下，砖面温度往往只有 600～700℃，所承受的热、机械、化学综合破坏应力很小，可以获得最佳的使用效果。

窑皮不稳定时，衬砖承受的应力相应地波动，一旦窑皮严重垮落直至露砖，总要附带地撕掉一层与窑皮紧密黏附并在撕裂部位被先期应力严重弱化了结构的热面层，使衬砖严重地剥落受损。在正火点前后烧成带内的两侧部位特别是烧成带前后的两侧过渡带内，都存在衬砖损坏这种典型现象。

窑皮撕裂砖面层的瞬间,直接裸露于火焰中的新砖面上,温度从 600～700℃ 或更低骤升至 1300～1500℃,迅速产生巨大的热膨胀应力,又使这一新的砖面层与砖的本体间易于开裂甚至形成两个砖层的脱离状态,为下一次窑皮垮落撕裂新的砖层创造了前提条件。

在正常窑皮保护下,碱性砖面温度可由 1400～1450℃ 降到 600～700℃,衬砖处于极安全的状态,甚至厚仅 23mm 的窑皮也可使砖面温度由 1450℃ 降到约 1230℃,可见其保护作用极为显著。在窑皮保护下,碱性砖内温度梯度显著地平缓,砖内渗入物层层显著变薄,砖的变质损坏也轻。还能使窑体表面温度降低,有效地保护窑体钢板免于过热变形。

11. 影响挂窑皮的因素有哪几个?

(1)生料化学成分

由于挂"窑皮"是液相凝固到窑衬表面的过程,因此液相量的多少,直接影响到窑皮的形成,而生料化学成分又直接影响液相量。如铝铁含量高时,物料烧结范围窄,操作不易控制,易结大块;生料 KH 过高或硅酸率偏高,熔剂矿物少,虽熟料结粒细小,但容易产生飞砂料,窑皮就会恶化,甚至危及到衬料。目前都主张挂窑皮时生料成分与正常生产时成分相同。

(2)烧成温度与火焰形状

温度低液相形成少,不利于挂窑皮,温度过高,液相在衬料表面凝固不起来,窑皮也挂不上,一般控制在正常生产时温度,掌握熟料结粒细小均齐,不烧大块或烧流,严禁出生料或停烧,升重控制在正常指标之内。而且要保持烧成温度稳定,火焰形状完整、顺畅,不出现局部高温,不允许有短焰急烧现象。

(3)喂料与窑速

要使"窑皮"挂得紧固、平整、均匀,稳定热工制度是先决条件。为使热工制度稳定,需要控制喂料量是正常喂料量的 50%～70%,窑速也相应地降低到正常窑速的 70～90%,使物料预烧稳定,烧成温度也容易掌握,如喂料量过多或窑速过快,窑内温度极不易控制稳定,所挂窑皮不平整,不够牢固。窑速稳定使液相量固化的时间稳定,因此粘挂窑皮厚薄一致,使窑皮平整。

(4)挂窑皮时喷煤管的位置

为使窑皮由窑前逐步向窑内推进,开始时应将煤管靠近窑头,同时适当偏料,使火焰不拉得过长,防止窑皮挂得过远,或前面薄而后面厚,以及前面窑皮尚未挂好,后面已形成结圈等不良情况,用移动喷煤管的方法来控制挂窑皮的长度与位置。窑皮挂好之后,根据火焰情况,再逐步将喷煤管伸到满足正常生产时的火焰位置。

12. 窑皮平整的判断方法有哪几种?

(1)窑的运转中,从副孔观察无料边的窑皮时,若颜色微白,厚度稍低于前圈(前圈高度 250～300mm),前后平整,颜色一样,没有一凸一凹,一明一暗的现象(凹处发暗,凸处发亮),表明窑皮平整。

(2)如果已觉察窑皮有问题,但在运转中判断不清,可停煤,停一次风,停窑观看,即可一目了然。

(3)借助水冷却检查情况,判断窑皮厚薄,是正常运转中判断窑皮情况的好方法,由于窑皮厚度不同，传热速度不一样，所以在水量不变的情况下，厚薄不同的窑皮就反映出不同的温度：温度愈高，窑皮愈薄；温度愈低，窑皮愈厚。

 13. 如何保护窑皮？

水泥窑挂好窑皮只是长期安全运转的第一步，更重要的是采取措施保护好窑皮，为优质、高产、长期安全运转奠定基础。

（1）摸索制定合理的操作参数，稳定窑的热工制度，保证运转率在85％以上。

（2）加强煅烧控制，避免烧大火，烧顶火，严禁烧流或出生料，保证熟料结粒细小均匀。

（3）随着产量的不断提高，改进喷煤管结构，保证完整的火焰形状，并经常移动喷煤管位置，调整高温区域，以利于窑皮粘挂。

（4）及时处理前结圈，保持一定高度，使大块及时滚出，避免损伤或砸坏窑皮，力争不结或少结大块。

（5）发现窑皮不好时，及时采取措施，进行补挂。做到勤看勤调，控制火力偏中，烧高了挂不上坚固窑皮，烧大火顶火，则会继续恶化，都要防止。

（6）配制成分适当的生料，保证好烧，不结块，以利于粘挂窑皮和操作控制。

（7）加强设备维护，力争减少停窑次数，以避免窑皮因忽冷忽热的变化而脱落。

（8）严防结后圈而压短火焰，危害窑皮。

14. 降低水泥窑耐火材料消耗的基本措施有哪些？

（1）注重衬料的选型和合理匹配

新型干法窑特别是大型预分解窑，使用了热回收效率在60％以上的高效冷却机以及燃烧充分且一次风比例较少的多通道喷煤嘴（火力集中，灵活可调），且窑头和窑罩又加强了密闭和隔热，因此，出窑熟料温度可高达1400℃，入窑二次风温可高达1200℃，从而造成系统内过渡带、烧成带、冷却带及窑门罩、冷却机高温区以及燃烧器外侧等部位的工作温度远高于传统窑。因此，烧成带正火点可使用直接结合镁铬砖、特种镁砖、镁铁尖晶石砖或白云石砖；正火点前后两侧，视设备、操作和原燃料情况，可采用与正火点相同的砖或普通镁铬砖。最近开发的可挂窑皮的硅莫砖也正在向烧成带的末端发展；过渡带则主要使用镁铝尖晶石砖、镁铁尖晶石砖、富铬镁砖或含锆增韧白云石砖。近年开发的铝质砖——硅莫砖，特别是增加了红柱石的硅莫红砖，热震稳定性有了很大提高，在过渡带取得了很好的效果，而且不挂窑皮的品种可有效防止后结圈。窑卸料口内衬是大型窑窑衬中最薄弱的环节之一，新窑或规则的窑上可用碳化硅砖、硅莫砖、硅莫红砖、尖晶石砖或直接结合镁铬砖。对窑口温度较低的窑，可使用热震稳定性优良的高铝砖或磷酸盐结合高铝砖；若窑口变形时则可用刚玉质或钢纤维增强刚玉质浇注料或低水泥型高铝质浇注料。

（2）把好进货质量关和窑衬施工质量关

①耐火材料的重要性不言而喻，性价效益比差别很大，宁肯多花点钱也一定要买好产品，少停几次窑就什么钱都有了。好的产品首先要选好供货厂，看一个耐火材料生产厂怎么样，主要应关注能生产优质产品的三个条件：是否有高纯度、高品位的原料；是否具有高压力的成型装备；是否具备高温度的煅烧条件。

②要严格遵守《水泥回转窑用耐火材料使用规程》中的相关要求，选购耐火材料时，应要求供货商提供产品质量担保书，并应取样送有关权威监测部门复检；严格进厂验货，以杜绝假冒伪劣产品进厂。对查出的不合格品严禁入库，砖库内不得有任何不合格砖。

③由于砖对窑的生产影响很大，各厂的使用条件不尽相同，对砖的要求也不会一样，所以一般不要轻易地更换供货商。如果必须更换，对新开发的供货商，第一批砖最好试用，而且量不要太大，以免给双方造成大的损失。对试用砖，最好不设预付款，达到试用期后一次付清，宁肯砖价高一些。

④对施工质量亦要进行严格的监督，以确保窑衬的耐火性、密封性、隔热性、整体性、耐久性。重点应对耐火泥的配制、砖缝和膨胀缝处理等一系列技术问题严格把关。首先，更换窑衬前要编制施工方案，按砌筑要求在窑内划出纵向和横向控制线；其次，每天召开有关负责人协调会，及时解决施工中出现的问题；第三是实行项目负责制，设立专人跟班监督；最后，要求砌筑选用耐火砖不得缺角少棱。

⑤把好出库关，这是大多数厂容易忽略的问题。耐火材料对保存和搬运有严格的要求，各厂的储运条件又参差不齐，在砌筑前必须进行严格的再检验，严防破损、掉角、裂纹、受潮的砖入窑。对查出的不合格砖，要当场销毁，更不得回库存放，以免再次混入窑内。

（3）准确把握局部挖补与整段更换窑衬的界限

两者界定的一般原则为：掉砖处周围的厚度不低于100mm，且掉砖周围砖的结构未发生裂缝和排列错乱现象，这时可采用挖补的方法。否则就需要进行整段更换。正确的判断，不仅可以降低窑衬消耗，缩短停窑的时间，还可以提高窑的运转率。

（4）坚持合理、严格的烘窑升温制度

窑衬砌筑好后还须妥善烘烤，烘烤时升温不能过快，以免产生过大的热应力而导致砖衬开裂、剥落。窑衬烘烤必须连续进行，直至完成，且要做到"慢升温、不回头"。为此，烘烤前必须对系统设备联动试车，还要确保供电。此外，停窑时窑衬的冷却制度亦对未更换的砖的使用寿命有很大影响，因此停窑不换砖时必须慢冷以确保窑衬的安全。

（5）窑皮的粘挂及保护

烧成带及其两侧过渡带砖衬上窑皮的稳定与否，是影响砖衬使用寿命的决定性条件。新砖砌好，按正常升温制度达投料温度后，即进行投料。第一层窑皮的形成就是从物料进入烧成带及前后过渡带时开始，必须严格控制熟料结粒细小均齐，配料合理；耐火砖热面层中应形成少量熔体，使熟料与砖面牢固地粘结。粘结后，砖衬表面层温度降低，熔体量减少，黏度增大，粘结层与砖衬面间粘结力就越大。而熟料继续粘到新粘结的熟料上，使窑皮不断加厚，直至窑皮过厚，窑皮表面温度过高而造成该处熟料中熔体含量过多且黏度小，熟料不能再互相粘结为止。第一层窑皮粘挂的质量优劣对延长窑衬寿命有重要的作用。

（6）减少停窑次数，提高预分解窑的运转率

由于频繁地非计划开停窑，往往是紧急止料停窑，会造成衬砖热面迅速冷却，收缩过快，砖内产生严重的破坏应力。应力随多次停窑频繁作用于砖内，导致其过早开裂损坏。再次开窑时，砖热面层往往随窑皮剥落，还使窑衬内砖位扭曲，降低窑衬使用寿命。

（7）稳定窑的热工制度

窑在运转时，如热工制度不稳，会造成窑内衬料忽冷忽热，窑皮时长时塌，极易发生耐火砖开裂剥落、炸头等现象，使用寿命大大缩短。

第四章
耐火材料的发展现状与趋势

1. 中国耐火材料工业的发展现状如何？

改革开放以来，我国耐火材料产业取得了长足进步。连续多年成为世界上耐火材料最大的生产国、消费国和出口国。

2013 年，全国耐火材料产量 2928.25 万吨，同比增长 3.88%。其中，致密定型耐火制品 1730.71 万吨，同比增长 5.93%；保温隔热耐火制品 55.73 万吨，同比降低 2.67%；不定形耐火制品 1141.81 万吨，同比增长 1.24%。

2013 年，全国耐火原材料进出口贸易总额 32.24 亿美元，比上年同期降低 6.44%。其中，出口贸易额 29.92 亿美元，同比降低 7.34%；进口贸易额 2.32 亿美元，同比增长 7.26%。

全国耐火原材料出口总量 502.71 万吨，同比降低 5.20%。其中，耐火原料出口量 325.79 万吨，同比降低 0.15%；出口贸易额 15.94 亿美元，同比降低 3.68%。耐火制品出口总量 176.91 万吨，同比降低 13.27%，出口贸易额 13.98 亿美元，同比降低 11.19%。

（1）主要耐火原料出口情况

① 电熔镁砂和烧结镁砂出口量分别为 30.21 万吨和 47.57 万吨（合计 77.78 万吨），同比分别降低 7.73% 和 29.53%。

② 耐火铝黏土、棕刚玉和白刚玉出口量分别为 76.78 万吨、55.54 万吨和 15.73 万吨，同比分别增长 25.57%、−4.62% 和 1.53%。

③ 石墨和碳化硅出口量分别为 12.37 万吨和 28.68 万吨，同比分别增长 9.00%. 和 73.90%。

（2）耐火制品出口情况

① 碱性耐火制品出口量 102.89 万吨，同比降低 4.41%。

② 铝硅质耐火制品出口量 58.90 万吨，同比降低 24.44%。

③ 其他耐火制品出口量 15.12 万吨，同比降低 17.71%。

2. 中国耐火材料工业存在哪些问题？

（1）产能过剩导致的市场无序竞争局面依然没有改变

耐材行业产能过剩更为突出，且先于钢铁等主要下游行业，由于耐火材料企业投资小，建设期短。在 20 世纪 80 年代民营耐材企业就异军突起。2000 年以来，在钢铁等主要下游行业高速发展，效益丰厚的年代，耐材行业已抢先跟进。虽取得了快速发展和一定的经济效益，但无序的市场竞争也随之伴生。企业的无序竞争，需方无端地压价和拖欠货款早已成为耐材行业市场的普遍现象，而且愈演愈烈，这也是一个行业产能过剩的必然体现。

2013 年，主要下游行业经营情况虽有所好转，只是在效益低位徘徊中的波动增长，目前的经营状况短期内很难改变。

下游行业经营状况不好对耐材行业的影响主要有两个方面：一是压低采购价格，二是拖欠货款。更主要的是耐材行业自身产能过剩，企业间竞相杀价，无序竞争，致使耐材生产企业利润空间大幅度缩小，应收货款直线攀升，企业亏损面持续扩大，有的中小企业已处于停产状态。

（2）原料质量下降

近年来，可供开采的高品级铝矾土原料资源越来越少，高品质镁砂也出现了短缺。在这种背景下，耐火材料原料供应商公开将较低品级耐火原料提升一个品级销售，种种这些都对耐火原料的质量保证带来了严峻的挑战。

（3）矿山生产无序、资源利用粗放

我国优质耐火原料资源丰富，铝矾土、镁砂、石墨等都具有相当数量的储量。但是改革开放后，在经济利益驱使下，各地优质耐火原料矿区长期处于无序开采状态，大量优质原料被随意开采，品位较低或伴生矿物被随意丢弃不用，造成大量资源浪费。

（4）生态恢复滞后

耐火材料生产中需要消耗大量原材料，经过多年的无序开采，很多原料矿区生态环境破坏严重，而我国没有相应的政策措施保证生态破坏地区的人力、物力、资金投入，脆弱的生态难以尽快恢复。

（5）耐火材料产业大而不强、产业集中度低

我国耐火材料企业超过 3000 家，大多数企业技术装备、生产设施落后，缺乏质量控制手段，产品质量不能得到良好保证。中国耐材产量占全球的 69％，但销售收入前 10 名的企业中没有中国企业。说明我国耐火材料企业规模不大，实力也不强，"小、多、散"的状态一直未能改变，集中度太低。据 PRE 统计，中国对欧洲的耐火材料出口量占欧洲进口总量的 61％，但出口额仅占 41％。低 20 个百分点。2011 年欧洲耐材产量 600 万吨，年营业额 46 亿欧元，综合平均价格 6000 元/吨以上，而我们的价格只有 4000 元/吨左右。

（6）利润空间受到上下游压缩

耐火材料是资源消耗性行业，总体上看，我国耐火原料资源紧张的局面仍难以缓解。由于可供开采的高品级铝矾土原料资源越来越少，高品质镁砂也出现了短缺，所以耐火材料上游原材料不断涨价。

另一方面，耐火材料最大的下游行业钢铁企业受到铁矿石价格上涨过快的影响，行业利润面临下滑的危险，这对耐火材料行业的整体议价能力及资金回笼等都造成了不利的影响。

从 59 家耐材重点企业 2013 年的经营状况看，耐材产量同比增长 3.19％，销售收入同比增长 2.83％，实现利润同比下降 10.36％。销售收入利润率仅 3.2％，比全国工业企业平均销售收入利润率低 2.91 个百分点。亏损企业 9 家，亏损面 15.3％。加之原燃材料及人工成本高位运行，企业经营十分困难。

应收货款持续上升，到 2013 年 59 家企业应收货款同比上升 11.53％，应收货款占销售收入总额的 37％。应收货款占企业年销售收入 37％以上的企业 27 家，其中超过 50％的企业 14 家，有的个别企业应收货款超过了年销售收入。因此，企业资金压力进一步加大，企业经营十分艰难。

但也有的企业经营状况良好，呈现了利润增长，应收货款下降的良性经营局面。59 家企业中，实现利润增长 10％以上的企业 19 家，占 32％；应收货款同比下降 10％以上的企业 11 家，占 19％。企业经营状况分化明显。

（7）耐火材料行业的自主创新能力仍有待加强

我国耐火材料企业超过 3000 家，产业集中度很低，企业规模小而分散决定了绝大多数企业的研发投入不足，我国耐火材料产业当前仍处于粗放式生产阶段，单位耗材指标仍高于

国际先进水平，低价竞争影响了企业创新，整个行业只有加大整合力度，进行有效的结构调整，才能扭转耐火材料单位耗材指标偏高的局面。

（8）出口贸易形势不容乐观

耐火原材料出口贸易额从 2010 年突破 30 亿美元后，连续三年超过 30 亿美元。其中 2011 年达 34.54 亿美元。2013 年出口贸易额为 29.92 亿美元，同比降低 7.34%。出现了出口量、出口贸易额和出口综合平均价格全面下降的局面，分别下降 5.2%、7.34% 和 2.26%。

3. 中国耐火材料发展方向是怎样的？

（1）节能型耐火材料

节能型耐火材料主要是指使用过程中能够减少能量消耗的耐火材料，这类材料本身导热系数低、具有隔热的功能。

节能型耐火材料的种类很多，主要分为纤维和轻质制品两种类型。

（2）环保型、功能型耐火材料

环保型耐火材料主要指对环境不具有毒副作用的耐火材料，如替代含铬耐火材料，以避免产生对环境有害的六价铬离子。

功能型耐火材料指其本身具有某方面的功能，如对钢液等具有去除杂物作用的高钙耐火材料、可以净化高温烟气的多孔过滤材料、具有导电性能的直流电弧炉导电耐火材料、可以透气的冶金炉底吹用透气砖等。

（3）资源节约型耐火材料

资源节约型耐火材料一方面是指具有较长使用寿命的耐火材料，从而具有良好的性价比；另一方面是指低品位耐火原料的利用。

（4）耐火材料的回收再利用

以往，处理用后耐火材料的办法主要是填埋或低附加值再利用。目前，用后耐火材料经过拣选、分类、破碎、磁选或重熔等工序，将用后耐火材料加工成品级较高的耐火原料。

4. 绿色耐火材料发展方向是怎样的？

绿色耐火材料的理念可以概括为：品种质量优良化；资源、能源节约化；生产过程环保化；使用过程无害化。目前需要大力发展的绿色耐火材料种类有：

（1）大力发展不定形耐火材料

同烧成的定形耐火材料比，不定形耐火材料因具有生产工艺简单，生产周期短，从制备到施工的综合能耗低，可机械化施工且施工效率高，可通过局部修补并在残衬上进行补浇而减少材料消耗，适宜于复杂构型的衬体施工和修补，便于根据施工和使用要求调整组成和性能等优点，在世界各国都得到了迅猛发展。其在整个耐火材料中所占的比例，已成为衡量耐火材料行业技术发展水平的重要标志。

不定形耐火材料由于交货时无需烧成，即使是预制件也只需在较低温度热处理即可，因此符合低碳经济和绿色耐火材料的理念。不妨仅从烧成消耗燃料和产生排放的角度作一简单计算，以认识发展不定形耐火材料的重大意义。已知：每节约 1kg 标准煤可减排二氧化碳、二氧化硫和氮氧化物分别为 2.493kg、0.075kg 和 0.0375kg；每吨烧成耐火制品的平均标煤消耗在 300kg 以上；每吨不定形耐火材料姑且按节煤 150kg 计，我国耐火材料总产量姑且按 2000 万吨计。若不定形耐火材料比例由目前的 35％每提高 5 个百分点，则年节约标准煤 15 万吨，二氧化碳年减排量 37.395 万吨，二氧化硫年减排量 11250 吨，氮氧化物年减排量 5625 吨。可见，降能耗和减排总量是相当可观的。

促进我国不定形耐火材料的推广应用，应重视以下"四化"：

①预制件化

用浇注料做成的各种预制件因具有以下优点，近年来呈现用量增加的趋势。

a. 不需在现场浇注施工，只需拼装组合，使筑衬简化，也省去了现场的施工机具。

b. 由于在交货时已经完成了浇注、养护、干燥和烘烤步骤，为用户节省了大量时间，可加快设备周转率和利用率，也使用户的使用更加方便。

c. 筑衬施工可以不受环境或季节条件的限制，而浇注料在某些地方盛夏和隆冬时节无法在自然条件下现场施工，除非采取人为措施。

d. 可以制成各种大小不同、形状各异的预制件，尤其适合制作机压成型难以实现的大型和异形构件，大者可重达数吨。

②用户友好化

施工性能是不定形耐火材料有别于定形制品的一个重要性能。以浇注料为例，其凝结和硬化特征受多种因素的影响，如结合剂种类、原料中的杂质、微粉特征、环境温度等。浇注料对这些因素的敏感性常常会给使用带来各种不便。因此，如何保证浇注料具有相对稳定的施工性能是从事不定形耐火材料研发及生产者必须关注的。

与定形耐火材料相比，不定形耐火材料的品种繁多，给技术研究和生产应用都会带来一定的麻烦，开发配方简单但普适性更强的产品也符合"用户友好"的理念。因此，品种多样化，研究开发普适性强且应用范围广的新品种必将受到用户欢迎。

③高性能化

与发达国家耐火材料的发展水平相比，目前我国耐火材料虽总量不小，但产品结构不合理，产品质量欠稳定；低端产品比例高，而高性能、功能化和环境友好型的高端产品比例少。面对这样的现状，加速开发高技术含量、高附加值的不定形耐火材料，是进一步提高不定形耐火材料在整个耐火材料中比例的关键。

氧化物－非氧化物复合的耐火制品是当今耐火材料研发的热点之一，近年来已取得良好进展。如：Si_3N_4 和 SiAlON 结合的刚玉砖在大型高炉的陶瓷杯上已取得良好使用效果；Si_3N_4 结合的 SiC 砖在炼铝行业和陶瓷行业已大量使用；SiAlON 结合或复合的 Al_2O_3-C 滑板，ZrO_2 复合 ZrO_2-C 浸入式水口，利用原位技术生产的 Al/Si-Al_2O_3-（ZrO_2）-C 功能性耐火材料等，已在钢铁工业应用，都取得了满意的使用效果。

④使用环节高效化

不定形耐火材料的施工、养护、烘烤、监测、维护、解体的难易影响到其被接受的程度。实践表明，现场施工的不定形耐火材料的性能发挥和使用效果很大程度上取决于其施工和烘烤质量。无法安全高效地施工，烘烤和维护技术及装备落后，也造成了不定形耐火材料应用受限。发展高效乃至自动化施工手段、快速养护、快速烘烤甚至免烘烤，机器人监测、维护和高效解体手段等，十分必要。这些方面，国外发达国家比我国领先，如湿式喷射、机器人喷涂施工、微波烘烤、热态在线修补技术和装备、自动测厚和监控等均相对普及。

（2）大力发展资源节约型耐火材料

耐火材料属高资源消耗型产业。以高铝矾土为代表的天然原料，近年来供应紧张，价格上涨。天然原料经过煅烧或电熔需消耗大量的热能，而煤电的价格也在涨，导致熟料和合成原料的价格趋高，大大加重了耐火材料企业的生存压力。因此，发展资源节约型耐火材料十分必要。

①原料、制品性能应与使用要求合理匹配

耐火原料对耐火制品的性能和质量有直接影响。原料和制品的性能要求取决于其使用条件。过去我国的大宗原料比国外便宜很多，人们往往不关注制品性能与具体使用条件之间的匹配是否经济合理，存在"大材小用"式的"能力"浪费。"物尽其用"应成为耐火原料和制品追求的目标。工业窑炉和热工设备内衬各部位的工况条件不同，其损毁原因和形式也不相同，窑炉和热工设备的寿命或使用率往往取决于最薄弱部位内衬的寿命。采用不同材质或品级的衬材综合砌筑，材尽其用，有利于达到均衡蚀损，降低耐火材料消耗。

②天然原料的直接应用

天然原料受热后因发生物理化学变化而导致体积不稳，因此在生产烧成制品时，所用原料尤其是骨料大多要经预先高温煅烧。而不定形耐火材料是多组分、多物相的非均质体系，它与烧成定形制品的明显不同在于：在使用前，其基质处于未反应的远离平衡态的状态；使用时在高温和时间的驱动下，其基质的各组分将遵循相平衡关系趋于达到平衡。因此，如控制得当，可形成有利于改善使用性能的产物。

③用后料的回收再利用

中国不仅是耐火材料的生产大国，而且也是耐火材料的最大消耗国。近年来，中国耐火材料的年消耗量约1500万吨。按使用时消耗掉65%～70%计算，每年用后的废弃耐火材料约450万～525万吨。可见，用后耐火材料是耐火材料行业十分重要的二次资源，如果加以合理利用，不仅每年可节约数百万吨的原料，而且可减少固体废弃物的排放，对改善和保护环境均有重要的作用。

（3）大力发展能源节约型耐火材料

耐火材料用户及耐火材料行业自身均为高耗能产业，是节能减排的重点对象。能源节约型耐火材料是极具发展活力的一类绿色耐火材料。轻质隔热耐火材料的应用是实现工业窑炉节能的有效措施。解决传统轻质耐火材料强度低，使用温度不够高，隔热效率和抗腐蚀介质侵蚀性不够好等不足，对我国的节能有重要作用。

① 微孔轻质原料的合成

近年来，微孔轻质骨料的问世和应用值得关注，如六铝酸钙、莫来石、镁橄榄石、尖晶石等微孔轻质骨料。根据传热学原理，轻质料的"微孔化"是实现高隔热性能和高强度相统一的有效途径；气孔以微细化、球形化和闭孔化为最佳，可以大幅降低材料内部的对流传热效果，从而起到更好的隔热与保温作用。

② 高性能轻质浇注料

轻质耐火材料按使用温度的不同可分3个级别。

普通级别的使用温度通常低于1200℃，原料来源丰富，价格低廉。

高级别的使用温度通常高于1500℃，主要使用如氧化铝、氧化锆这类高纯氧化物经电熔喷吹制得的空心球作为骨料，这类材料的优点是使用温度高，但价格昂贵，强度低，难以广泛应用。

相对而言，满足1200～1500℃用中等级别的轻质耐火材料的发展则较为缓慢。目前，该温度范围的工业窑炉和热工设备的背衬大都使用定形制品，存在整体性不好、强度低、施

工效率不够高等不足。考虑到莫来石材料具有较低的导热系数、低的热膨胀性及优良的高温性能，可采用铝硅系起始物料，合成轻质莫来石骨料如莫来石中空球、微孔莫来石骨料，并以其制备使用温度在 1200～1500℃、强度高、隔热性良好的轻质耐火材料，将在节能减耗、实现窑炉结构轻型化和简化方面大有作为。

③ 不烧砖

按照高温（通常 1000℃以上）烧成与否，可将定形耐火制品分为烧成砖和不烧砖。后者不经高温烧成，多数经过较低温度烘烤即可投用，因而节能。而且和不定形耐火材料类似，其体系内也存在不平衡相，在使用中会发生如相变、分解、化合反应，如设计、利用得好，可实现原位耐火材料的效应而有利。碳结合制品是不烧砖的典型代表。近年来，随着洁净钢冶炼技术的发展，钢包用含碳耐火材料的低碳化、无碳化研究甚热，如树脂结合或化学结合的铝镁不烧砖、镁钙不烧砖、镁锆不烧砖等发展活跃，部分有望替代 $MgO\text{-}C$、$MgO\text{-}Cr_2O_3$ 等耐火材料。

④ 生产过程的节能

耐火材料的成本主要涉及原料成本和生产成本，改进现有生产工艺及设备的节能性很有意义。耐火材料生产过程的能源依赖于碳基燃料。地球上不可再生的能源有限，节能降耗是个长期的工作，也是必走之路，应早作筹备，如：努力降低成型耗能；降低需高温烧成产品的烧成温度；推行高效燃烧技术，提高燃烧效率；推广使用新型的轻型窑炉，提高窑衬的保温效果，减少热损失；降低窑衬、窑车的蓄热，提高余热的综合利用率等。

（4）大力发展环境生态友好型耐火材料

发展环境生态友好型耐火材料是近年来提出的新理念，这一理念的提出使传统上适用和已用的一些耐火材料受到挑战。如国外发达国家已不生产或限制生产硅砖、镁铬砖、耐火陶瓷纤维等对人体和环境有害的产品，对沥青等物美价廉但使用中会产生污染的原料也已禁止采用。这些产品的替代品，是新的热门课题。要实现耐火材料的环境生态友好发展，需注重以下 3 个方面的无害化。

① 生产过程的无害化

耐火材料生产中的破粉碎、混练和成型等工序均存在一定量的粉尘和噪声。与国外先进企业相比，国内许多耐火材料企业的除尘保护意识和措施不够，尤其是生产硅砖的企业，若防护措施不足，易产生矽肺病。降低粉尘污染，改善工作环境的主要措施有湿式作业、密闭尘源、加强防护等。耐火材料生产中浸油等工序会产生对人体健康不利的有害气体。国外值得借鉴的处理措施有隔离作业和负压作业。

② 原材料的无害化

耐火原料是耐火材料生产和发展的基础。发展绿色耐火材料的前提是生产出高质量、耐用、环保的耐火原料以满足涉及高温、隔热等各个行业的需要。

③ 用中和用后的无害化

耐火材料使用过程中和用后耐火材料的无害化涉及 3 个方面，即：对人体无害，对环境无害，对所接触的高温熔体质量无害。

A. 耐火材料的无铬化

含铬耐火材料因抗热震性改善、抗渣性优良等特点而广泛应用于钢铁、水泥、玻璃、有色冶炼等工业高温窑炉内衬。但含铬耐火材料在碱性环境和氧化气氛下使用时会生成水溶性的，且能毒害人畜并致癌的六价铬等有害化合物，不仅严重污染环境，而且危害人身健康。因此，世界各国的含铬耐火材料用量急剧下降。镁铬砖在欧美国家水泥窑烧成带使用已受限。因此，无铬耐火材料的开发对我国实现耐火材料的环境生态友好发展具有重要的意义。

B. 耐火陶瓷纤维的无害化

与其他耐火材料相比，耐火纤维具有密度小（为耐火砖的 $1/10\sim1/5$）、导热系数低（为轻质砖的 $1/3$ 左右）、热容小、升温速度快等特点，广泛应用于冶金、陶瓷、石油、化工、航空、船舶等领域的加热炉、热处理炉等高温设备。

传统的硅酸铝耐火纤维存在的问题在于人体吸入后不可降解，从而对人体有害，在一些发达国家已受到越来越大的使用限制，欧盟已将其列为二类可能性致癌物质。因而发展新型隔热材料以取代传统的硅酸铝耐火纤维已非常必要。目前的研发工作主要集中在生物可溶性耐火纤维和新型轻质耐火浇注料两方面。

C. 中间包干式料结合系统的改进

现代连铸中间包衬的施工有两种方式：湿式喷涂和干式振动料。后者因具有施工方便，可快速烘烤，使用中的温度梯度使其烧结和致密化是由表及里的，裂纹不宜扩展和贯穿，内部未烧结层的密度低，衬体热传导性降低，热损失减少，残衬易于解体等优点，用量有增加之势。

为了在烘烤后获得强度和提高抗渣性，干式振动料常常使用有机结合剂，一般为固态沥青和/或酚醛树脂。使用有机结合剂带来的问题主要有：a. 烘烤过程中冒烟，污染环境；b. 产生难闻和有刺激性的气味，不利工人健康；c. 导致钢水成分中增碳、增氢，不利于洁净钢的冶炼。为此，国内外都开发了新型干式料结合系统而有了环保型中间包干式料。

5. 绝热保温材料耐火材料的发展趋势如何？

憎水性是保温材料重要发展方向。"憎水性"广义上是指制品抵抗环境中水分对其主要性能产生不良影响的能力。在国际《保温材料憎水性试验方法》的"术语定义"中，规定为反映材料耐水渗透的一个性能指标，以经规定方式、一定流量的水流喷淋后，试样中未透水部分的体积百分率来表示。目前改性有机硅类憎水剂是保温材料较通用的一种高效憎水剂，它的憎水机理是利用有机硅化合物与无机硅酸盐材料之间较强的化学亲和力，来有效地改变硅酸盐材料的表面特性，使之达到憎水效果。它具有稳定性好、成本低、施加工艺简单等特点。例如：纤维类保温材料，如矿岩棉制品、渣棉制品等基本上均不憎水，但经憎水处理后，其憎水率可达到 90% 甚至更高。普通泡沫石棉不憎水，吸水率极高，但经"气相吸收法"作二次处理后，可以制成弹性憎水泡沫石棉制品，使用效果较普通石棉好得多。

材料的吸水率是在选用绝热材料时应该考虑的一个重要因素，常温下水的导热系数是空气的 23.1 倍。绝热材料吸水后不但会大大降低其绝热性能，而且会加速对金属的腐蚀，是十分有害的。保温材料的空隙结构分为连通型、封闭型、半封闭型外，其他保温材料不管空隙结构如何，其材质本身吸水，加上连通空隙的毛细管渗透吸水，故整体吸水率均很高。我国目前大多数保温绝热材料均不憎水，吸水率高，这样一来对外护层的防水要求就十分严格，增加了外层的费用。

6. 耐火材料工业装备的现状与发展趋势如何？

随着我国经济的快速发展，耐火材料工业装备也取得了飞速发展，尤其是近 20 年来，实现了跨世纪的高速发展，研发了一系列使用新颖、应用效果较佳的设备。

（1）细磨设备

耐火材料工业传统的细磨设备为管磨机、悬磨机、震动磨等。近年来，气流磨和立式磨机的出现，为行业生产提供了新的高效节能的设备选择余地。

① 气流磨

气流磨是利用高压气体，通过拉瓦尔喷嘴使细颗粒物料以超音速喷入磨机内，在多股高压气流的交汇点处，细颗粒物料经反复碰撞、摩擦、剪切而被粉碎。粉碎后的物料在风机抽力作用下随上升气流运动至分级区，在高速旋转的分级涡轮产生的强大离心力作用下使粗、细物料分离，较大的颗粒被返回重新粉碎，合格的微粉被收集。由此原理可看出，气流磨系统基本是由气流粉碎机、分离器、收集（除尘）器、引风机组成的成套粉碎系统。耐火材料行业使用的气流磨多用于生产微粉、超微粉产品。我国气流磨从结构形式上划分基本有5种：水平圆盘式气流磨、循环管式气流磨、对喷式气流磨、流化床式气流磨、靶式气流磨。

② 立式磨机

立式磨机广泛使用于磨煤或水泥熟料等，一些耐火材料厂也开始用于高中硬度物料的细粉加工。有用户反映，立式磨机像筒磨机一样运行可靠，又像雷蒙磨一样制粉细度可调，但与这两种磨机相比，可节电 30％～50％，并且磨细后物料中的金属含量显著减少，运行噪声明显降低。

（2）配料称量设备

配料称量设备主要采用配料车，也有采用称量配料皮带机。近年来配料车大同小异，但在控制技术上，在以下几方面呈现出重要发展趋势：①将容积配料改为质量配料，大大提高了配料精度；②采用激光对位措施，在取料和放料时，都能保证精确对位，提高配料作业效率；③放料除尘得到了很好的解决，通过精确对位或车载布袋除尘，使加料和排料密封良好，减小了除尘负荷，提高了除尘系统除尘效率。配料车有单斗式或双斗式，并根据生产线需要配置称量能力。近年来，配料车静态精度可达 1‰，动态精度可达 5‰，采用全自动化控制，实现与混合设备的加出料动作配合，提高了生产线作业效率。

（3）混合设备

耐火材料生产中混合设备主要有预混设备和混练设备两大类。预混设备是生产过程中混合微细粉与微量添加剂所使用的小型混合机，能使粉料充分混合均匀，减少飞损，提高主混合机混练作业效率。现在常用的预混设备主要有：螺旋锥形混合机、双锥形混合机、V形混合机。

混练设备是耐火材料生产中的主要混合设备。早年使用的主要有湿碾机、行星式强制混合机。如图 4-1 所示。

图 4-1　德国进口强制混砂机

（4）成型设备

① 大吨位复合摩擦压砖机

摩擦压砖机是耐火材料砖坯成型的传统设备。复合摩擦压砖机是在原有摩擦压砖机的原理基础上，实现双面加压，采用自动加料和真空排气装置，设有自动测厚装置，配置自动化控制器进行控制，具有安全保护和故障显示功能，实现了机、电、液一体化。

② 螺旋压砖机

螺旋压砖机是近年来在机械、电子、控制技术发展基础上开发应用的一种符合耐火材料成型要求的压砖机。其工作原理如下：采用开关磁阻调速电机，以其驱动螺旋压力机的飞轮、套轴与螺母一起频繁正反转运动，螺母与螺杆形成运动副，螺母驱动螺杆和滑块上下运动，产生打击力。在压力机的底部安装有出模控制气缸，在设定打击次数完成后，QLV控制出模气缸顶出，出模横梁将顶杆上推顶出砖坯。顶出时间长短可通过触摸屏设定。

螺旋压砖机具有如下特点：

a. 启动方便，运行自如。

充分发挥开关磁阻电动机起动转矩大，启动电流低的优点，使之频繁起停及正反向转换运行自如。

b. 成型砖坯公差控制性强。

电机转速可以任意设置，因此滑块的打击力和打击能量在允许范围内可任意设置，保证了批量成型砖坯公差可控，尺寸一致性好。

c. 高效节能。

生产效率和传统的摩擦压力机相当，由于除打击成型时电机起动工作外，上料、出坯、清理模具时，电机停机，系统能耗大幅降低（部分使用厂家反映可省电30%～50%）。

d. 安全可靠。

采用高度自动控制，台班操作人员相应减少，压制过程自动完成，防止安全事故的发生。

e. 结构简单，维护方便。

整机传动链短，没有摩擦盘，电机直接带动飞轮正反转运动，驱动滑块上下运动，结构简单，易损易耗件少，维护方便。

螺旋压砖机成型中的冲击力虽不及摩擦压砖机高，但通过增加1次或2次打击次数即可达到与摩擦压砖机同样的效果，单机生产能力与摩擦压砖机不相上下。

③ 液压压砖机

液压压砖机是利用液压压力，压制砖坯的成型设备，在压砖过程中，自泥料计量、填模、压制成型到砖坯移送的全过程，都可采用自动控制。液压压砖机是一种优质成型设备，以前我国液压技术相对落后，液压压砖机主要依赖进口（图4-2），投资高，维护成本大，从而抑制了液压压砖机的推广应用。近年来，我国液压技术的进步，大大推动了液压压砖机的应用，多个液压设备厂都生产国内自己的液压压砖机。

④ 冷等静压成型机

等静压成型机能在各个方向上对密闭的物料同时施加相等的压力而使其成型，耐火材料工业生产中常用在常温状态下实现等静压压制技术，又称冷等静压。冷等静压成型机通常采用水的乳化液（部分采用油）作为传递压力的介质，以橡胶或塑料作为包套模具材料。在耐

图 4-2　某公司进口的两台德国莱斯 2000 吨液压机

火材料行业中，总尺寸大、细长比大、形状复杂等难于压制成型的制品，通常采用等静压技术压制，如长水口、浸入式水口、出钢口砖、塞棒等。

（5）煅烧和烧成设备

① 高温竖窑

高温竖窑是用于煅烧高纯难烧结原料的重要设备，如高纯镁砂、高纯镁钙砂、烧结刚玉等，一般采用燃料油为燃料，煅烧温度＞1900℃，此类竖窑实现高温的主要技术措施是：进窑的二次空气在冷却带充分吸收烧后炽热料的物理热，在进入煅烧带前其温度已达到1500℃以上，同时燃料通过烧嘴喷入窑内，直接在炽热的物料上气化燃烧，燃烧效率高。

高温竖窑生产效率高，能耗低，窑容积利用系数可达 $5\sim10t\cdot m^{-3}\cdot d^{-1}$，单位产品热耗在 $1700\sim3300kJ\cdot kg^{-1}$。

②高温回转窑

高温回转窑窑内温度可达 $1800\sim1900℃$，主要用于煅烧易结坨物料，如镁铝尖晶石、白云石砂、镁钙砂等耐火原料。国内辽南地区煅烧碱性原料用现有高温回转窑的尺寸为$\Phi2m\times60m$，年生产能力约为 2 万吨。山西地区有数十条以煤粉为燃料的高铝熟料回转窑。燃料消耗高、烟气温度高是高温回转窑使用中的主要问题，这也限制了其应用，目前仅用于煅烧竖窑不能烧的易结坨物料。

③ 高温隧道窑

高温隧道窑一般是指烧成温度达到1700℃以上的耐火制品烧成窑炉，可采用燃料油、天然气、液化气等高热值燃料。高温隧道窑的主要技术特征是烧成带采用双层拱顶结构。进入双层拱顶的空气被加热到1000℃左右后，通过窑墙上的气道送到各烧嘴中作为一次空气。双层拱顶结构以其高效能优势，已在辽南地区烧成镁质砖的隧道窑上大量使用。

近年来，国内外资企业引进的新型高温隧道窑多采用新型平吊顶结构，解决了窑顶保温问题，使窑内温度更均匀，且实现了先进的智能化操作。

④ 轻型节能梭式窑

梭式窑是用于制品烧成取代倒焰窑的新型间歇式窑炉，也是我国近 20 年来发展最为迅速的窑型之一，特别适合于小批量制品的煅烧。

现代轻型节能梭式窑的主要特点是采用轻型薄壁窑衬结构（窑衬采用轻质材料，壁厚减少到 460mm 以下）及高速对流的窑内传热，使窑升温快，窑体蓄热少，达到节能降耗的目的。我国现有梭式窑容积多在 10～80m³，烧成温度在 1000～1800℃。

⑤ 轻烧设备

近年来，随着菱镁矿浮选技术的进步，菱镁矿粉煅烧窑炉应运而生。悬浮焙烧炉、多层炉就是辽南地区近年采用的粉料煅烧设备。

a. 悬浮焙烧炉

悬浮焙烧炉特别适宜焙烧细粉料，与回转窑和多层炉相比，具有设备轻、占地小、投资省、热耗低的特点。

b. 多层炉

多层炉的基本特征是炉内有十余层上下叠置炉膛，炉中心有一可转动的轴，带动每层上的刮板一同转动。物料自炉顶加入，在每层刮板拨动下从上一层落到下一层，依次通过全窑各层，完成预热、煅烧、冷却全过程，燃料从多层炉中部的烧嘴喷入炉内。与传统反射炉相比，多层炉热耗低，环保效果好。

(6) 环保设备

耐火材料工业的环境污染以大气污染为主，污染物主要为生产过程中产生的粉尘，个别品种在生产过程还会产生沥青烟气污染。

① 布袋除尘器

耐火材料生产中首先是做好密闭和防止扬尘，其次是做好有组织气流的除尘，减少粉尘排放。目前生产中使用较多的是高效低阻脉冲式布袋除尘器，其主要特点是采用较低压力（0.2～0.4MPa）的压缩空气作为反吹清袋气源，配合采用覆膜滤袋，提高除尘效率，降低运行能耗。现场实测，经布袋除尘后，排放粉尘浓度可控制到 50mg·m⁻³ 以下。

② 洗油吸附装置

沥青烟气是含有多种芳香类有机物的有毒有害气体。在耐火材料工业生产中，滑板、炮泥等品种生产中都需要使用沥青做原料，而沥青在加热、输送和使用中都会产生含有沥青烟气的气体，对工作场所和周围环境产生污染。

早期曾采用白土吸附工艺处理沥青烟气，即先用白土吸收沥青烟气，然后焚烧吸污后的白土。此工艺繁杂，运行成本高，并存在二次污染问题，实际运行效果不理想。现在生产中使用的沥青烟气处理方式大致有三种：

a. 直接焚烧处理

一些企业将收集的含有沥青烟气的气体直接送入邻近窑炉中参与燃烧，这种处理工艺过程简单，效果好；也有采用专用热风炉焚烧的，焚烧温度＞750℃，燃烧的容积热强度在 1300GJm⁻³h⁻¹ 左右，但其处理费用高。直接焚烧处理也被用于处理砌筑含有机结合剂砖坯的热处理炉的烟气。

b. 采用活性炭吸附装置处理

活性炭吸附装置适于处理含沥青烟气浓度较低或排出气体较少的生产作业场所。该装置的重要特点是在通风除尘系统的除尘器后串联一组活性炭吸附塔，对沥青烟气进行净化处理，再将吸附饱和后的活性炭置换出来作为燃料进行焚烧处理。这种处理方式效果好，但运行费用高。有部分生产厂也尝试用焦炭作为吸附媒介来降低运行费用，但处理效果有限。建议有条件的生产厂，采用直接焚烧、活性炭吸附的组合方式来处理沥青烟气。

c. 采用洗油吸附装置处理

近年来曾在个别油浸设施上采用了洗油吸附装置来吸收沥青烟气，但近年随着化工产品价格走高，洗油已成为一种高成本的原料，因而限制了这种高效吸附装置的应用推广。探索吸附饱和油返回供应厂再加工或许是降低成本消耗的一种方式。

7. 中国水泥工业的发展现状与趋势如何？

（1）2013 年中国水泥工业发展现状

中国水泥工业近年来发展迅速，产量持续增长，营收增速加快，结构平稳调整，质量效益改善。

① 产量再创新高，水泥总产量达 24.1 亿吨，同比增长 9.6%。

② 全国新型干法水泥生产线累计 1714 条，设计熟料产能达 17 亿吨。

③ 产销率提高，水泥制造业产销率 97.7%，同比提高 0.4 个百分点。

④ 主要产品价格振荡走高，跟踪的重点水泥企业均价 342.3 元/吨，环比下半年持续攀升。

⑤ 主营业务收入快速增长，2013 年实现销售收入 9695.69 亿元，同比增长 8.62%。

⑥ 销售利润率稳中有升，实现利润总额 776 亿元，同比增长 16.43%；平均毛利润率 17.02%。

⑦ 投资增速减缓，完成固定资产投资约 1300 亿元，同比减少约 5%。

⑧ 技术进步加快。水泥行业袋除尘、烟气脱硝和协同处置等技术开始快速推广。

（2）中国水泥工业发展趋势

随着国内经济平稳快速增长，水泥工业也面临着发展机遇，同时也面临更大的挑战，我国水泥工业发展趋势如下：

① 大力推进节能减排行动，实施绿色发展

水泥工业"十二五"发展规划大纲重点提出，建设资源节约型、环境友好型社会。在这一大环境下，水泥工业要适应市场需求变化，根据科技进步新趋势，健全节能减排激励约束机制。目前，国内还有一定量的立窑和小粉磨站为代表的落后生产工艺，同时，一批早期建设的中小规模预分解生产线的装备水平已相对落后，因此，行业节能减排是国内水泥工业发展趋势之一。

② 大力发展循环经济，延长国内水泥行业上下游产业链

近年来，国内水泥产能过剩，市场竞争愈加激烈，水泥企业的利润空间被压缩得越来越小。要进一步满足国民经济建设的需求，适应现代建筑业的发展要求，适应市场需求的变化，提高行业效益水平，就必须大力发展加工制品业，由产品生产向应用服务转型，成为结构工程问题系统解决方案的供应商和服务商。大力发展适合现代建筑业需要的高品质的水泥深加工产品，不仅有利于改变单纯追求规模和数量的传统发展模式，也有利于提升行业的整体竞争力和获利空间，因此国内水泥工业要坚持大水泥的发展理念，通过内生和外延式发展，积极拓宽发展空间。

③ 加快淘汰产能，优化产业布局

国内水泥工业不再以新增生产能力为主导，要引导行业从以增量和平行推广现有成熟技

术为主，向通过推进技术进步实现产业结构优化升级为主的发展模式转变，由单纯追求产能规模的扩张转向追求质量和效益的提升转变，由粗放式无序竞争转向规范有序的竞争转变。通过淘汰落后产能，发展先进，有核心竞争力的产能，提高产品质量及行业运行效益，从而形成限制淘汰一批、改造提升一批、发展培育一批企业，而提升产业层次。

④ 大力发展自主创新产业

目前，新型干法工艺的发展过多地集中在对成熟工艺技术和成熟的国产化装备的平行推广，而新一代的技术创新和更高层面的技术提升没有引起足够的重视。2012年以来，我国水泥工业将全面进入技术结构升级阶段，水泥工业将通过加快推进自主创新，构建可持续发展的技术支撑体系，全面推进现代化的进程。自主创新能力是全面提升行业企业发展内在动力的决定性因素，谁拥有了自主创新能力，谁就能在激烈的市场竞争中把握先机赢得主动。因此，企业在技术创新中的主体作用是国内水泥工业发展趋势之一。

8. 新型干法水泥回转窑发展的技术方向有哪些?

新型干法水泥煅烧技术经过几十年的发展，无论是机械装备、控制系统还是操作工艺均已达到一个相对高度，新型干法水泥的进一步发展主要集中在以下几个方面:

(1) 大型化。我国20世纪80~90年代，先后引进了冀东、宁国、柳州、珠江等新型干法水泥生产线，当时新型干法窑型还主要集中在2000~4000t/d水泥熟料生产线。与此同时，我国先后进行了新型干法水泥生产线装备国产化的开发。冀东水泥二线4000t/d国产化生产线的建成，大幅降低了新型干法水泥生产线的工程投资，为更大规模的国产大型设备的开发积累了经验。20世纪90年代，以山东大宇7200t/d生产线、华新5000t/d生产线、京阳5500t/d生产线投产为标志，我国大型水泥装备制造技术进入了成熟阶段。2002年，我国海螺水泥集团从史密斯和伯力鸠斯引进4条10000t/d和1条8000t/d新型干法水泥生产线。2004年前后，分别在铜陵建成2条，徐州、枞阳和池州各建成1条超大型新型干法水泥生产线。进入21世纪后，我国新型干法水泥系统生产规模进一步上升，目前以海螺水泥、中联水泥、冀东水泥等为代表的大型水泥集团都在投资建设日产万吨级水泥熟料生产线。

(2) 余热发电系统的大面积推广。我国水泥企业余热发电系统的发展主要经历了四个阶段:①1950~1989年，中空窑高温余热发电技术与装备的开发、应用、推广，共设计建造290座左右。②1990~1996年，主要引进吸收利用400℃以下废气的纯低温余热发电系统，以安徽海螺宁国水泥厂引进日本川崎公司的生产线为代表。③1997~2005年，主要推广建设带补燃锅炉的中低温余热发电系统，共安装了28套。④2006年以后，真正意义上的不带补燃锅炉的纯低温余热发电系统发展成熟，在国内大面积推广。目前，我国新建新型干法水泥生产线余热发电系统几乎已经成为标配系统。

(3) 替代燃料的使用。20世纪70年代爆发的两次能源危机极大地震撼了西方世界。由于燃料价格飞涨，各种陈旧的技术被迅速淘汰，一批新的节能技术得到大力推广。为了降低能耗，水泥工业开发了预分解技术。为了减少对石油资源的依赖，水泥窑从使用油、气改为烧煤。为进一步减少采购燃料的费用，一些水泥窑改用劣质煤以及一切含有热值的工业废料为燃料，例如废轮胎、废橡胶、废塑料、石墨粉、废有机液体等工业废弃物作为替代燃料。水泥厂使用替代燃料的经济效益是减少购买燃料的开支，以及因处理废弃物获得的补贴收入。水泥厂使用替代燃料的社会效益是减少资源消耗，利用水泥窑火焰的高温分解有毒物质，减少垃圾焚烧站的建设。水泥企业使用替代燃料，不但减少了资源消耗，降低了燃料费用，并节省了处理废弃物费用，改善了环境，所以使用替代燃料无论对于水泥制造企业、废弃物排放者，还是投资建设焚烧站的政府都很有好处。

（4）协同处置生活垃圾。水泥窑使用替代燃料这一技术的继续发展，就是建立水泥制造-生活垃圾焚烧协同处理工艺。例如，日本将水泥窑和垃圾焚烧炉并联，在一座独立的焚烧炉中烧垃圾，再将焚烧垃圾产生的热烟气送入水泥窑的窑尾，并利用焚烧产生垃圾的废渣作混合材。一方面，利用焚烧垃圾产生的热能生产水泥，降低了水泥制造的燃料消耗；另一方面，利用水泥窑分解垃圾焚烧炉烟气中残余的二噁英，避免了环境污染。2004 年，日本水泥行业利用工业废弃物达到了 401g/kg 熟料的水平，2005 年，也达到了 400g/kg 熟料的水平。水泥工业在处理废弃物方面的作用得到了认可，以至于水泥工业已经成为环保工业的重要组成部分，在循环经济中发挥不可或缺的作用。2008 年，我国海螺水泥集团与日本川崎株式会社与安徽省铜陵市就共同开发建设生活垃圾处理系统达成协议，并于 2009 年建成一条水泥制造-垃圾焚烧联合处理生产线，且运行良好。这就说明：水泥窑处理生活垃圾完全可行。水泥制造-垃圾焚烧联合工艺既解决了城市垃圾处理的问题，又减少了水泥生产的成本，降低了水泥制造的能耗，为水泥工业的可持续发展找到了出路，不失为一个一举两得的办法。

9. 水泥工业窑用耐火材料的发展趋势如何？

当代水泥窑用耐火材料主要发展方向有：

（1）高纯化

耐火材料的技术进步一般均是从原料的高纯化开始的。耐火材料工艺常识表明：提高纯度、降低杂质的含量是提高耐火材料质量最有效的手段之一。以镁砂为例，镁砂中的 SiO_2 产生的低熔物易于侵蚀方镁石晶界，妨碍方镁石晶粒之间的结合，从而损害材料的高温性能和抗侵蚀性。科技人员通过从海水中提取氧化镁，或寻找高品位的矿产、拣选矿石、风选、水选和电熔富集等种种手段提高了原料的纯度，并通过调整硅钙比值进一步提高了原料的耐火性能。镁砂的纯度提高、高品位镁砂的出现为镁质耐火材料制品性能的提高和新型镁质耐火材料的发展奠定了物质基础。"三高"技术即采用高纯原料、高压成型和高温烧成的耐火材料制造技术整体提升了耐火材料的技术层次。高纯减少了影响耐火材料性能的有害组分；高压生成了致密的结构；高温产生了坚固而稳定的结合。采用这些技术后，耐火材料的性能显著提高，使用寿命明显延长，耐火材料的工艺进入了现代阶段。

（2）复合化

耐火原料高纯化的同时，复合化也不断取得突破。复合化就是在单一耐火原料中添加其他耐火物质，通过取长补短开发出新的耐火材料。以水泥窑高温带用耐火材料为例：20 世纪 50 年代以前都是采用单一耐火原料制造的，20 世纪 50 年代以后都采用了复合工艺。几十年来，科技人员对有价值的耐火材料系统进行了深入研究，许多复相耐火材料被开发。例如：水泥工业用直接结合镁铬砖、镁铝尖晶石砖、铁铝尖晶石砖、镁白云石锆砖、抗剥落高铝砖、硅莫砖等。

（3）自动化

计算机控制技术在完成精确、快速地控制，实现稳产、高产、优质、低耗、安全运转、改善劳动条件、提高经济效益等方面都发挥着重要的作用。我国耐火材料和国外产品的差距主要表现在国产材料的批量稳定性差。要解决这一问题，就必须大量采用先进装备和自动化技术。发达国家的耐火材料企业早已广泛采用了自控技术。我国一些耐火材料企业也认识到了装备的重要性，也逐步采用了一些先进的装备。

（4）绿色制造

绿色制造是新世纪耐火材料生产工艺的主要特征。3R 原则代表了主要的绿色思想：Reduce——减少消耗，Reuse——重复使用，Recycle——回收再生。人类在人口膨胀、资源枯竭和环境破坏的压力下，实现可持续发展就必须利用一些现在尚不能利用的物质，尽量重复使用目前被废弃的材料。

参考文献

[1] 刘俊光，魏同. 中国耐火材料工业装备的发展与展望[J]. 耐火材料，2013年10月，第47卷，第5期，321-328.

[2] 陈友德，武晓萍. 水泥预分解窑工艺与耐火材料技术[M]. 北京：化学工业出版社，2011.

[3] 胡道和. 水泥工业热工设备. 武汉理工大学出版社，1992.

[4] 中国耐火材料行业协会. 2013年全国耐火材料行业生产运行情况及2014年耐火材料市场预测分析. 2014.

[5] 周宁生，李纪伟，于仁红，毕玉宝. 绿色耐火材料的理念与实践[J]，耐火材料，2010年6月，第44卷第3期，161-170.

[6] 刘开琪. 我国耐火材料的现状与发展趋势[J]. 新材料产业，2010(09)，43-47.

[7] 张成祥，王文荟. 水泥回转窑用多通道煤粉燃烧器的发展[J]. 水泥工程，1998年第三期，29-31.

[8] 宋希文. 耐火材料工艺学[M]. 北京：化学工业出版社，2008.

[9] 高振昕等. 耐火材料显微结构[M]. 北京：冶金工业出版社，2002.

[10] 韩行禄. 不定形耐火材料[M]. 北京：冶金工业出版社，1994.

[11] 刘鳞瑞，林彬荫. 工业窑炉用耐火材料手册[M]. 北京：冶金工业出版社，2001.

[12] 诸培南. SiO_2 相变和显微结构[J]. 硅酸盐学报，1980，(3)，283-289.

[13] 李红霞. 耐火材料手册[M]. 北京：冶金工业出版社，2007.

[14] 王维邦. 耐火材料工艺学[M]. 北京：冶金工业出版社，1994.

[15] 陈友德. 水泥回转窑用耐火材料的设计[G]//水泥窑用耐火材料新技术文集. 2000年，7-9.

[16] 钱之荣，范广举. 耐火材料实用手册[M]. 北京：冶金工业出版社，1992.

[17] 任国斌，尹汝珊，张海川等. Al_2O_3-SiO_2 系实用耐火材料[M]. 北京：冶金工业出版社，1988.

[18] 徐平坤，魏国钊. 耐火材料新工艺技术[M]. 北京：冶金工业出版社，2005.

[19] 汪培初. 镁质耐火材料的生产及应用结构[J]. 国外耐火材料，1995，(11)，30-33.

[20] 周季婻，水泥窑用碱性耐火材料及水泥工业用耐火材料的发展动向[G]//水泥窑用耐火材料新技术文集. 2000年，1-6.

[21] 侯思颖. 直接结合镁铬和镁尖晶石耐火材料[J]. 国外耐火材料，1996，(8)，33-38.

[22] 程兆侃等. 优质镁橄榄石砖的研制[J]. 硅酸盐通报，1997，(1)，25-30.

[23] 王文平. 改善耐火制品热震稳定性的方法[J]. 耐火材料，1998(2)，103-104.

[24] 曾大凡，陆纯煊. 水泥回转窑用耐火材料的选材和配套[G]//水泥窑用耐火材料新技术文集. 2000年，139-142.

[25] 贺智勇，彭小艳，王素珍等. 硅微粉对超低水泥浇注料流动性的影响[J]. 硅酸盐通报，2005，(6)，53-55.

[26] 陈志强，郑安忠，宋树森. Al_2O_3-SiO_2 系混合纤维制品热行为的研究[J]. 耐火材料，1991，(3)，145-148.

[27] 全国耐火材料标准化技术委员会，中国标准出版社第五编辑室. 耐火材料标准汇编(第三版). 北京：中国标准出版社，2007.

[28] 王杰曾，曾大凡. 水泥窑用耐火材料[M]. 北京：化学工业出版社，2011.

[29] 杨久俊. 无机材料科学[M]. 郑州：河南科学技术出版社，1998.

[30] 徐平坤，魏国钊. 耐火材料新工艺技术[M]. 北京：冶金工业出版社，2005.

[31] 钟香崇，钟焰，钟香崇. 耐火材料研究[M]. 郑州：河南科学技术出版社，2001.

[32] 韩秀丽. 无机材料岩相学[M]. 北京：化学工业出版社，2006.

[33] 李晓生，李成海，林蔚，刘剑虹. 无机非金属材料物相分析与研究方法[M]. 北京：中国建材工业出版社，2008.

[34] 隋良志，王兆国，姚春林. 水泥工业耐火材料[M]. 北京：中国建材工业出版社，2005.

[35] 陈树江，田凤仁，李国华，张云. 相图分析及应用[M]. 北京：冶金工业出版社，2007.

[36] 鲁有，何宪超. 水泥窑用耐火材料适用技术[M]. 北京：中国建材工业出版社，2007.

[37] 胡宏泰，朱祖培，陆纯煊. 水泥的制造和应用[M]. 济南：山东科学技术出版社，1994.

[38] 陆纯煊，丁抗生，曾大凡. 水泥回转窑用耐火材料使用规程（试行）. 水泥回转窑用耐火材料使用规程编写组印制. 1995.

[39] 尹汝珊，冯改山，张海川，罗晓春，徐国英，李荔寅. 耐火材料技术问答[M]. 北京：冶金工业出版社，1994.

[40] 吴耀臣. 不定形耐火材料用结合剂的发展[G]//水泥窑用耐火材料新技术文集. 2000年，28-29.

发展绿色耐材
Green Refractories Development

建设生态文明
Ecological Civilization Construction

网址: www.bjtd.com.cn

 微博: 通达耐火 V

 微信号: Sinorefra

通达耐火技术股份有限公司
Tongda Refractory Engineering Technologies Co.,Ltd.

玻璃、水泥、钢铁行业用耐火材料
配套供应与综合服务商

★ 以耐火材料为主业的上市公司
★ 中国建材行业耐火材料的技术发源地
★ 水泥窑用耐火材料的技术引领者
★ 为水泥工业提供全面专业的服务

瑞泰科技股份有限公司

安徽瑞泰　　　　河南瑞泰

浙江瑞泰　　　　郑州瑞泰

盖泽炉窑　　　　开源耐磨

■河南瑞泰：国家"863"计划项目"水泥窑用环境友好碱性耐火材料"产业化基地，生产线采用LAEIS2000吨全自动双向液压机、超高温天然气隧道窑等设备，年生产能力8万吨。

■郑州瑞泰：国家"863"计划项目"无铬碱性砖万吨级规模制备"产业化基地，产品种类丰富齐全，年产碱性及铝硅质耐火材料10万吨。

■安徽瑞泰：国家"863"计划项目"水泥窑用长寿命多功能系列不定形耐火材料的研究"产业化基地，建有年产10万吨不定形耐火材料自动化生产线，同时生产各种规格耐热耐磨材料。

■浙江瑞泰：生产的大型水泥窑用新型低导热硅莫砖、硅莫红砖性能国内领先，提供水泥窑规划、技术咨询及运行维护服务。

■盖泽炉窑：具备"炉窑工程专业承包贰级"资质，承担各种炉窑耐火材料业务咨询、配套施工（安装、检修总包服务）、新型干法水泥窑工艺技术咨询服务。

■开源耐磨：位于"中国耐磨之都"宁国市，年生产能力8万吨，主营耐磨材料及磨机配件的研发、生产、销售与服务。

地址：北京市朝阳区五里桥一街1号院27号楼　　邮编：100024
电话：010-57987888　　传真：010-57987800
www.bjruitai.com

高平市维高水泥制造有限公司

低碳谷里的绿色低铬水泥

高平市维高水泥制造有限公司创建于2009年，位于山西省高平市西南十公里处的马村镇康营村。公司拥有得天独厚的自然优势，自有石灰岩矿石储量丰富，品质优良，辅助原料、燃料品种齐全，本地化特点突出。公司采用先进的新型干法水泥生产工艺组织生产，主导产品有"维高"牌P·O42.5普通硅酸盐水泥和P·S·A32.5矿渣硅酸盐环保低铬绿色水泥。产品广泛应用于高速公路、铁路、高层建筑、水利、桥梁、隧道等重点工程和农村公路及房地产开发建设工程。

生产规模为日产2500吨水泥熟料，年产150万吨水泥，配套装机容量5MW的纯低温余热发电生产线和石灰石采矿生产线。生产线融入当今世界先进的水泥制造技术和一流的环保、热工、粉磨、均化、储运、在线控制、信息化等设备。通过采用新技术、新材料，节约能源和资源，打造了一个典型的节能、环保、绿色的水泥企业。

公司现已通过ISO9001：2008国际质量管理体系认证，ISO14001：2004环境管理体系认证和GB/T 28001—2001职业健康安全管理体系认证。2014年3月27日，被中华人民共和国工业和信息化部列入第五批"符合《水泥行业准入条件》生产线名单"，并以中华人民共和国工业和信息化部2014年第19号文进行了公告。

附：水泥中铬含量超标会导致皮肤疾病、呼吸道疾病和心脑血管疾病等多种疾病的发生。欧美标准：每千克水泥铬含量2毫克；日韩标准：每千克水泥铬含量8毫克；国内标准：每千克水泥铬含量10毫克；维高水泥：每千克水泥铬含量2.7毫克。

证书

名牌产品证书

格雷斯杯

地　　址：山西省高平市马村镇康营村
联系电话：0356-5820311　邮箱：weigaobangongshi@163.com

《新世纪水泥导报》双月刊是国内外公开发行的水泥技术类科技期刊。由中国水泥协会新型干法分会（原新型干法水泥生产技术研究会）和成都建筑材料工业设计研究院有限公司共同主办。本刊主要栏目有：特别报道、新世纪论坛、专题论述、中控操作、试验与研究、粉磨技术、装备纵横、耐火材料、电气自动化、工程设计与建设、矿山技术、环保技术、耐磨技术、经验之谈等。通过这些栏目，作者可以纵横经纬，读者能够取经释疑，其技术含量和文献价值较高。

本刊采用国际标准大16开本，精印彩色装备信息。国际标准刊号：ISSN1008-0473，国内统一刊号：CN51-1510/TU；邮发代号：62-63；定价：每期8元，全年6期，共48元；每期单月20日出刊。广告经营许可证：蓉工商广字5100004001024。欲订阅本刊的读者和订户，届时可到就近邮局订阅；若错过邮订期限或邮订有困难，也可直接向编辑部订阅，但务请清楚填写收件人姓名和地址，以便准确寄刊。订刊款从邮局或银行汇寄均可，款到后即将发票寄出。欢迎刊登广告，请客户直接与本刊广告部联系，我们定将竭诚为您服务。

降低消耗提高效率
减少成本增加效益

地址：四川省成都市成华大道新鸿路69号　邮编：610051
电话：028-84333777-269，84365513，84300140（广告部）
传真：028-84300140
网址：http://www.cement-guide.com
邮箱：cementguide@sina.com
户名：四川新世纪水泥导报杂志社有限公司
账号：123920258285
开户行：中行成都市猛追湾支行

关注**水泥人**官方微信

获取每日**行业**最新资讯

掌握**企业采购**信息

水泥人网

☑ 互联网+纸媒+移动网络，立体服务，全方位无缝隙信息传播

☑ 量身定制媒体服务，做您的远程商务助理

☑ 庆祝《水泥装备技术》拥有DM刊号8周年（2008－2015），多种推广模式任您选择

☑ 全国水泥助磨剂十强评选活动，新的时期更加期待您的参与

☑ 全新2014－2015版《全国新型干法水泥生产线名录》正式出版，掌控全局，轻而易举

服务您的热线： 010－88909196 15311098205

中国建材工业出版社
China Building Materials Press

我们提供

图书出版、图书广告宣传、企业/个人定向出版、设计业务、企业内刊等外包、代选代购图书、团体用书、会议、培训，其他深度合作等优质高效服务。

编辑部	宣传推广	出版咨询	图书销售	设计业务
010-88385207	010-68361706	010-68343948	010-88386906	010-68361706

邮箱：jccbs-zbs@163.com　　网址：www.jccbs.com.cn

发展出版传媒　　服务经济建设

传播科技进步　　满足社会需求